MULTIMODAL SEMANTIC COMMUNICATION

PRINCIPLES, DESIGN AND APPLICATIONS

多模态语义通信

原理、设计与应用

郭洁　宋彬　编著

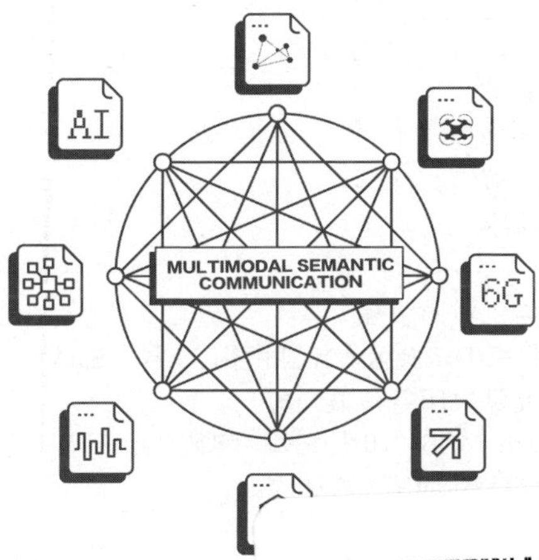

化学工业出版社

·北京·

内容简介

本书聚焦多模态语义通信这一前沿领域，从语义通信的起源入手，系统阐述了多模态语义通信从基础理论到实际应用的全方位内容。本书首先介绍了语义通信的基础架构，包括基于信息重构、生成模型和任务导向的系统，进而深入探讨多模态语义通信系统，涵盖多模态语义表示、模态缺失与语义噪声处理以及多任务多场景通信。在基础理论方面，详细介绍了信息瓶颈理论、信源信道联合编码，并对语义分析及语义知识库、多模态大模型进行深入解析。接着阐述了多任务、分布式和鲁棒性多模态语义通信系统的设计，探讨了多模态语义通信中的资源管理问题及解决方案。此外，本书着重分析了基于大模型的多模态语义通信系统，包括大模型的训练与部署、系统架构及应用。最后介绍了多模态语义通信在不同场景下的应用，包括航空无人机场景下的图像分类、自动驾驶场景下的跨域目标检测、低地球轨道卫星通信系统中的图像传输及其他应用场景。

本书内容全面系统，知识先进，理论与实际应用相结合，非常适合企业、科研院所中从事通信领域前沿研究及应用的技术人员自学，也可用作高等院校相关专业的本科生和研究生教材。

图书在版编目（CIP）数据

多模态语义通信原理、设计与应用 / 郭洁，宋彬编著. -- 北京 : 化学工业出版社，2026. 3. -- ISBN 978-7-122-49885-4

Ⅰ. TN911

中国国家版本馆CIP数据核字第2026YS5104号

责任编辑：耍利娜
文字编辑：徐卿华
责任校对：宋　夏
装帧设计：王晓宇

出版发行：化学工业出版社
（北京市东城区青年湖南街13号　邮政编码100011）
印　　装：河北延风印务有限公司
710mm×1000mm　1/16　印张16¼　字数297千字
2026年3月北京第1版第1次印刷

购书咨询：010-64518888
售后服务：010-64518899
网　　址：http://www.cip.com.cn
凡购买本书，如有缺损质量问题，本社销售中心负责调换。

定　　价：99.00元

前言

PREFACE

在 5G/6G 移动通信技术与人工智能深度融合的当下，传统通信系统正面临从“数据传输”向“语义理解”的范式转变。多模态语义通信通过融合文本、图像、语音、视频等异构模态，实现跨模态信息的智能解析与高效传输，成为支撑智慧城市、工业互联网、元宇宙等新兴场景的潜在关键技术。

自香农信息论提出以来，传统通信系统始终以“比特传输”为核心，然而在智能交互场景中，这一范式已显局限。多模态语义通信通过提取信息语义特征实现“先理解后传输”，突破香农信息论对通信系统的禁锢。中国工程院院士张平团队在 2024 年建成国际首个通信与智能融合 6G 外场试验网，验证了该技术在小带宽条件下的高效传输能力，其效率可达传统通信的 5 倍以上。另外，随着大语言模型（LLM）与多模态大模型（MLLM）的突破，跨模态对齐与语义压缩技术成为研究热点，为 6G 通信系统设计提供理论基础。这不仅为 6G “智简”内生网络、人机自然交互、低空经济以及边缘智能决策等高智能应用提供了基础，更显著增强了跨系统、跨模态的协同运作能力，是未来网络架构演进的关键突破口。

本书响应国家“十四五”数字经济发展规划，聚焦跨模态智能技术与智能通信技术前沿，致力于培养具备创新突破能力的复合型人才。本书定位于“人工智能、计算机科学与通信技术的交叉领域”，目标包括：①原理阐释：系统讲解多模态语义编码、模态对齐、预训练模型等核心技术；②架构解析：强化理论与实践结合，讲解多模态语义通信的实现架构和训练部署流程；③ 应用拓展：结合工业互联网、全息通信、卫星通信等场景，分析多模态语义通信在低延迟、高可靠性需求中的解决方案。

本书内容完整涵盖多模态语义通信基础理论与应用，并展望其未来挑战，对下一代智能通信系统研究和创新具有启示作用，具体章节安排如下。

第 1 章多模态语义通信系统概述，包括语义通信的起源和早期应用、人工智能技术推动下的语义通信技术、语义通信的基础架构以及多模态语义通信系统等。

第 2 章多模态语义通信相关基础理论，包括信息瓶颈理论、信源信道联合编码、语义知识库等，并简单介绍多模态大模型与多模态语义通信的关联性，为后文的技术细节和系统设计提供理论基础。

第 3 章针对实际部署时可能面临的挑战，探讨三种多模态语义通信系统设计范式：多任务、分布式、鲁棒性多模态语义通信系统。

第 4 章首先对比多模态语义通信和传统通信的传输衡量指标，然后结合新型衡量指标重点解决面向任务的多模态语义通信的智能资源分配方法。

第 5 章主要关注大模型在通信系统中的训练部署机制和算力适配方法，并给出了基于大模型的多模态语义通信系统的应用实例。

第 6 章主要介绍多模态语义通信在航空无人机、自动驾驶、卫星系统等几个关键领域以及其他前沿领域的应用场景。

第 7 章重点阐述多模态语义通信系统的未来机遇与挑战。

随着 6G、人工智能、大语言模型、生成式 AI 等技术的发展，多模态语义通信将进一步推动“人 - 机 - 物”智能交互的深化，为构建万物互联的智能社会奠定基础。本书旨在为读者提供从理论到实践的全方位指导，助力其在多模态语义通信领域的前沿探索。

“看似寻常最奇崛，成如容易却艰辛”。在大约一年的编写过程中，本书编写者深刻感受到了这一点，幸好得到了许多老师与同学的大力帮助，克服了种种困难，最终得以完成。本书第 1、2、3、5、6 章由郭洁主写，第 4、7 章由宋彬主写。清华大学秦志金副教授对本书内容提出了大量有建设性的意见。研究生苏康翔、张梦霞、谈鑫、张景豪、朱俊豪等参与了本书的编写。在此向各位领导、师友和同学表示深深的感谢。

本书在编写过程中参考了相关的文献资料，主要参考文献在书末已附，在此向相关文献的作者表示诚挚的谢意。

本书的编写得到了西安电子科技大学教材建设基金资助项目的支持，在此深表谢意。

本书虽经几次修改，但由于编者水平所限，不足与疏漏之处在所难免，敬请专家及读者批评指正。

编著者

CONTENTS

目录

第 7 章
未来机遇与方向

6G
Ai
Ai

第1章

多模态语义通信系统概述

学习目标

- 理解语义通信的起源和基础架构。
- 掌握多模态语义通信的核心技术及挑战。

随着信息技术的迅速发展，传统通信系统在处理复杂信息需求时逐渐显露出其在带宽需求和适应场景的局限性。特别是在面向未来 6G 通信中非地面网络（NTN）以及边缘算力网络等新型通信场景，对通信系统的效率、智能性和协同性提出了极高要求。传统通信侧重于比特级的无误传输，越来越难以充分满足多类复杂、低时延场景下对信息价值和任务效率的核心诉求，这促使研究人员探索新型的通信手段，以实现高效、精准的信息传递。在此背景下，多模态语义通信应运而生，它通过高效整合和传递多种模态数据的语义信息，并进行深层次语义理解和任务优化，赋能未来智能通信系统。这一技术通过对多模态信息（如文本信息、图像信息、音频信息等）的深度理解与高效传输，使通信系统传输的信息从数据层面提升到语义层面。本章将对多模态语义通信系统进行概述，探讨其起源，回顾从传统通信系统向语义通信系统的演进过程，并介绍语义通信的基础架构，包括基于信息重构、生成模型和任务导向的通信系统。在本章最后，将重点讲述多模态语义通信系统，涵盖多模态语义表示、模态缺失与语义噪声挑战以及多任务应用。

1.1 语义通信的起源

在深入探讨语义通信技术的演进路线之前，有必要明确语义通信的核心概念。语义在通信领域通常指信息的含义，即信息对接收者或执行特定任务的机器所具有的价值和作用。语义信息则是指信息内容中与特定任务目标直接相关、能驱动决策或行动的关键意义。因此，如图 1-1 所示，语义通信（semantic communication）是一种全新的通信范式，它不以比特的无损传输为目标，而是以成功地传递和理解信息的语义内容为核心，以最小化信息在任务执行上的语义失真、最大化任务效率为设计准则。语义通信作为一种新兴的通信架构，旨在通过传递信息的语义内容而不仅仅是比特流，以满足日益复杂的通信需求。本节将探讨语义通信的演进历程，回顾其从传统通信到语义通信的转换过程，分析早期的研究与实际应用案例，并讨论人工智能技术在推动语义通信发展中的重要作用。

1.1.1 从传统通信到语义通信的演进

随着人类社会从“信息化”向“智能化”快速迈进，通信系统对传输效率的要求越来越高，研究人员也从关注如何有效“传递数据”逐渐聚焦于如何更有效地“传递意义”。传统通信系统虽然在带宽利用和抗噪性能方面取得了巨大成就，但在面对智能交通、自动驾驶、虚拟现实等需要理解与决策的复杂任务时，已难以满足高层语义级通信的需求。换言之，未来多模态语义通信系统不再仅仅追求信息的正确传输，而是要让机器理解信息背后的语义。

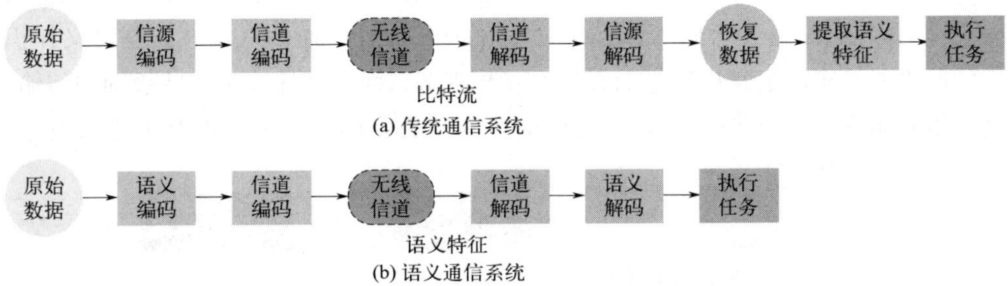

图 1-1 传统通信系统和语义通信系统对比

20 世纪 40 年代，香农在其著名的《通信的数学理论》[1] 中提出了信息论，这奠定了现代通信系统的理论基础。信息论极大地推动了通信技术的进步，特别是在电信、互联网和无线通信等领域产生了深远影响。

在传统通信系统中，无论是针对语音、文本还是图像的传输，其目标始终是通过压缩、编码等技术手段，确保接收端能够精确重构发送端的原始信息。这种思路有效提升了数据传输的可靠性和准确性，但随着数据量的增加和通信需求的复杂化，传统通信方式逐渐暴露出不足之处。特别是在大规模数据且带宽有限的情况下，传统通信系统仍要求精确还原所有数据，这导致了大量无关数据的传输，带宽资源利用率不足。

例如，在自动驾驶场景中，车辆之间的通信并不需要传输每个传感器捕捉到的所有原始数据，而只需要传递与驾驶决策相关的关键语义信息。这些关键数据可能包括车道信息、障碍物位置等。在多种类似场景下，传统通信系统的传输效率无法完全满足新兴需求，为此，语义通信成为解决这一问题的创新架构。

语义通信是一种全新的通信范式，它基于通信系统中用户需求与语义信息构建通信系统，旨在实现更加智能化的通信网络。自香农和韦弗的通信理论框架首次区分出通信的语义层面以来[2]，语义通信领域经历了从理论探索到技术实践的演进。如图 1-2 中所描述的，信息在认识论层次可分为从低到高的语法信息、语义信息和语用信息三个层次，而对应的就是三种通信的三个级别——语法通信、语义通信和语用通信。虽然语义通信与语法通信同步被提出，但一直以来由于技术水平和场景需求的限制，人们更注重于语法通信。然而，随着通信技术的迅猛进步，传统通信系统的容量已经逐渐接近香农理论的极限。另一方面，随着人工智能技术的发展和 6G 网络中对通信智能化需求的增长，语义通信再次成为研究热点。图 1-3 展示了语义通信系统的整体框架。语义通信通过语义编解码机制，在发送端和接收端共享语义知识库，实现“先理解后传输”的通信模式。语义编解码基于用户和机器共享的背景知识，不需要将语义信息与物理信息相互转化，从而实现“透明智联”。透明智联（transparent connectivity）指通信双方在共享语义知识库的前提下，实现语义层信息的直接交互与理解，而无需还原至比特级别的传输。这一设计显著减少了信息转化过程中的时延与失真问题，大大提升了通信效率。

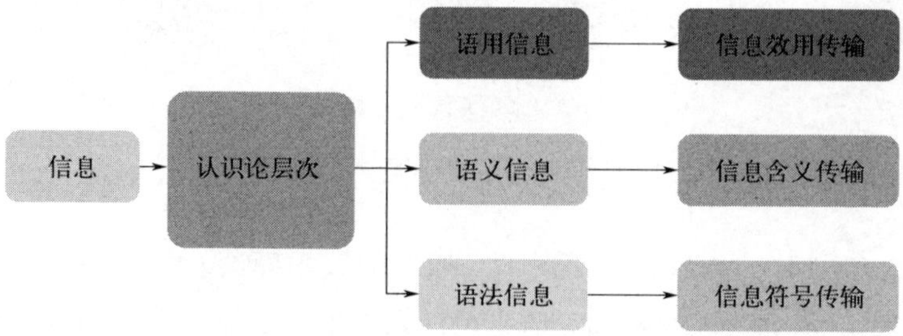

图 1-2　信息认识论层次示意图

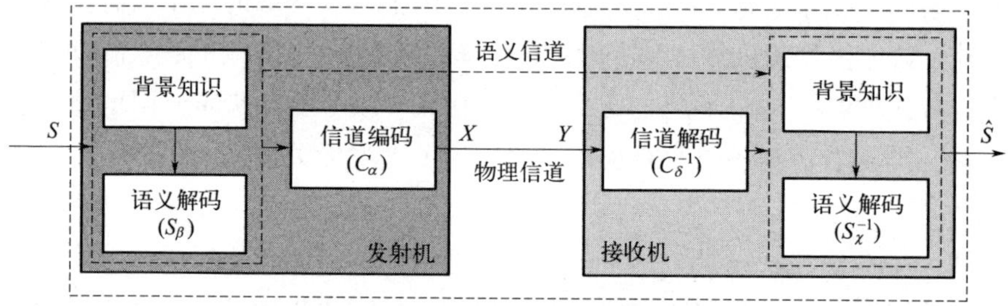

图 1-3　语义通信系统整体框架

语义通信的核心思想是对信源的语义表征进行高效编码，以提升在受限信道下的传输效率与鲁棒性。这种新兴通信方式通过智能算法理解并提取信息中的关键语义信息，有选择性地将有意义的内容传输至接收端。很多情况下，接收端无需精确重建原始数据，而是利用接收到的语义信息执行相应的任务。例如，在语音识别或图像识别应用中，系统不需要传输完整的音频或图像文件，只需传输识别结果或语义描述即可。

语义通信的另一个关键优势在于能够显著减少数据冗余，提升通信的效率和鲁棒性。特别是在带宽受限或需要实时响应的场景下，语义通信的效率优势尤为突出。在传统系统中，即便面对相对简单的任务，也可能传输大量无关或冗余数据。而语义通信系统则通过智能算法筛选出关键语义信息，仅传输最有价值的数据，从而减少带宽占用并加快传输速度。

综上所述，语义通信的发展不仅代表了通信系统从单纯的信息传递向语义传递的飞跃，也标志着通信范式从追求无差错传输到追求通信效率与任务需求的转变。通过将语义理解与数据传输结合，语义通信能够满足现代通信系统的实际需求，尤其是在带宽有限、实时性要求高的场景中，展现出巨大的潜力。例如在自动驾驶、智能制造等领域[3]，语义通信通过传递关键的语义信息能够以高效、低延迟的方式完成复杂任务，极大提升了通信系统的整体性能。

1.1.2 语义通信的早期研究与应用

虽然语义通信近些年才获得广泛关注，但其理论基础的探讨可以追溯到 20 世纪中期。随着通信系统逐渐复杂化，一些学者开始思考如何超越仅仅依赖信号精确传输的传统方法，转而考虑信息的语义层面。事实上，早在 20 世纪 60 年代，诺贝尔奖获得者赫伯特 • 西蒙（Herbert Simon）在其研究中[4]便探讨了人类认知和机器学习的交叉领域，强调信息的处理与理解是智能系统中的核心任务之一。尽管这些研究尚未明确提出“语义通信”的概念，但它们为现今的语义通信的系统研究奠定了基础。

语义通信的研究与认知科学、语言学以及人工智能等学科密切相关。在这些学科的支持下，语义通信的发展逐渐从理论走向实际应用。例如，自然语言处理（natural language processing，NLP）中的语义分析技术已经能够较为精确地提取文本中的语义信息。这些技术不仅仅用于信息压缩，也为通信系统理解和传递信息的语义层面提供了有力支持。在这种背景下，研究人员逐渐认识到，通信系统不仅仅是数据传输的工具，它还可以通过语义提取、语义压缩等方式提升传输效率，减少不必要的信息冗余。

随着物联网（Internet of Things，IoT）、智能家居、自动驾驶等新兴应用的兴起，语义通信技术在这些领域的需求也变得愈加迫切。例如，在智能家居中，语义通信技术可以通过对家电操作指令的语义理解，避免传输大量低效数据，从而实现对家电的高效控制。在自动驾驶中，车辆之间的通信通常需要分享大量传感器数据，如环境感知、位置、速度等。然而，这些数据中很多信息对于驾驶决策并不关键，因此如果通过语义通信系统提取出与驾驶决策相关的关键语义信息，就可以大幅度降低传输数据量，从而提升通信效率，确保实时响应。

语义通信技术在物联网场景中的应用尤其典型。物联网设备种类繁多，数据格式各异，传统通信方式往往难以有效处理这些异构数据。而语义通信系统可以根据特定任务对数据进行语义提取和分类，确保设备之间的高效交互。这样，不仅减少了设备之间的无效通信，还提升了整个系统的鲁棒性和智能化水平。

除物联网与自动驾驶外，语义通信在智能制造领域同样具有重要应用价值。现代制造系统依赖高频率的机器间通信实现自动化生产，而传统系统因需传输海量监控数据面临效率瓶颈。语义通信技术通过提炼与生产任务直接相关的关键语义指令，实现信息的按需精准传输。此举不仅显著降低通信负载，更大幅提升整体生产效率。例如，机器只需传输当前生产状态的语义描述，而不是详细的传感器数据，从而加快信息传递速度，确保生产线的高效运转。

1.1.3 人工智能技术推动下的语义通信发展

随着人工智能（AI）技术的快速发展，特别是深度学习的广泛应用，语义通信技术进入了新的发展阶段。AI 技术为语义通信领域提供了强大的算法支持[5]，尤其是在语义提取、语义理解和语义压缩方面。深度学习模型能够通过训练，从大量数据中自动提取出隐藏的语义特征，从而使通信系统具备更高的智能性和自适应性。更重要的是，AI 技术特别是深度神经网络，使得端到端（end-to-end）的通信系统设计成为可能。这种设计绕过了传统的分层架构，直接将语义编码器和解码器作为一个整体进行联合优化，目标不再是最小化比特差错，而是最小化语义失真或最大化任务效率，极大地简化了系统设计并提升了性能。

在语义通信系统中，人工智能的应用最为典型的例子是基于生成模型（如生成对抗网络和变分自编码器）的语义压缩与生成技术。生成模型能够通过学习少量的输入数据生成高质量的语义内容，这意味着通信系统在传输时只需要传递少量的核心信息，接收端则通过生成模型自动还原出与任务相关的语义信息。这种方式显著减少了数据传输的压力，同时保持了语义传输的准确性和有效性。例如，在视频传输中，生成模型可以通过传输关键帧或语义描述，生成完整的视频内容，从而大大减少带宽占用。

当前，人工智能赋能的语义通信系统正由单模态语义处理向跨模态协同演进。其研究重点不仅集中在提升语义压缩与语义生成的效率与准确性上，也逐渐扩展到多模态信息的联合建模与融合传输。传统通信系统难以处理来自不同模态（如文本、图像、音频等）的数据，而通过人工智能技术，语义通信系统能够高效地整合多模态信息。例如，深度学习模型能够同时处理文本描述、图像信息以及音频信号，并提取出这些模态信息中的关键语义内容进行传输。这种多模态语义通信的能力在现实应用中至关重要，例如智能助手或自动驾驶系统中，车辆需要同时处理和理解来自不同传感器的多模态信息，并进行语义融合后做出决策。

在这一过程中，多模态 Transformer 模型（如 CLIP、BLIP 或 ALIGN）为语义通信提供了可借鉴的结构思路。它们通过在统一语义空间中对齐不同模态的表示，使得通信系统能够实现跨模态语义压缩与统一编码，从而提高信息在多模态环境下的传输与理解能力。例如，自动驾驶系统可利用该机制同时理解图像中行人、文本指令和语音提示，形成完整的语义决策链路，从而提升通信系统对复杂任务的适应性和鲁棒性。

此外，人工智能技术还为语义通信提供了更高的自适应能力。在现实通信场景中，通信环境往往复杂多变，信道条件、设备性能等因素可能发生动态变化。通过人工智能技术，语义通信系统可以根据实时环境自适应调整传输策略，确保在不同环境下的通信效率和鲁棒性。例如，当带宽受限时，系统可以选择传输更少的核心语义信息；而当信道质量良好时，则可以传输更多的细节数据，以增强语义理解的精度。

为了实现这种智能自适应机制，语义通信系统往往结合强化学习（reinforcement learning，RL）与自监督学习（self-supervised learning）策略。前者通过与环境的交互不断优化决策过程，使通信系统能够在不同信道条件下动态选择最优的编码与传输方案；后者则通过从未标注数据中挖掘语义结构，持续优化语义表示能力，从而增强系统的自主学习与泛化性能。二者结合，使得语义通信系统具备持续学习与演化的能力，在面对环境变化或未知场景时仍能保持高效的通信性能。

总的来说，人工智能的快速发展不仅大大提升了语义通信系统的智能化水平，还为其在实际应用中的推广提供了坚实基础。从自动驾驶到智能制造，人工智能与语义通信的深度耦合，正推动通信领域向更加高效、智能的方向发展。未来，随着6G 网络、边缘智能及大模型（large model）技术的融合发展，AI 将赋予语义通信系统更高层次的认知与决策能力，使其能够实现“理解语义—预测任务—优化传输”的闭环学习与演化。这意味着通信系统将不再仅仅传输信息，而是能够在语义层面进行认知推理与任务优化。这标志着通信系统将从信息传输走向知识传递，赋能未来智能社会。

1.2 语义通信的基础架构

在语义通信技术的发展过程中，构建稳定、高效的基础架构变得尤为重要。本节将详细介绍语义通信的三种基础架构，即基于信息重构的语义通信系统、基于生成模型的语义通信系统以及面向任务导向的语义通信系统。信息重构系统关注如何在接收端有效重建发送端的信息内容，以实现准确的语义传递；生成模型系统则利用先进生成模型算法提升语义信息的质量与多样性；任务导向的语义通信系统强调具体应用目标与上下文，确保信息传递与特定任务的紧密结合。三类架构三位一体，共同构成了语义通信的基础技术框架。

1.2.1 基于信息重构的语义通信系统

在语义通信系统中，信息重构是指接收端通过接收到的部分数据，基于语义推理和补全技术，重构出发送端的完整任务相关信息的过程。如今大多数语义通信系统都包含信息重构的模块，接收端语义信息的重构对于语义通信系统达成系统目标起着至关重要的作用。

在传统通信系统中，数据传输的完整性和准确性至关重要，误码会导致信息解码失败，进而影响系统性能、降低通信可靠性，甚至造成关键信息失真或通信中断。而语义通信系统强调语义信息的理解和传输，即通过理解任务或上下文，接收端能够在部分信息缺失的情况下，依旧可以结合信息重构算法保证任务的完成。

以图像传输为例，在语义通信系统中，为了减少图像数据的传输延迟，需要将图像数据转换为较少的语义信息进行传输。为了实现图像数据到语义信息的转换，我们需要在网络系统中设计语义编码器和解码器。语义编码器是一种将图像数据转换为语义概念的方法。语义概念是比像素更高级别的图像表示形式，可以更好地保留和传达图像的含义。编码器通过神经网络的卷积层将图像数据从高维空间压缩到低维空间，同时提取图像中的重要信息。这些重要信息可以表示为语义向量，其中包括图像的类别、空间布局和视觉特征等关键信息。解码器是一系列的反卷积层，可以将语义向量从低维空间扩展到高维空间，同时重建图像的外观，并尽可能保持语义与原始图像的一致性。基于信息瓶颈理论的编码器设计，可有效剥离任务无关的冗余细节，仅保留与目标语义关联的核心信息，显著降低通信带宽需求。

在语义特征的压缩编码阶段，信息瓶颈理论起着重要的作用。信息瓶颈理论的核心思想是，在压缩数据的同时，保留那些对任务或语义最为关键的信息。这意味着通信系统不需要完整传递所有数据，而是通过信息压缩和提取的过程，保留对任务至关重要的语义内容。这样，系统在确保接收端语义解析无歧义的前提下，能够显著减少传输数据量。其优化目标可表示为最大化互信息 $I(T;Y)-\beta I(T;X)$，其中 T 为压缩后的语义表征，X 为输入信号，Y 为任务目标。这种理论与语义通信系统的设计理念高度一致，特别是当数据传输速率或信道资源受限时，信息瓶颈理论可以辅助确定哪些信息应被优先传输，从而提升通信效率。信息瓶颈理论能够通过优化选择传输的语义信息，提高了信息传递的效率。一个较好的压缩算法既要减少传输带宽，又不能影响接收端的重构效果。

进一步地，基于信息重构的语义通信系统往往采用信源 - 信道联合编码的方式。

传统通信系统通常将信源编码和信道编码分开进行处理，而信源 - 信道联合编码则打破了这种界限，结合信道的动态特性优化编码方案。具体而言，这种联合编码方式能够在考虑信道条件的基础上，对信源编码进行调整，确保在不影响语义信息传输的情况下，达到更高的传输效率和可靠性。通过这种方式，系统在面对不同信道环境时，可以动态调整数据传输策略，提升整体通信性能。

以传输图像数据为例，语义通信系统模型如图 1-4 所示，主要可分为三个重要部分：发送端的语义提取处理、无线信道传输和接收端的语义解码处理。采集到图像数据后，发送端对图像进行处理，得到图像的语义概念。然后，通过信道编解码处理将数据发送到接收端，接收端对接收到的数据进行解码，得到图像数据。

为了便于理解，同样以传输和重构图像信息为例，语义通信系统的基本实现过程可以概括如下。

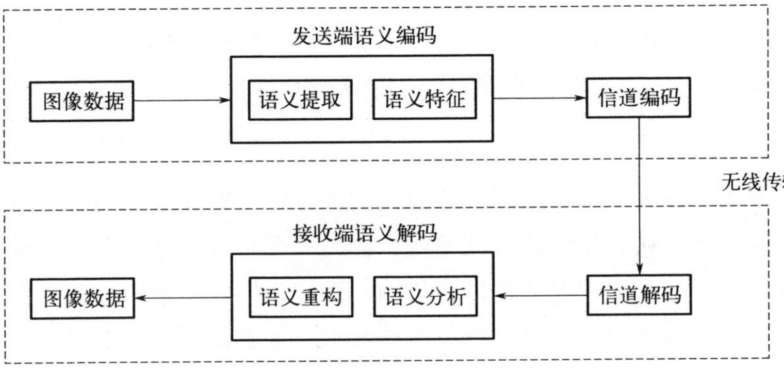

图 1-4　基于信息重构的语义通信系统模型

① 在发送端对图像进行语义分析和特征提取，将图像内容转换为语义概念，并使用预定义的符号或代码进行语义信息表征。

② 对语义信息进行编码，将其压缩以便在信道中传输。在此过程中，利用信息瓶颈理论确保关键语义信息不丢失，并采用信源 - 信道联合编码方式以自适应信道的动态特性，从而提高传输效率和可靠性。

③ 通过信道传输编码后的语义信息，接收端在收到数据后，对其进行解码，还原发送端传输的语义信息。

④ 在接收端对恢复的语义信息进行语义分析和重建，将其恢复为原始图像。通过生成式方法实现从语义到图像的映射，并利用信息重构技术补全传输中可能丢失的细节。

通过对上述步骤的多层次优化，语义通信系统能够在保持通信效率的同时，确保语义信息的准确传递和重建。

1.2.2 基于生成模型的语义通信系统

在通信领域，生成模型的引入为语义通信系统提供了新的思路与方法。生成模型，尤其是深度学习中的生成对抗网络（generative adversarial network，GAN）[6]和变分自编码器（variational autoencoder，VAE）[7]，在生成高质量语义内容方面展现了强大的能力。这些模型不仅能够处理和理解复杂的数据，还能够在信息传输中发挥关键作用，使得数据的生成与传输更加高效和智能。

生成模型的核心思想是通过学习传输数据的底层分布规律，构建从数据空间到语义空间的映射关系，从而实现对信息的智能表征与重建。在语义通信系统中，基于生成模型的语义通信系统带来两大革新。

（1）语义高效传输

将图像、语音等高维数据提炼为高层语义信息（如物体属性、行为意图等），而在通信过程中，系统仅传输这些轻量级的高层语义特征。

（2）本地语义重构

接收端基于生成模型，可以根据接收到的部分语义特征还原完整信息，显著降低带宽需求同时保障接收端的语义完整度。例如，在图像传输场景中，基于传统通信架构的方法需要将整张图像数据进行传输，而基于生成模型的语义通信系统只需传输图像的特征向量或关键语义信息。在接收端，生成模型能够重构出原始图像的高质量版本，这一过程不仅节省了带宽，同时提高了信息传输效率。

现今生成模型技术实现主要分为以下两种方式。

① GAN 机制：通过生成器（G）与判别器（D）的对抗训练动态优化，生成器不断逼近真实数据分布，判别器则评估样本真实性，最终实现高质量样本生成。

② VAE 机制：将输入数据编码至潜在空间进行分布拟合，再通过解码器实现数据重构与生成，同步完成数据压缩与语义保真。

GAN 通过生成器（G）与判别器（D）的对抗训练，使 G 不断学习真实数据分布，从而生成近似真实的语义样本；而 VAE 则通过对潜变量分布的重参数化，实现连续可控的语义重构。

生成模型的应用场景非常广泛，其中最典型的就是图像和语音的生成与传输。在图像生成领域，GAN 已被广泛应用于图像修复、风格转换等任务。例如，通过训练生成模型，可以根据简单的草图生成高质量的图像，甚至在不完整的情况下，通过已有的图像部分生成缺失的部分。这种能力使得图像传输不仅依赖原始像素传递，更实现了从底层数据到高层语义的特征空间映射与重构。

在语音生成方面，VAE 和 GAN 同样展现出强大的能力。例如，语音合成任务中，基于生成模型的系统能够根据文本输入生成自然流畅的语音，且可以通过调整模型的输入，生成不同风格和情感的语音。这种能力不仅提升了语音交互系统的用户体验，也为语音数据的传输提供了更高效的解决方案。通过生成与传输相结合的方式，语音的生成可以更加个性化，满足不同用户的需求。

基于生成模型的语义通信系统的一个显著优势在于其鲁棒性。在实际应用中，数据传输常常受到噪声和干扰的影响。生成模型可以通过对潜在分布的理解，有效应对这些干扰。例如，在面对网络拥堵或信号不稳定的情况下，生成模型能够根据已有的数据生成可靠的语义信息，从而提高通信的稳定性与可靠性。

总之，基于生成模型的语义通信系统为现代通信技术带来了革命性的变化。通过深度学习生成模型，系统不仅能够生成高质量的语义内容，还能在信息传输中展现出更高的效率和鲁棒性。这一发展为未来的通信应用提供了广阔的空间，无论是在智能家居、自动驾驶，还是在健康医疗等领域，基于生成模型的语义通信系统都将发挥越来越重要的作用。

尽管生成模型在语义通信中展现出巨大的潜力，但它也面临一些挑战。首先，生成模型的训练需要大量的数据样本，这在某些应用场景中可能较为困难。其次，生成模型的高计算负载（如 GAN 的百万级参数推理）与实时性要求存在根本性矛盾，亟待研发轻量化生成架构与硬件加速方案以实现通信系统的高效端到端语义重构。最后，生成模型生成的内容有时可能存在偏差或不准确性，这需要通过更加精确的语义提取和生成算法加以改进。

未来，随着深度学习技术的不断进步，生成模型在语义通信中的应用前景将更加广阔。生成模型不仅可以提升通信的效率和灵活性，还可以与其他技术（如边缘计算、物联网）相结合，构建更加智能化、实时性更强的通信系统。这将为自动驾驶、智能家居、虚拟现实等领域带来更多创新和突破。

1.2.3 任务导向的语义通信系统

任务导向通信（task-oriented communication，TOC）是一种新型的通信架构，它通过传递与特定任务相关的语义信息来实现通信，而不仅仅依赖于传统的比特或符号传输。这种方式以语义为基本单位，使信息传递更加精准和高效。任务导向通信可以减少所需的通信资源，特别是在低信噪比（signal-to-noise ratio，SNR）条件下，任务导向通信可以提升传输效率和鲁棒性。TOC 的出现标志着通信系统从单纯关注信息传输的准确性，逐步转向关注任务完成的效率和效果。

任务导向语义通信系统是实现面向智能任务通信的核心技术路径。传统通信系统中，信源在编码和传输的过程中被转换成比特流，接收机追求准确恢复代表信源的比特流以恢复原始数据，接着进行语义提取并执行任务。语义通信系统传输信源的语义信息相较于传统通信系统最主要的区别之一是引入了语义编码，语义编码依据要执行的任务对信源进行语义特征提取，仅传输语义特征，大大降低了对通信资源的需求。接收机的任务包括信源重建和其他应用任务，如图像分类和目标检测等。语义编码的引入实现了信源传输和信源理解过程的融合，即“先理解后传输”；而传统通信系统中，信源传输和理解相对独立，为“先传输后理解”的通信模式。

任务导向通信基本框架如图 1-5 所示，首先，在发送端收集数据，信息源可以是文本、图像、音频等多模态数据。然后，语义编码器根据不同的任务基于不同的深度学习网络模型提取不同模态的语义信息，再通过信道编码器将其编码为用于信道传输的语义向量。通过物理信道传输后，接收端的解码器恢复接收到的语义向量并执行相关任务。

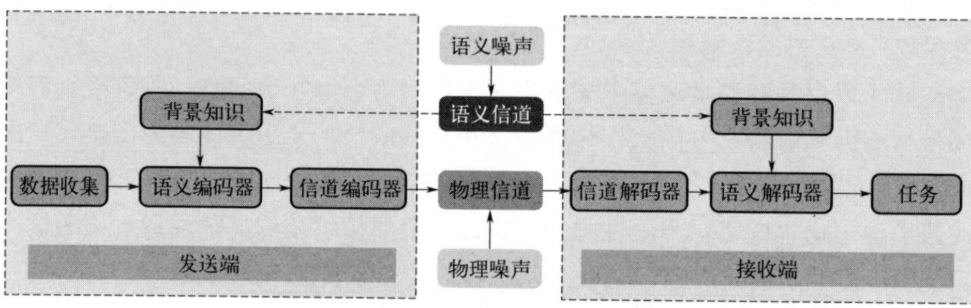

图 1-5　任务导向通信基本框架示意图

信源 - 信道联合编码技术是任务导向通信系统的重要组成部分之一，通过结合语义信息的编码和信道传输过程，该技术能有效应对信道噪声和传输中的信息丢失问题。其中，语义编解码器和信道编解码器是由两个深度神经网络（deep neural networks，DNN）实现的，如卷积神经网络（convolutional neural networks，CNN）、图神经网络（graph neural network，GNN）和 Transformer 模型等，可以用于对抗语义噪声和信道噪声。任务导向的语义通信，旨在通过提取源信息的语义特征并进行接收恢复，实现更高效的传输。它不仅能综合表征数据语义和物理信道的特性，还能减少冗余，显著提升效率。与传统的信源和信道分离式设计相比，任务导向的语义通信采用信源 - 信道联合编码的方式，在低信噪比条件下表现出更好的稳定性和鲁棒性。

语义知识库在任务导向的语义通信系统中也起到关键作用，它作为语义信息的存储和推理工具，为任务导向通信提供了广泛的语义支撑。语义知识库帮助通信系统提取与当前任务相关的语义特征，并在传输过程中优化这些信息的编码。例如，自动驾驶场景中，车辆间无需传输原始传感器数据流（如激光雷达点云），而是通过调用驾驶语义知识库，将通信资源聚焦于结构化任务语义（如车道曲率、障碍物坐标等关键状态向量）的传输。这不仅减少了传输量，还提升了系统的实时响应能力。

任务导向的语义通信系统通过引入语义知识库和信源 - 信道联合编码技术，实现了从“先传输后理解”到“先理解后传输”的转变，提取和传递任务关键语义信息，减少冗余数据量，提升通信系统效率和鲁棒性。任务导向的语义通信在自动驾驶、智能制造、边缘计算等领域展现了巨大的应用潜力，为构建更加智能化、实时性更强的通信系统奠定了基础。

任务导向的语义通信系统具有以下特征。

（1）语义提取与传输的高效性

任务导向语义通信系统的一个重要特性是语义提取和传输的高效性。通过语义通信技术，系统能更好地针对具体任务，传输高层且与任务相关的语义信息。在此过程中，信源 - 信道联合编码方式发挥了重要作用，它结合了信源的语义特征提取与信道编码过程。通过考虑信道的噪声和动态特性，信源 - 信道联合编码能够确保语义信息在恶劣环境中高效传输，并减少传输错误，从而提高通信的可靠性和效率。这种语义传输模式不仅大大减少了传输的数据量，还增强了信息的有效性和系统响应的速度。

（2）任务需求驱动的自适应通信

任务导向语义通信的另一个核心特性是它面对任务的自适应性。传统通信系统的刚性架构框架，导致其无法根据任务的需求调整传输策略，如按信道状态切换编码方案。而任务导向语义通信系统则能够根据不同的任务需求，自主调整通信参数以及传输的语义信息。例如，在视频监控系统中，当检测到异常事件时，系统可以迅速切换到高优先级的任务模式，专注于异常区域的详细信息传递，而平时则只传递基础的监控数据。信源 - 信道联合编码能够针对任务需求对信道资源进行优化分配，还能够根据当前的通信环境和信道状态，动态调整信道编码的强度和传输策略，确保在低信噪比环境下仍能维持语义信息的高效传输。这种任务驱动的通信方式能够灵活适应不同场景下的通信需求，使得系统在处理复杂任务时更加高效智能。例如，在灾难现场的紧急通信中，任务导向语义通信可以优先传递救援所需的关键位置信息，而非无关的背景信息。这种智能调整通信策略的能力，使得任务导向语义通信在应急响应、智能制造等领域展现了巨大的应用潜力。

（3）语义重构与鲁棒性

在实际通信场景中，信息传输常常受到带宽限制、信道噪声等因素的影响。任务导向语义通信通过语义重构技术，能够有效应对这些挑战，保障信息传输的鲁棒性。在极端情况下，即便部分数据丢失，接收端依然能够通过语义知识库和上下文推理，推测出丢失信息，从而保障任务的顺利完成。例如，在图像传输任务中，如果通信过程中部分图像数据丢失，任务导向通信则能够通过接收的语义信息和上下文推测，重构出原本丢失的关键信息，保障信息的传输。同时信源 - 信道联合编码在此过程中也起到了关键作用，确保了即使在信道条件恶劣的情况下，接收端依然能够通过语义重构和编码技术恢复关键信息，从而提升通信的鲁棒性。这种鲁棒性设计对于恶劣环境下的通信尤为重要，能够在系统面对信道噪声等问题时确保任务完成。

在应用场景层面，任务导向的语义通信在物联网与边缘计算中展现出巨大潜力。物联网环境连接着数以亿计的设备，亟需高效的通信协作机制。任务导向通信能根据设备的具体任务优化信息流，剔除冗余信息，从而提升系统整体效率。与此同时，该通信范式与边缘计算的理念深度契合，它能将计算任务卸载至边缘节点，直接在数据源头完成语义特征的提取与决策，有效减少向云端的数据传输，显著降低延迟与带宽开销，这使得边缘计算系统能够更好地满足实时性要求。

例如，在智能交通系统中，车辆之间需要实时共享行驶信息以优化交通流量。任务导向通信系统能够根据实时的交通状况和车辆的行驶任务，动态调整信息的传递策略，以确保信息的及时性和准确性。通过任务导向语义通信，这些系统能够提高道路使用效率，减少交通拥堵，提升驾驶安全性。在智能制造领域，任务导向的语义通信系统能够实时监控生产线上的各项参数，并根据生产目标调整设备的工作状态。这种系统能够快速识别潜在的生产问题，并通过灵活的信息传递机制，快速响应生产需求，提高生产效率和灵活性。

总体而言，任务导向通信与传统通信在以下方面有所不同：首先是传输信息的表示方式。任务导向通信针对特定通信场景或任务，将比特流表示变为更具信息含义的语义特征，从而在发送端实现信源内容的语义特征提取和理解。其次是服务质量评估标准。传统通信通常通过误码率、丢包率等指标来评估服务质量，而这些指标无法反映用户的主观体验等主观质量指标。相比之下，任务导向通信则根据不同的任务和通信场景，采用主观的用户感知质量和客观的语义准确性来共同定义服务质量标准。这种综合考虑语义信息和用户体验的方法，使得服务质量评估更为全面、准确。

1.3 多模态语义通信系统

通常信源数据根据数据类型的不同可以分为多种模态，例如文本、音频、图像和视频等。虽然现如今单模态语义通信系统已具备了可靠的性能，但随着数字媒体业务的全面发展，通信系统所需要面对的任务种类繁多，多模态语义通信系统逐渐成为现今研究的重点。本节将探讨多模态表征学习这一关键技术，同时，详细分析多模态语义通信的关键挑战，包括模态对齐、语义噪声、跨模态数据融合等问题，最后介绍其在多任务多场景中的应用，展示该技术在自动驾驶、智能制造等复杂场景下的应用潜力。

1.3.1 多模态表征学习

多模态表征学习是人工智能领域的核心技术之一，是一种利用不同模态信息及其相互关系的技术，旨在通过融合多种数据模态（如文本、图像、音频、视频等）来提高模型的感知与理解能力，实现跨模态的信息交互与融合。这一技术的核心目标是突破单一模态的局限性，捕获不同模态间的互补信息，以增强模型的理解能力和适应性。多模态表征学习不仅在自动驾驶、情感分析、语音识别等领域具有重要应用，也为新兴的多模态语义通信提供了理论和技术支持。以下将从多模态表征学习的基本概念、主要方法、关键挑战以及实际应用等方面进行详细阐述。

多模态表征学习旨在通过特征提取和语义融合，将来自不同模态的数据转换为统一的语义表示。每个模态具有其独特的信息表达方式，但仅依赖于单一模态数据通常无法准确理解复杂场景中的所有语义内容。例如，文本可以用来描述物体的类别属性与空间关系（如“棕色木桌靠窗摆放”），但无法直接表达图像中的视觉细节（如木纹肌理、光影渐变等像素级信息）；而图像虽然提供了大量视觉信息，却不一定具备事件的时间线索或背景解释的能力。多模态表征学习核心思想在于：通过跨模态信息的联合学习，提升模型的泛化能力和鲁棒性。

多模态表征学习的实现过程涉及特征提取、模态对齐和融合表征等步骤。主要方法包括以下几种。

（1）特征提取

模态数据首先需要通过特征提取转换为高层语义特征。不同模态的数据结构和特性不同，因此需要使用特定的特征提取方法。

① 文本特征提取　文本数据一般通过自然语言处理（NLP）模型进行处理。Transformer、BERT、GPT 等深度学习模型能够有效捕捉文本的语义特征。这类模型通过编码文本中的词序、句法关系和上下文含义，生成高维度的嵌入表示。

② 图像特征提取　图像数据通常采用卷积神经网络（CNN）进行特征提取。CNN 在识别图像中的边缘、纹理、形状等方面具有较高的表现能力，如 ResNet 和 VGG 等网络结构在图像特征提取方面具有显著效果。

③ 音频特征提取　音频数据常通过频谱分析或短时傅里叶变换（STFT）等方法转化为时频图像，再利用 CNN 或长短时记忆网络（LSTM）提取语音或情感信息。

（2）模态对齐

模态对齐的核心是构建跨模态的语义一致性映射，通过联合嵌入优化（joint embedding optimization）将异构数据（图像 / 文本等）投影到统一语义空间，克服模态固有异质性带来的对齐挑战。其相关的实现方式主要包括以下两种。

① 注意力机制　注意力机制通过加权方式学习各模态间的关联性。典型的应用如视觉问答系统（visual question answering，VQA），能够在文本问题和图像内容之间建立联系，通过对图像不同区域的注意力分配，使系统关注与问题相关的视觉特征。

② 对比学习　对比学习利用相似样本对之间的接近性和不相似样本之间的距离实现模态对齐。例如，文本 - 图像对比学习中，系统学习让描述相似语义的文本和图像在表示空间中距离更近。

（3）融合表征

融合表征阶段通过门控多模态单元（gated multimodal unit，GMU）的加权集成与跨模态 Transformer 的交互转换机制等方法，构建统一语义表征。多模态特征的融合通常分为数据级、特征级和决策级三种融合方式。

① 数据级融合　直接将来自不同模态的数据整合在一起进行处理，适用于数据结构一致的情况，但信息冗余可能影响效率。

② 特征级融合　从每个模态中提取出特征后，将它们融合在一起。这种方式更加灵活，可适应不同模态数据的异构特性。例如，利用注意力机制选择性地结合各模态特征，可以达到较好的语义效果。

③ 决策级融合　各模态的数据独立处理并分别生成决策后，再整合各模态的结果。这种方法适用于较为独立的任务，但对于需要高度协同的任务，其表现不如特征级融合。

通过上述特征提取、模态对齐与融合机制，多模态表征学习为语义通信在复杂环境下实现语义一致与跨模态理解奠定了技术基础。

1.3.2 多模态语义通信主要挑战

多模态语义通信系统通过整合来自不同模态的数据，实现更高效、智能的通信。但在实际应用中，多模态语义通信系统仍面临诸多挑战，包括多模态数据和通信传输相关的挑战等。

1.3.2.1 多模态数据相关挑战

不同于单模态语义通信，多模态语义通信中涉及对多模态信号语义特征的提取和融合。多模态语义通信处理的信源端就会受到模态异构性的影响，即不同模态（如文本、图像、音频和视频）在数据结构、维度、时间频率和内容特性等方面存在显著差异。每种模态的生成机制、数据格式和表达方式都不同。例如，文本由离散符号序列构成，而图像与视频则是连续空间或时空信号，其统计特性与数据结构差异显著，音频则表现为时序信号。模态异构性首当其冲地给多模态语义通信系统设计带来了巨大挑战，若不能有效应对，多模态数据非但不会辅助增强，还会造成相互干扰，影响下游任务性能。

另一方面，由于这些模态在数据维度、空间时间分辨率、覆盖率和语义抽象方面有很大差异，如何将来自不同模态的数据在语义层面上进行匹配和关联融合，也是一个关键的挑战。不同模态的数据在采集时可能存在时间不同步（例如，由于数据结构、坐标系和信息内容的差异，将二维的视觉图像与一维的雷达波形对齐尤其具有挑战性，此外，传感频率和感知延迟的不一致使同步融合进一步复杂化）或空间不一致（如图像中物体的位置与文本描述的顺序不同）。

此外，如何处理模态缺失问题也是多模态语义通信系统亟待解决的问题。模态缺失指的是在多模态语义通信系统中，由于某些模态的数据无法获取或丢失，导致系统在进行语义分析时面临数据不足的情况。在面对模态缺失问题时，一个常用策略是通过其他模态的数据来进行补全。此外，生成模型（如生成对抗网络 GAN 或变分自编码器 VAE）也可以用于生成缺失模态的数据。通过这些模型，系统能够在接收到不完整的数据时自动生成丢失的模态信息，从而实现语义重构。但是跨模态补全时常常出现的语义偏移现象与生成模型的不可控性都要求我们进一步加深对上述方法的研究和优化。

1.3.2.2 通信传输相关挑战

虽然传统通信和多模态语义通信系统在具体编码和解码信息方面有所不同，但是，两者面临着相同的通信约束，如不可预测的信道条件、有限的传输等。然而，不同于传统通信，多模态语义通信需要解决现代通信系统中的新挑战，包括语义噪声、资源分配、算力不足等。

无线通信中，信道的多径衰落、多普勒效应及环境噪声会导致信号失真，使接收端无法准确恢复原始语义信息。在多模态语义通信中，物理信道噪声会进一步转化为语义噪声（如文本关键词丢失、图像关键区域模糊），导致语义歧义。语义噪声则是指由于外部环境或设备的影响，系统接收到的数据存在错误或干扰，导致传输的信息产生语义误差。物理噪声源于信道层干扰，而语义噪声则源于语义提取或理解阶段的偏差，例如关键词误识别或图像语义错配。如何减少语义噪声是多模态语义通信系统优化的一大挑战。应对语义噪声时，提升多模态语义通信系统的鲁棒性是关键，常见的策略包括采用更先进的噪声过滤算法和多模态数据融合技术。

另外，信息传输过程必然消耗带宽与功率等通信资源。传统通信系统的资源分配机制以最小化误码率与中断概率等物理层指标为核心；而多模态语义通信系统则颠覆了这一范式，其关键在于识别比特流背后的多模态语义价值，并据此重构资源分配框架。在系统设计中，服务质量（QoS）与体验质量（QoE）共同定义了两大优化目标：前者关注传输速率、时延等客观参数，后者追求用户感知的清晰度与流畅度。为平衡二者，多模态语义通信通过量化不同模态数据的语义密度，实现资源的动态分配。因此，如何设计高效的动态资源分配框架，仍是未来多模态语义通信系统研究的核心挑战。

如今在多模态语义通信系统逐渐与 AI 大模型相结合的趋势下，算法复杂度也是必须考虑的核心要素。深度神经网络的庞大规模和海量训练需求，不仅消耗巨额算力资源，更因原始数据广泛分布于边缘终端而引发连锁反应：终端设备需与云端或边缘服务器频繁交换数据以完成模型训练，高昂的后向传输开销严重制约了智能任务的实时性。例如，Transformer 类语义模型的计算复杂度通常随输入长度呈平方增长［$O(n^2)$］，在实时通信中极易造成延迟积累。为破解这一困局，必须构建云边端协同的智能资源编排范式：利用边缘设备本地存储的数据资源与有限算力，通过单/多模态语义处理技术对原始数据进行语义蒸馏（如对视频流等原始数据进行处理，提取其关键特征向量以替代原始数据本身进行传输），再设计与之适配的通信策略传输高价值语义信息。这不仅缓解了中心节点计算压力，更从源头降低传输负载。然而随着海量异构设备涌入网络，如何在有限算力与带宽约束下实现 AI 处理速率与通信速率的精准耦合，满足新兴应用在实时性、可靠性、安全性等维度的严苛需求，已成为驱动多模态语义通信发展的关键挑战。

多模态语义通信的实现主要受制于两个核心瓶颈。在数据表征层，多样化传感器生成的数据格式各异，迫使系统需为每类单模态设计专用编码器以统一数据格式，这引发了维数失配困境——不同模态编码后的特征向量维度参差（如激光雷达点云坐标与音频频谱差异），尤其对需要恒定符号维度的信道级融合方案（如多用户协同传输）构成严峻考验。而在资源管理层，分布式传感决策架构依赖端 - 边 - 云间高频数据交换，导致带宽与能耗负担陡增。该问题在低动态场景（如静态夜间监控）中尤为尖锐：冗余数据（如连续相同视频帧）持续占用信道资源，从而浪费传输资源。

多模态语义通信系统在实现过程中，面临语义异构性与通信资源有限约束的双重挑战。多模态数据层面需解决跨模态数据结构的本质差异、时空错位导致的融合障碍，以及模态缺失时生成补全的可靠性问题。通信传输层面则需应对信道噪声引发的语义歧变，设计基于语义价值密度的动态资源调度机制（如优先分配带宽 / 功率至高价值数据流），并克服边缘设备算力局限与云端大模型复杂度间的协同矛盾。

1.3.3 多任务多模态语义通信

多任务多模态语义通信追求用一个统一的端到端系统取代以往“一个任务一个系统”的碎片化方案，以此实现更高的资源效率和任务间的协同。例如，在自动驾驶场景中，系统需要同时执行目标检测、道路标识识别、障碍物分类等任务。而在工业互联网中，系统可能需要同时监测设备状态、预测故障、识别异常事件等。这些任务的并行处理不仅考验系统的语义信息提取和表征能力，还需要强大的资源分配和信息管理策略，以确保任务之间不会互相干扰。

在实际应用中，通信系统往往面临多任务的挑战。以智能城市为例，交通管理、能源分配、公共安全等不同的任务需要同时处理，每个任务对通信的要求各不相同。例如，交通管理系统需要实时传输大量的交通数据，而能源管理系统则可能对实时性要求较低，但对数据的精度要求较高。任务的不同会显著影响语义的定义和传输方式。多模态语义通信的核心，在于传输由具体任务所驱动并筛选出的语义信息。不同任务的语义需求差异较大，通信系统需要能够识别每个任务的关键语义信息，并根据任务的具体要求进行传输优化。总结来说，多模态语义通信系统需要能够灵活调整通信策略，根据不同任务的优先级和需求，合理分配带宽、计算资源和传输方式。

多任务多模态语义通信的一个重要应用领域是边缘计算和物联网（IoT）。在这些场景中，通信系统需要处理大量的设备和复杂的数据。这种情况下，多模态语义通信系统可以根据任务的重要性和实时性要求，动态调整通信策略。例如，在机器设备出现故障时，系统可以优先传输与故障相关的关键语义信息，而将其他非关键数据延迟或压缩处理。通过引入边缘计算技术，系统可以将部分计算任务下沉到边缘节点，以减少中心服务器的负担和通信延迟。

接下来，通过几个实际应用场景来展示多任务语义通信的应用。

① 航空无人机[8]　在航空无人机场景中，多任务语义通信系统用于实现高效、准确的环境感知与决策控制。多任务处理包括目标识别、飞行路径规划、避障以及导航等多重任务，这些任务通过语义通信系统整合，使无人机在飞行过程中获得全面的环境信息。通过多模态数据融合和实时数据共享，系统能够在各场景下分析空域内的动态变化，精准捕捉目标和潜在风险，提高飞行效率和安全性，赋予无人机更高的自主操作能力。

② 自动驾驶[9-10]　在自动驾驶场景下，多任务的语义通信系统旨在高效处理并整合不同任务中的语义信息，以保障车辆在复杂环境中的安全行驶。多任务语义通信涉及对目标检测、道路识别、障碍物规避和路径规划等任务的并行处理。通过多模态数据融合与注意力机制，系统在各任务中实现信息的有效互补，并动态分配资源，从而应对模态异构性和环境多变带来的挑战。这种融合确保了自动驾驶系统在面对多样化需求时的可靠性和灵活性，使其具备更全面的语义理解能力。

③ 低地球轨道（LEO）卫星通信系统[11-12]　LEO 卫星通信系统的多任务语义通信技术，是在复杂、多变的空间环境中提升信息处理和传输效率的关键方案。在 LEO 卫星通信中，系统需处理包括目标识别、数据中继、轨道预测、通信链路优化等多种任务。多任务融合意味着系统可以根据任务的语义需求，动态分配资源，确保关键任务的信息优先传输。LEO 卫星通信通过语义理解与压缩，降低传输带宽需求并减少冗余，确保数据准确、高效地在地面与卫星间传输。

④ 工业互联网[9]　工业互联网中的多任务语义通信，旨在实现高效、智能化的生产控制和设备管理。在工业生产场景中，不同设备和传感器生成的数据包括图像、音频、位置信息等多种模态，用于支持生产监控、质量检测、安全管理等多项任务。多任务语义通信系统可以根据任务的优先级进行数据优化传输，确保关键任务的数据优先到达，例如在紧急故障时优先传输故障位置和原因数据。同时，系统在传输前对数据进行语义压缩，减少带宽占用、优化流量分配，从而实现高效、低延迟的数据传输，提升工业互联网的智能化水平。

这些应用场景展示了多任务多模态语义通信系统在应对复杂任务中的强大适应性和资源优化能力，未来将在更多行业和场景中展现其潜力。总体而言，多任务多模态语义通信系统通过动态调整通信策略和资源分配，能够在复杂的应用环境中提供更加智能和高效的通信服务。随着物联网和边缘计算技术的进一步发展，面向任务导向的多模态语义通信将在未来的智能城市、自动驾驶、智能制造等领域发挥重要作用。

章末小结

本章首先介绍了从传统通信到语义通信的发展历程，梳理了其关键技术的演进脉络，并探讨了人工智能与语义通信结合的应用。接下来介绍了语义通信的三种基础架构，分别是基于信息重构、生成模型和任务导向的语义通信系统架构。基于信息重构的语义通信架构注重在数据压缩和重构过程中尽量保持信息的语义完整性，以减少通信资源的占用并提高系统的效率；基于生成模型的架构则利用深度学习和生成模型，在接收端恢复或生成语义层次的信息，为语义通信提供了更智能的表达能力和更精确的信息提取能力；而任务导向的语义通信架构专注于特定任务中的信息需求，根据任务需求传递相关语义信息，减少冗余数据的传输，优化任务效率和通信效果。

另外，针对多模态语义通信系统，本章探讨了多模态表征学习技术如何在语义通信中实现跨模态语义对齐和信息协同处理。同时深入分析了多模态语义通信面临的主要挑战，包括模态异构性、模态之间的语义对齐、多模态数据融合的复杂性以及应对模态缺失与语义噪声等问题。此外，还结合多任务多场景下的应用需求，探讨了多任务语义通信如何在不同行业应用中提升系统智能性、适应性和鲁棒性。

6G
Ai
Ai

第2章

多模态语义通信相关基础理论

学习目标

- 学习多模态语义通信的相关基础理论。
- 了解各个理论在语义通信中发挥的作用。

在信息时代的洪流中，随着数据量的爆炸性增长与传输技术的进步，传统基于比特流的通信方式逐渐显露出其局限性。为了提高信息传输的有效性，多模态语义通信作为一种新兴的研究领域应运而生，它不仅关注于数据的物理层传输，更注重于信息传递的本质——语义。本章将探讨多模态语义通信相关的理论基础。

2.1 信息瓶颈理论

在多模态语义通信中，如何实现信息的高效压缩与准确传递，是保证语义保真度和通信效率的核心问题。为在数据传输过程中尽可能保留关键语义信息，研究者引入了信息瓶颈（information bottleneck，IB）理论。该理论为选择性地压缩和保留信息提供了数学基础。通过应用信息瓶颈理论，系统可以在降低数据冗余的同时，有效保留与任务相关的语义特征，从而为多模态通信系统的优化奠定了理论基础。

2.1.1 信息瓶颈理论的发展历程

信息瓶颈理论最初由 Naftali Tishby 等人于 1999 年提出[13]，其核心思想是在给定输入与输出的情况下，寻找一种最优的中间表示，即“瓶颈”，使得该表示与输出之间互信息最大化的同时尽量减少与输入的互信息。简言之，该理论的目标是在压缩输入信息的过程中，尽可能保留并提取出能够有效预测输出的关键信息。

起初，信息瓶颈理论主要应用于数据压缩领域。随后，该理论的应用范围逐步扩展至分类[14]、聚类[15]、编码理论[16]、量化[17]等其他机器学习任务。与此同时，学者们不断完善信息瓶颈的数学基础框架，并针对更复杂的概率模型和优化方法进行了深入研究。

自 2015 年起，Tishby 及其同事开始探讨信息瓶颈理论在解释深度神经网络学习过程中的潜力，并揭示了深度学习与信息瓶颈理论之间的重要联系。在相关研究中[18]，他们系统地论述了二者的内在关系。

目前，信息瓶颈理论的研究重心逐步转向其在深度学习领域中的实际应用与验证。此外，该理论还被扩展应用于自然语言处理、计算机视觉等新兴领域。随着计算资源的提升与优化算法的不断发展，基于信息瓶颈理论的深度学习范式得到了更为广泛且有效的应用。

2.1.2 信息瓶颈理论的数学表述

在明确了信息瓶颈理论的发展背景之后，为了更深入地理解该理论如何在实践中发挥作用，需要进一步探讨其数学基础，接下来将介绍信息瓶颈理论的数学表述。

给定随机变量 X、Y 以及它们的联合分布 $p(X, Y)$，其中 X 是我们所拥有的原始数据，Y 是我们希望从 X 中预测或推断的信息。信息瓶颈方法的目标是将随机变量 X 压缩为“瓶颈”随机变量 T，这个变量是从 X 中提取的，包含了与 Y 的相关信息。我们想要使 T 在尽量减少与 X 的互信息［即 $I(X;T)$］的情况下，仍然能够最大程度地保留 T 与 Y 之间的互信息［即 $I(T;Y)$］，即寻求一个概率映射 $q(T|X)$ 使得 $I(X;T)$ 最小而 $I(T;Y)$ 最大，可以形式化表示为一个约束优化问题：

$$\underset{T\in\Delta}{\operatorname{argmax}}\, I(T;Y),\ \text{s.t.}\, I(X;T)\leqslant r \tag{2-1}$$

其中，以压缩级别［$I(X;T)\leqslant r$］作为约束条件，Δ 为服从马尔可夫链 $Y\leftrightarrow X\leftrightarrow T$ 的随机变量 T 的集合。式（2-1）在 $r\in[0,+\infty)$ 条件下的最优解可以从形成的 IB 曲线[13, 19]得出，而 IB 曲线则权衡了压缩［即 $I(X;T)$］与预测［即 $I(T;Y)$］。

在实践中，为了避免非线性约束，可以通过最小化信息瓶颈的拉格朗日量来优化式（2-1）：

$$\mathcal{L}_{\mathrm{IB}}\left[q(T\mid X);\beta\right]=-I(T;Y)+\beta I(X;T) \tag{2-2}$$

其中，β 即拉格朗日乘子，控制着信息压缩与保留之间的权衡，通常 $\beta\in[0,1]$。

传统的信息瓶颈方法专注于在压缩数据的同时保留对任务有用的关键信息，然而，在实际应用中，输入数据 X 通常会受到各种不确定性和噪声的影响，这可能导致提取的压缩变量 T 不能准确地保留与目标变量 Y 相关的重要信息。为此，研究者引入鲁棒信息瓶颈方法（robust information bottleneck，RIB）[20]。鲁棒信息瓶颈是信息瓶颈理论的扩展，旨在提高模型在存在噪声或不确定性条件下的表现，它通过在模型中显式地考虑输入数据中的不确定性，使得提取出的 T 对输入数据中的扰动具有较强的鲁棒性。因此，优化目标不仅仅是最大化 T 与 Y 之间的互信息，同时还要确保 T 在面对输入数据 X 的扰动时能够保持稳定性。为此，鲁棒信息瓶颈通常会引入额外的正则化项或约束条件，以确保 T 对 X 的变化不敏感。这可以通过下述目标函数来表达：

$$\text{最小化}\, I(X;T)-\beta I(T;Y)+\lambda\times\text{鲁棒性正则化项} \tag{2-3}$$

其中，λ 是控制鲁棒性正则化项权重的参数，这一正则化项可以是关于 T 在不同输入扰动下变化的某种度量。

鲁棒信息瓶颈理论为深度学习和信号处理领域提供了一种新的视角，通过增加鲁棒性约束，使得深度学习模型在面对不确定性和噪声时依然能够保持良好的性能，成为深度学习、通信系统等领域中重要的优化工具。

2.1.3　信息瓶颈理论的应用

信息瓶颈理论在语义通信领域中的应用为实现高效的通信提供了新的思路。信息瓶颈理论通过平衡信息压缩与语义保留，帮助设计出高效、智能的语义通信系统，具体应用包括以下几个方面。

（1）语义信息压缩

在语义通信中，传递的信息不仅仅是字面上的数据，而是数据背后的语义内容。传统的压缩算法通常只考虑数据的冗余性，而忽略了其语义价值。信息瓶颈理论在语义信息压缩中，通过优化压缩过程中的语义保留，确保在压缩数据时能够最大程度保留对接收方有意义的语义信息。这使得系统能够在有限带宽下高效传输关键信息。相比于仅考虑物理层和信号层面的压缩方法，基于信息瓶颈的语义压缩能够减少不必要的冗余数据。

（2）语义噪声抑制

在复杂通信环境中，噪声和干扰不可避免。传统通信系统主要依赖于信道编码来抵御噪声，但无法有效应对语义层面的干扰。信息瓶颈理论通过帮助系统识别对语义理解至关重要的信息，可以在语义层面过滤掉无关的信息。在语义通信中，这种应用使得通信系统能够有效应对语义层的噪声，减少误解或误传。这种噪声抑制机制不仅能减少物理噪声的影响，还能有效应对语义干扰，确保信息接收者能够获取到准确的语义信息。

（3）语义信源与信道联合编码

传统通信系统通常将信源编码和信道编码分开处理，而在语义通信中，信源（语义信息）与信道的联合编码能够大幅提高通信效率。信息瓶颈理论指导了信源和信道的联合编码设计，通过同时优化语义压缩与信道中的信息传递，减少不必要的信息丢失或错误传递。这种方式能够确保语义信息在受限带宽和复杂信道环境中得以有效传输。联合编码策略不仅能提高传输效率，还能增强对信道噪声的鲁棒性，确保在复杂信道条件下的语义信息完整性。

（4）语义通信的性能评估

在语义通信的性能评估方面，传统通信系统通常以比特错误率、吞吐量或延迟等物理层指标来衡量系统性能。然而，在语义通信中，这些指标并不能完全反映信息对接收方实际"意义"的理解和任务完成度。信息瓶颈理论为语义通信的性能评估提供了全新的视角，它指导我们超越简单的比特传输，通过量化源信息与接收方目标任务之间的互信息，来定义和衡量语义信息的"质量"或"价值"。这种评估方式超越了传统上对数据传输准确性的关注，转而侧重于深入评估信息在接收方完成特定任务中的有效性，使其真正以需求和应用目标为导向，为衡量整体的语义理解和决策能力提供了参考。

（5）语义知识库构建与优化

语义通信依赖于发送方和接收方之间共享的语义知识库，用于理解和解码语义信息。这些知识库需要根据不同的应用场景进行构建和优化。信息瓶颈理论可以用于指导语义知识库的构建，通过识别对语义理解至关重要的知识，帮助系统在存储和使用知识库时只保留关键信息。特别是在多模态语义通信中，不同模态（如文本、图像、音频等）的信息需要统一映射到相同的语义空间中。通过信息瓶颈的优化，语义知识库能够高效管理不同模态下的语义信息，并有效减少冗余信息的存储和处理，提升系统响应速度和准确性。

（6）语义通信的智能化与自适应优化

语义通信系统需要具备智能化特性，以便能够自适应不同的通信环境、信道状况和用户需求。信息瓶颈理论可以用于设计自适应的语义通信系统，通过实时优化压缩和保留的语义信息，使得系统能够在不同信道条件、用户需求和应用场景下自适应地调整传输策略。例如，在带宽受限或信道状况较差时，系统可以通过瓶颈机制自动减少次要信息的传输，优先传递关键语义。这种自适应优化机制能够在保证语义通信准确性的前提下，最大限度提升系统的效率和鲁棒性，尤其适用于动态网络环境。

2.2 信源信道联合编码

信源信道联合编码（joint source-channel coding，JSCC）是指在一个通信系统中同时完成信源编码（source coding）和信道编码（channel coding）的过程。这种编码方法的目标是在有限的资源（例如带宽和功率）下，尽可能高效且可靠地传输信息。

2.2.1 信源信道分离编码及其局限性

香农信息论中的分离定理指出，在理想条件下，通信系统中的信源编码与信道编码可以独立设计，且不影响整体系统的最优传输性能。具体而言，信源编码致力于对信息进行高效压缩，以尽可能低的比特率表达原始信息，并在保证完整性或允许可控失真的前提下，去除冗余。常见的信源编码方法包括熵编码（如哈夫曼编码、算术编码）及各类信源压缩技术（如 JPEG 图像压缩）。信道编码则在此基础上，对压缩后的信息序列进行编码，以增强其在噪声信道中的抗干扰能力，从而使接收端能准确或在可接受误差范围内恢复原始信息。常用信道编码技术涵盖前向纠错码（FEC）、循环冗余校验码（CRC）和低密度奇偶校验码（LDPC）等。

分离定理的深层含义在于，它揭示了通信系统在理论上可达到的一种最优策略：信源首先被压缩至接近其熵极限，随后通过信道编码处理，使其能够以接近信道容量的速率进行无误传输。这种将信源与信道编码独立设计与优化的模式，即信源信道分离编码（separate source-channel coding，SSCC），构成了传统通信系统的核心架构。SSCC 架构因其设计简洁和模块化优势而备受青睐。

然而，分离定理的成立依赖于一系列严格的理想条件。首先，它要求信源与信道相互独立，即信源数据分布与信道特性之间不存在关联。其次，理论最优性的实现通常以无限长的码字和序列为前提，仅在此极限情形下，分离设计方能达到理论极限性能。在实际通信系统中，受限于有限的码长、可接受的时延以及算法复杂度等现实约束，这些理想条件往往难以完全满足。此外，分离定理主要适用于点对点通信，并假定信源和信道的统计特性已知。对于多用户通信、时变信道等复杂或动态场景，分离定理的适用性受到限制，单纯采用分离设计策略可能导致系统性能无法达到最优[21]。

综上，分离定理为通信系统的分层设计提供了理论基础，但在实际应用中，其适用性受到多种现实条件的限制。因此，在面对多用户或时变信道等非理想情形时，联合设计信源与信道编码可能成为实现系统最优性能的必要选择。

2.2.2 信源信道联合编码技术的发展

在实际应用中，经典的分离定律并非在所有情况下都能实现系统性能的最优。当信道条件恶化至某一临界点时，通信系统的整体性能可能会出现急剧下降，这种现象被称为“悬崖效应”。具体而言，在信道发生轻微错误时，经过信道译码后，错误往往会被信源译码环节进一步放大，从而导致信息的恢复出现严重偏差。以中文文本的传输为例，传统的信源信道分离编码系统通常先采用高效的信源编码对原始文本进行压缩表征，随后将所得的表征经过信道编码并加以传输。在采用变长码的情况下，由于其对误差极其敏感，信源译码过程中的错误可能会连锁放大，导致大量字符信息丢失或混乱，严重影响整个文本的语义理解。这一悬崖效应的根本原因在于信道产生的少量错误，经过信源译码阶段后，其影响范围被放大，最终造成整体信息恢复失败。

相反，如果直接通过信道传输未经压缩的原始中文文本，即使存在少量字符丢失或损坏，接收者仍能够利用中文文本内在的冗余性及其丰富的上下文信息，较为准确地把握整体语义。这一现象表明，避免复杂的译码过程能够防止差错的级联传播，从而更有效地保存信源所蕴含的语义信息。其根本原因，是由于信源本身存在一定的结构冗余，天然适配信道条件，并对噪声具有一定的容错能力。上述现象启发了信源信道联合编码的研究。不同于传统分离定律的思路，信源信道联合编码在设计过程中同时考虑信源自身的冗余特性与信道环境的实际条件，从而实现更具鲁棒性的通信。通过联合编码设计，可以更有效地应对信道噪声和信源特性带来的挑战，避免分离编码体系下悬崖效应的发生。因此，信源信道联合编码为提高实际通信系统的可靠性和语义保真度提供了新的思路和方法。

从端到端的过程出发，研究者们围绕提升频谱利用率这一核心目标，对 JSCC 进行设计。联合编码充分利用端到端传输过程中的信源冗余，提升传输系统整体性能。图 2-1 为 JSCC 技术的发展脉络，清晰地展示了各时期的关键技术。联合编码的范式已经从依赖显式概率模型的经典方案转变为面向语义的现代方案，实现了从线性处理到非线性处理的进步。经典方案基于高效的信道编码，并且在设计编码器时依靠显式概率模型。然而，由于解析求解能力有限，经典方案采用的是线性处理方式，难以捕捉更深层次尤其是非线性的信源信息。相比之下，现代方案通过引入深度神经网络，弥补了经典方案技术上的不足，具备了非线性处理的能力。借助非线性变换，现代方案能够生成原始数据在语义隐空间中的紧致表示，从而更有效地提取和挖掘信源中的语义信息。

2.2.3 经典信源信道联合编码

研究者对高效编码方式进行了不断探索，接下来我们将回顾经典信源信道联合编码中两条重要分支：信源信道联合解码与对偶式结构。

（1）信源信道联合解码

联合解码采用独立编码中模块化的设计理念，通过联合优化解码过程的方式，提升整体系统性能。在实现上，信源解码和信道解码往往是级联组合的形式，这意味着解码过程是分步进行的。首先，信道解码器会根据接收到的信号，尝试修复比特级别的误差，并尽可能还原出接近原始数据的编码流。这一步骤的成功与否直接决定了信源解码的准确性。在信源解码阶段，系统利用上下文信息或统计模型来还原数据，例如自适应算术解码，它会根据前面的解码内容动态调整解码参数，以提高准确性。联合解码的核心在于通过优化解码过程，使得系统能够在噪声或错误条件下更好地还原数据。这种优化不一定要求对信源和信道编码进行联合设计，而是在解码阶段综合考虑信源和信道信息的相关性，从而达到更好的性能。

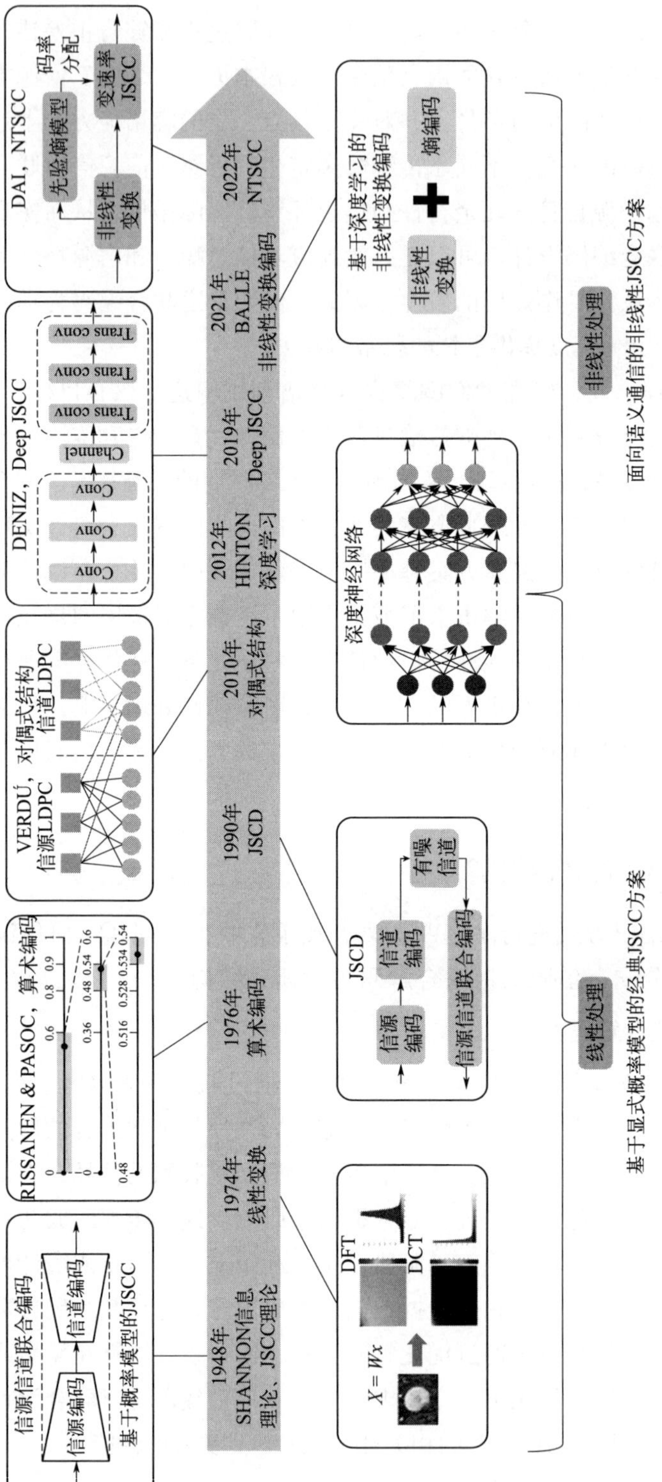

DCT：离散余弦变换　　JSCC：信源信道联合编码　　LDPC：低密度奇偶校验

DFT：离散傅里叶变换　　JSCD：信源信道联合解码　　NTSCC：非线性变换信源信道联合编码

图 2-1　JSCC 技术发展脉络

早期的联合解码使用隐马尔可夫信源与因子图结合的形式进行联合解码[22-24]。面向结构简单的信源，联合解码的方式取得了不错的性能增益。受限于隐马尔可夫信源的表达能力，后续研究将更加聚焦于实际信源的应用，譬如 JPEG 2000[25-26]、语音信源[27]等。随着信源复杂度的提升，联合解码无法取得理想的性能增益，且会引起较大的复杂度提升。此外，联合解码并未跳出分离编码的框架，经典信源解码同高效信道编码之间并不总是匹配的，无法实现理想的端到端优化。

联合解码虽然在设计上引入了对解码过程的优化，利用了信源和信道之间的相关性，但它本质上仍依赖于传统的分离编码结构。也就是说，信源编码和信道编码是独立进行的，在编码阶段并没有真正实现对信源和信道的联合优化。正因为如此，联合解码虽然提升了系统的性能，但并没有摆脱分离编码带来的性能瓶颈。

（2）对偶式结构

2010 年，VERDÚ 等提出双低密度奇偶校验码（DLDPC）模型[28]，利用对偶式结构首次真正实现了端到端编码传输框架。

DLDPC 的编码过程可以看作是一个利用生成矩阵 G，将信源编码后的序列 b 编码为待传输符号序列 c 的线性映射。解码过程利用校验矩阵 H，将接收到的符号序列 c 译为序列 b。从码长变化的角度，生成矩阵 G 将短码编为了长码，校验矩阵 H 将长码编为了短码，通过这种对称且互补的结构设计，使得编码和解码过程可以在信源和信道之间形成更紧密的耦合。信源编码将长码编为短码，从效果上看，与 LDPC 码的译码过程一致。

在 DLDPC 的对偶式结构中，校验矩阵不仅用于信道纠错编码，还用于对信源数据进行压缩。这使得编码过程更加紧凑和高效，避免了传统系统中由于独立编码带来的冗余问题。通过对偶式处理，信源与信道编码在同一个框架内得到了统一的模型化描述。这一设计使得两者的结构高度匹配，能够被耦合为一个整体模块进行联合优化。这种统一性解决了以往联合解码中信源解码与信道解码不匹配的问题，尤其是在实际传输环境中，信源和信道的特性可以在相同的结构中被同时考虑。

基于高效信道编码器，JIN L 等还提出了信源信道联合极化（DPolar）方案[29]。通过实验对比，对偶式结构取得了更加优异的性能增益，但并未超过最先进的分离编码方案。如前文所述，经典联合编码的基础是仅具有线性处理能力的高效信道编码器，特征提取仅限于线性层面。线性处理方式导致性能提升空间受限，通信模块亟待向非线性处理方式转型，以寻求赋能通信系统长期可持续发展的新范式。

2.2.4 面向语义通信的信源信道联合编码

在经典编码范式中，无论是分离式信源信道编码，还是基于高效信道设计的信源信道联合编码，其策略主要依赖于对信源结构和显式概率模型的预设。然而，这些传统方法在处理面向人类感知或机器智能的任务时，在语义信息的提取与处理上存在不足，从而限制了其在提升编码增益方面的能力。语义编码则旨在通过端到端设计，实现表征学习、信源编码与信道编码的有效匹配与融合。相较于传统编码仅关注物理层或数据层性能优化，语义编码的核心在于处理数据的语义层信息。这意味着，系统追求的目标不再局限于比特级保真度，而是转向关注传输内容的语义完整性与正确度。在此框架下，表征学习作为核心环节，其作用在于有效提取信源的语义特征；信源信道联合编码则负责确保语义特征的稳定高效传输。链路中的各模块常采用非线性设计，以期增强语义特征的提取与编码保护性能。下面将介绍语义编码传输的两种方法。

（1）直接编码传输

语义编码传输的一种方法是直接编码传输，如图 2-2 所示。这种方法通过将发送端和接收端紧密结合，实现了端到端的语义通信设计。具体来说，在发送端，语义特征提取、信源编码和信道编码被封装为一个编码器模块，而在接收端，信源信道解码和语义特征融合被封装为一个译码器模块。这种架构旨在简化复杂的通信过程，将整个传输链路优化为一个整体系统。编码器和译码器模块都可以部署为深度神经网络（deep neural networks，DNN），通过神经网络学习信源空间到编码信号空间的非线性映射。这种直接编码传输的典型方法被称为 Deep JSCC，它本质上是基于自编码器（autoencoder，AE）的架构。自编码器是深度学习中的一种常见模型，专门用于数据的紧凑表示和重构。为了应对信道传输中的失真，Deep JSCC 在神经网络中间加入了一个噪声引入层，模拟了信道噪声、衰落等不利因素对信号的影响，使神经网络能够学习如何在有噪环境中鲁棒地传输数据，提高抗干扰能力。这种方式有效增强了系统对信道噪声和误码率的容忍度。

基于香农信息论的思想，Deep JSCC 实际上是高维信源矢量到低维编码传输矢量的映射。以图像信源为例，编码器 f_e 将输入图像 $x \in \mathbb{R}^m$，通过参数化函数 $f_\mathrm{e}(\cdot;\varphi_f)$ 映射到复值信道输入 $s \in \mathbb{R}^k$。其中，通常有 $k < m$，称 $\rho = k/m$ 为信道带宽比（channel bandwidth ratio，CBR），编码操作之后，JSCC 序列 s 被直接送入噪声信道，信道向传输序列引入随机误差，记为 $W(\cdot;\nu)$，信道参数封装在 ν 中。接受序列为 $\hat{s} = W(s;\nu)$，转移概率为 $p_{\hat{s}|s}$，以典型的加性高斯白噪声（additive white gaussian noise，AWGN）信道为例，$\hat{s}=W(s;\sigma_n)=s+n$，其中，$\boldsymbol{n}\sim\mathcal{N}(0,\sigma^2\boldsymbol{I}_k)$，$\sigma^2$ 为平均噪声功率。解码器 f_{d} 将信道输出序列 $\hat{s}$ 通过函数 $f_{\mathrm{d}}(\cdot;\phi_f)$ 重建为信源矢量 $\hat{x}$。编码和解码函数通过最小化端到端失真 $d(x,\hat{x})$ 进行联合优化。

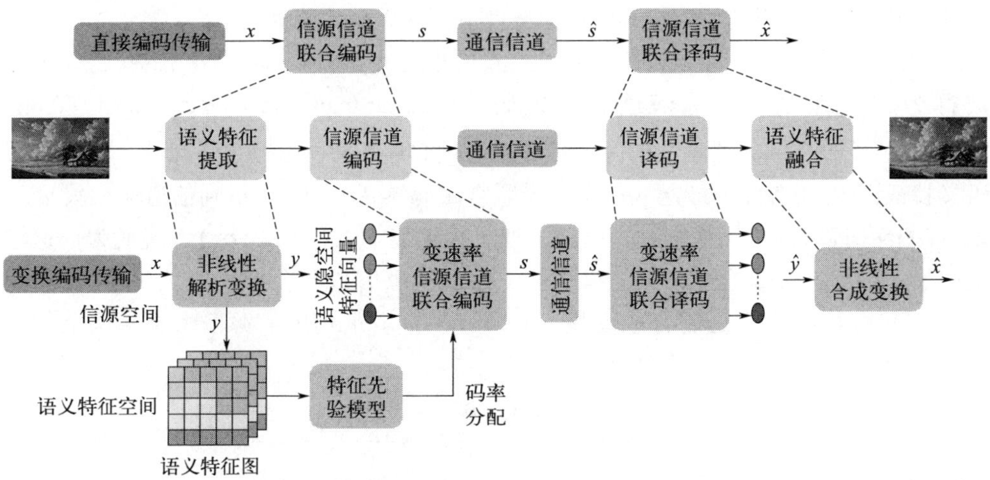

图 2-2　面向语义通信的信源信道联合编码框架

Deep JSCC 通过自编码器框架对信源数据进行降维，这在本质上属于定长编码。在经过训练之后，编码和解码函数的编码码长 k 对于给定的信源样本 x 是确定的。这种方式可以避免变长编码在译码时遇到的差错传播问题，防止在信道条件发生突变时，Deep JSCC 系统发生“悬崖效应”。已有的实验结果表明，以 Deep JSCC 为代表的直接编码方式对极低分辨率图像产生明显的编码增益，超出信道容量可达条件下的经典分离编码方案（特别是在低信噪比条件下）。这种性能优势的核心原因是基于深度学习的非线性编码方式可以灵活适配各种信源分布。与之相对的是，Deep JSCC 仅考虑训练样本分布和失真，没有考虑信源内部在语义复杂度方面的差异。这导致编码效率低，在编码长度 k、信道信噪比逐渐增大时会表现出性能饱和。受限于单一编解码器处理能力，随着信源维度的增加，Deep JSCC 的性能将会退化，甚至弱于经典分离编码方案。目前，如 JPEG、BPG（H.265）等业界主流的图像、视频编码压缩方法，均针对高分辨率图像、视频设计，不面向低维度数据优化。因此，直接编码传输所带来的性能增益不具有普遍性。

（2）变换编码传输

变换编码传输是另一种语义编码传输的方法。与简单的降维不同，这种方法不仅着眼于信源的维度降低，还通过非线性变换提升语义编码的效率。其基本思路是

先将信源矢量 x 通过非线性变换，映射到语义空间的隐表征 y，然后对 y 进行信源信道联合编码。非线性变换的一个目的是消除原始信源数据中的相关性，转化为语义隐空间中不相关或弱相关的特征。由于隐空间 y 中的各维之间相关性降低，可以更准确地对 y 进行熵估计。通过估计语义空间中的熵，可以动态调整变速率的信源信道联合编码，使得系统可以在不同信道条件下实现更高的传输效率。

如图 2-2 所示，语义非线性变换编码兼具非线性变换和 JSCC 两者的优势，因此被称为非线性变换信源信道联合编码（nonlinear transform source-channel coding，NTSCC）[30]。在编码器端，信源矢量 x 先通过非线性解析变换 $g_a(\cdot;\varphi_g)$，产生深层语义特征图 y。之后，y 被送入信源信道联合编码器 $f_{\mathrm{e}}(\cdot;\varphi_f)$，得到信道输入矢量 s。以 AWGN 信道为例，s 直接经过信道，通过信道传输方程 $W(\cdot;\sigma_n)$，转换为信道输出矢量 $\hat{s}$。译码器端执行相反的操作：$\hat{s}$ 经过信源信道联合解码器 $f_{\mathrm{d}}(\cdot;\theta_f)$ 首先恢复为语义特征图 $\hat{y}$，之后合成变换 $g_s(\cdot;\boldsymbol{\theta}_g)$，将 $\hat{y}$ 重建为信源输入 $\hat{x}$。整个过程如式（2-4）：

$$x \xrightarrow{g_a(\cdot;\varphi_g)} y \xrightarrow{f_{\mathrm{e}}(\cdot;\varphi_f)} s \xrightarrow{W(\cdot;\sigma_n)} \hat{s} \xrightarrow{f_{\mathrm{d}}(\cdot;\theta_f)} \hat{y} \xrightarrow{g_s(\cdot;\theta_g)} \hat{x} \tag{2-4}$$

不同于 Deep JSCC 的定长编码方案，非线性变换使得语义特征 y 的变分熵估计成为可能。此处，使用 DNN 构建的参数化方程 $p_y(\cdot;\varphi)$ 来构建语义熵模型，计算得到 y 每一个维度 y_i 值的概率。编码器 f_{e} 进而根据语义熵大小 $-\log p_y(\cdot;\varphi)$ 对每个 y_i 分配编码码率，编码获得长度不等的 s_i。因此，信道输入 s 的总维度是依据传输数据语义内容复杂程度动态变化的，这使 NTSCC 实现“变速率编码传输”。系统的优化目标可以定义为：

$$L_{RD} = R + \lambda D \tag{2-5}$$

式（2-5）中，λ 表示控制速率和失真两者权衡的超参数，R 表示总信道传输速率（可定义为信道带宽比 CBR，CBR= 信道传输符号数 / 信源维度，信道传输符号数为所有 s_i 长度总和），D 表示端到端失真，可采用不同的度量指标，比如衡量图像质量的峰值信噪比（PSNR）、多尺度结构相似度（MS-SSIM）等。为了实现语义通信中人类感知优化的目标，需要提高收端重构信源 $\hat{x}$ 的全局主观感知质量。我们可以在式（2-5）中引入感知失真评价项，比如引入基于 DNN 的可学习感知图像块相似度（LPIPS）[31] 和生成对抗网络的鉴别器打分度量，从而能够更好地提高主观上的端到端的传输性能。

2.3 语义分析及语义知识库

在语义通信系统中，如何理解和传递信息的“语义”成为提升通信效率和智能化水平的关键。语义分析作为实现这一目标的核心环节，旨在挖掘和建模信息所承载的深层含义，以及不同模态与知识之间的关联。具体来说，语义分析不仅需要针对文本、语音、图像等多种数据类型进行多模态特征提取，还需通过语义融合方法有效整合不同来源的信息，从而形成更为丰富和准确的语义表示。同时，为了实现知识的高效组织与检索，语义知识库的构建和完善显得尤为重要。随着知识表达需求的提升，基于知识图谱的语义建模方式也逐渐成为主流。本节将依次介绍多模态特征提取、语义融合方法、语义知识库以及知识图谱，系统地阐述语义分析的核心思想与关键实现手段，为后续内容奠定理论基础。

2.3.1 多模态特征提取

语义分析的首要任务是从原始、异构的数据中识别和抽取出具有语义价值的特征信息。在现实应用中，信息往往以文本、语音、图像、视频等多种模态形式存在，单一模态往往难以全面表达数据蕴含的全部语义。多模态特征提取作为语义分析的起点与基石，其目标是针对不同模态的数据，运用特定领域的技术手段，识别并抽取出能够刻画其核心内容、结构关系或潜在语义的特征。本小节将介绍多模态特征提取的基本原理与主流方法，分析其在语义通信中的关键作用，并为后续的语义融合和深层知识建模提供基础支持。

（1）文本特征提取

文本特征提取是指从文本数据中提取出关键信息、重要特征或代表性属性的过程，考虑到文本信息的高度上下文依赖性，一种常用的方法是采用循环神经网络（recurrent neural networks，RNN）及其变体进行文本特征提取。然而，RNN 难以有效捕捉长距离依赖关系，容易受到梯度消失或梯度爆炸等问题的影响，并且其单向的计算过程无法充分融合上下文信息，限制了其对复杂语义信息的建模能力。与传统的 RNN 不同，BERT（bidirectional encoder representations from transformers）是一种基于 Transformer 模型的预训练语言表示模型，通过训练学习得到文本句子或词汇的具有丰富语义表示的向量表征。BERT 结构如图 2-3 所示，输入 E_N 是文本序列，输出 T_N 是每个词的上下文相关表示。模型结构包括多个 Transformer 编码层的堆叠，由此产生了双向的上下文表示。通过在大规模文本语料库上进行预训练，BERT 能够学习文本的表示，从而提高自然语言处理（natural language processing，NLP）任务的准确性和泛化能力。

（2）图像特征提取

图像特征提取主要采用卷积神经网络（convolutional neural network，CNN）的深度学习模型，如图 2-4 所示，它由输入层、卷积层、池化层、全连接层以及输出层多个组件组成，提取图像数据特征，从而实现对图像的分析。

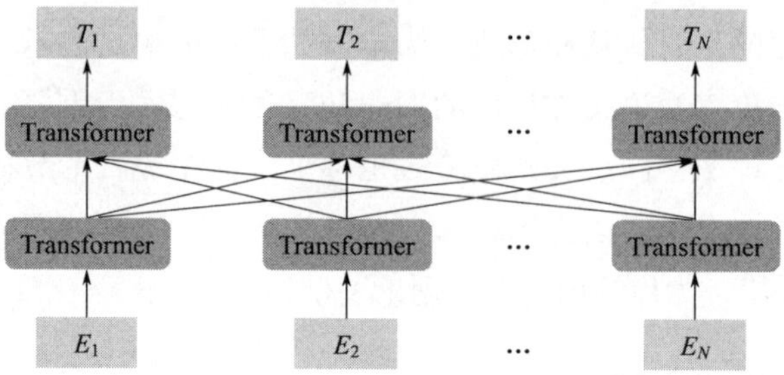

图 2-3　BERT 结构示意图

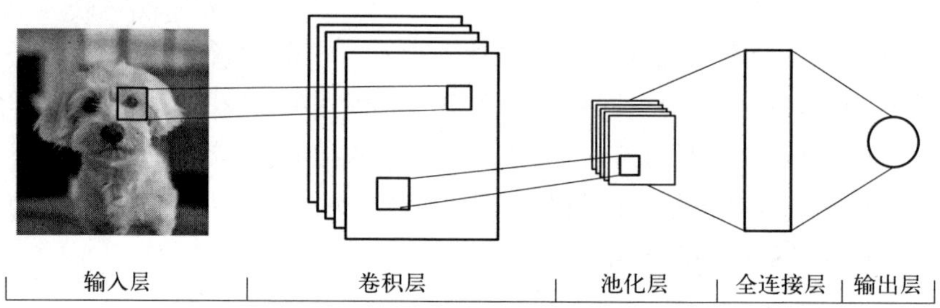

图 2-4　卷积神经网络结构示意图

卷积层的作用是提取输入数据的局部特征，通过卷积核计算局部数据之间的权重关系，从而捕获输入数据的空间结构和特征。卷积计算公式如下：

$$y_{i,j}=\sum_{u=1}^{U}\sum_{v=1}^{V}k_{u,v}x_{i-tu+1,\,j-v+1} \tag{2-6}$$

式中，$y_{i,j}$ 是卷积输出，$x_{i,j}$ 为输入，k 表示卷积核，U 和 V 表示卷积核边长。

现如今的面向任务导向通信的多模态分类算法的图像特征提取通常是基于 CNN 的，特别是 Inception-v3 模型和 Facet 模型。

Inception-v3 模型输入为 RGB 三通道图像，通过多个具有不同 Inception 模块的卷积层提取图像特征，增强了提取不同尺度特征的能力，其结构如图 2-5 所示。经全局平均池化层、全连接层等处理后，将特征转化为最终概率输出。

Facet 模型是由 iMotions 公司开发的面部表情分析算法框架，主要用于情绪表达的量化测量。该模型基于面部表情分析模块，对图像或视频数据的面部特征进行提取，以评估面部行为与个体差异的相关性。Facet 模型包含 23 个面部动作单元，并已无缝集成至业界领先的自动面部编码引擎 Affectiva 的 AFFDEX 与 Realeyes。这一成果使得研究者能够更准确地理解视觉面部特征与情绪状态之间的关系。

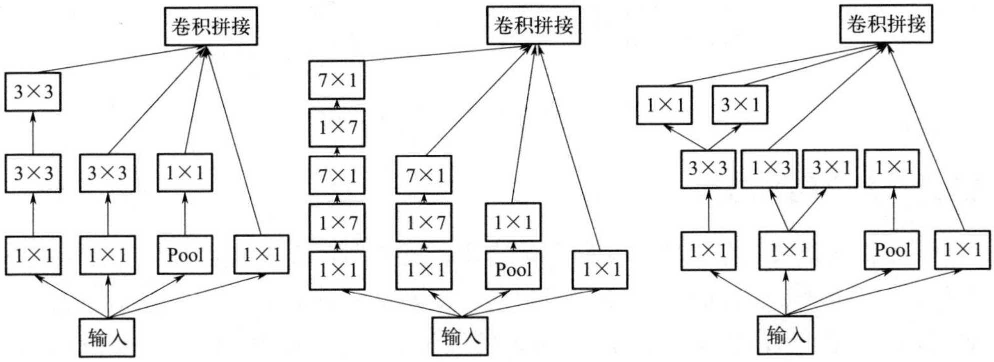

图 2-5　Inception 模型示意图

（3）音频特征提取

音频特征提取是指从原始音频信号中提取能够有效描述音频内容特征的参数，包括但不限于频谱信息、能量分布，以及时域和频域特征。现代音频特征提取过程常利用卷积神经网络、循环神经网络、长短时记忆网络（long short-term memory networks，LSTM）和 Transformer 等深度学习模型，实现对音频信号中复杂语义和时序信息的自适应学习。

近年来，协作式语音分析存储库（collaborative voice analysis repository，COVAREP）被广泛应用于音频特征提取任务。COVAREP 作为协作平台，汇集了多种先进的语音信号处理和分析工具，有效提升了音频特征提取的准确性和效率。其模型结构如图 2-6 所示。COVAREP 在音高同步分析阶段，首先需要提取三项关键信息：音高跟踪、极性检测和声门估计。音高跟踪用于检测音频信号的基频动态特征，从而捕捉说话人的语音韵律；极性检测用于判断语音信号的极性正确性，确保后续声门分析的准确性；声门估计则用于分析声带振动的动力学过程，为后续语音合成与音质分析提供支持。

在完成上述基础信息提取后，COVAREP 通过光谱包络估计与共振峰跟踪、正弦建模、声门分析及相位处理等模块，进一步计算得到低维度、高表达力的音频特征参数。这些特征为后续的语音分析、识别和合成等应用奠定了坚实基础。

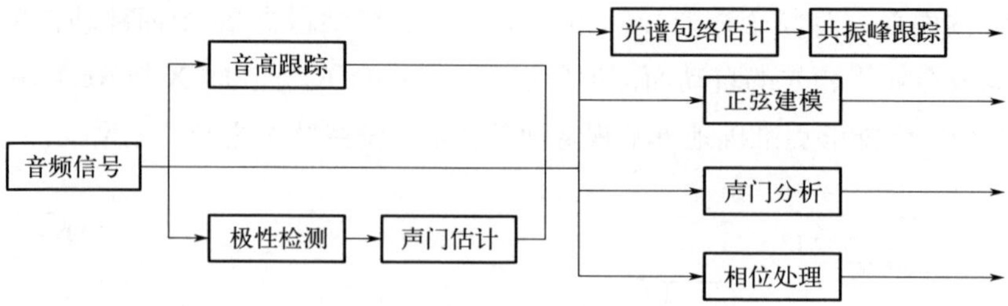

图 2-6 COVAREP 模型示意图

2.3.2 语义融合方法

为了促进语义通信技术的实际落地应用，语义融合方法成为不可或缺的一个环节。语义融合（semantic fusion）通常指将来自单一或多种模态的信息源的语义特征综合整合，从而获得更全面和一致的特征表示。这一过程不仅在自然语言处理（natural language processing，NLP）和信息检索（information retrieval，IR）领域中至关重要，也广泛应用于多模态学习、计算机视觉和医疗诊断等多个领域。通过语义融合，可以增强模型对复杂语义的理解和表达能力，提高在分类、检索及推理等任务中的性能。

在此基础上，多模态数据融合进一步拓展了语义融合的研究和应用范围。多模态数据融合能够集成各类模态的特征，增加与任务相关的语义信息总量，从而提高诸如分类等下游任务的准确性。多模态数据不仅具有相关性和互补性，其收集和存储方式也常常存在差异。这些特性共同影响了多模态数据的融合方式，主要包括早期融合和晚期融合两种策略。其中，早期融合是在特征级别进行融合，如图 2-7（a）所示。该方法首先从输入的多模态数据中提取各个模态的特征，并将其投影到相同维度的向量空间，随后对特征进行组合以获得融合后的特征向量，最终通过分类器输出分类结果，其计算公式如下：

$$X^{\text{fus}} = f\left(X_1, X_2, \cdots, X_n\right) \tag{2-7}$$

式中，$X_1, X_2, \cdots, X_n$代表不同模态的特征，X^{fus}代表融合后的特征。早期融合的优势在于利用来自不同模态的多个特征之间的相关性，从而有助于更好地完成任务。

晚期融合指在决策级的融合，如图 2-7（b）所示。晚期融合从输入的多模态数据分别输入到不同的模型中进行独立处理和学习进一步得到低维特征，然后分别得到分类概率向量（决策），最后输入至分类器中共同决策得到最终的分类结果，其计算公式如下：

$$X^{\text{fus}} = g\left(f_1\left(X_1\right), f_2\left(X_2\right), \cdots, f_n\left(X_n\right)\right) \tag{2-8}$$

式中，$f_1, f_2, \cdots, f_n$ 表示各模态特征提取的函数，g 表示融合函数，X^{fus} 代表融合后的特征。

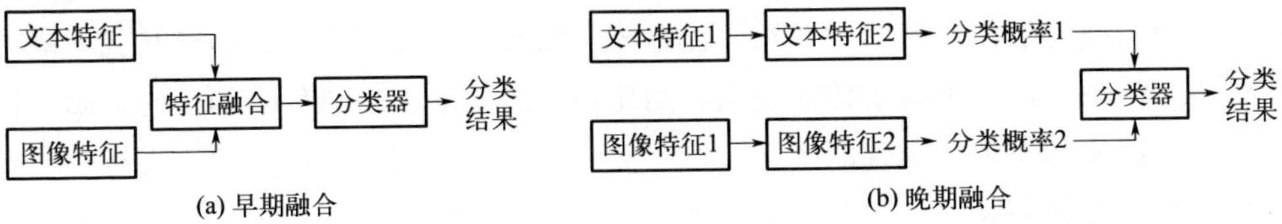

图 2-7　多模态融合方式示意图

在多模态分类任务中，利用多模态数据之间的相关性与互补性实现高质量的数据融合，是确保任务顺利开展的关键条件。近年来，尽管多模态数据融合技术取得了显著进步，但由于不同模态如图像、文本、音频等数据分布的异构性及部分模态信息的缺失，依旧严重阻碍了任务导向通信中与任务高度相关的语义信息提取和传输的效率与效果。针对这些挑战，当前主流的融合方法如早期融合策略和基于 Transformer 框架的特征融合，大大提升了系统在复杂场景下的表现。特别是 Transformer 的自注意力机制，能够在特征融合过程中精准捕捉不同模态间的长距离依赖，并对多模态特征赋予适应性权重，显著增强对关键信息的理解与挖掘能力。

然而，值得进一步关注的是，不同模态的语义特征对同一任务的影响并不完全一致，各自的特征表达也可能存在对齐难题。例如，很难准确界定不同模态经过多少层网络的处理后达到语义表达的一致性，不同层次的特征信息并不适合直接进行简单融合。此外，考虑到实际无线通信环境中资源有限，应当根据各模态所承载的语义信息丰富度及其对最终任务的重要性，合理调整资源分配与特征融合策略。因此，如何设计更为合理和高效的多模态语义深度融合方案，以充分发挥各模态特征在目标任务中的协同作用，成为当前研究的重要课题。

除此之外，在真实场景下，多模态数据存在模态缺失的现象较为普遍。这一问题可能导致系统在高模态缺失率时出现性能波动甚至显著下降，影响多模态任务的稳健性和实际应用价值。因此，在多模态系统的建模与设计过程中，如何有效应对模态缺失问题，提升系统面对不完备多模态输入时的鲁棒性，也是亟须解决的重要研究方向。总体而言，只有系统性地解决模态不完备、异构性及语义融合等问题，才能推动多模态任务在通信系统中的高效应用。

2.3.3　语义知识库

在传统的内容导向通信中，信源符号通过预设的编码系统映射为比特码流，这种映射依赖于经验设计与严格的数学模型。然而，语义通信不同于传统通信方法，它是基于人工智能算法构建的编码系统，将信源映射到语义基（semantic basis，Seb）生成的语义流之中。这里的映射过程由数据和模型驱动，通过神经网络进行自适应学习，摆脱了传统通信中对符号比特流的依赖。语义通信中，语义基成为最小的传输和处理单位，不同于传统通信中的比特，语义基是信息传输的核心基础。目前，虽然语义基尚未有明确的定义，但广义上所有从源信息中提取的语义相关特征都可以被视为语义基。

语义知识库是语义基框架研究的一个方向，它构建了一种结构化且具有记忆能力的知识网络模型，为传输内容提供多层级的语义描述和解释支持。如图 2-8 所示，面向语义通信的语义知识库分为信源知识库、信道知识库、任务知识库这三大部分。信源知识库用于表征和管理信源数据的多层语义特征，包括文本、图像、视频等多种信源类型。这一部分的知识库能有效描述数据的内容语义结构，使编码模块可以从内容中提取出更具代表性的特征来满足传输任务的需求。信道知识库用来描述信道传输环境的语义信息，例如传输过程中可能遇到的障碍物的形状和位置、智能反射面的分布情况等。任务知识库专注于终端任务的需求，如图像分类、三维重建、语义分割等任务所需的具体语义描述和规则。在端到端的语义通信过程中，发送端可以利用语义知识库对信源、信道和任务进行统一的语义分析，生成多层次的语义描述并执行语义信道联合编码。接收端则依靠本地的语义知识库对接收到的信号内容进行查询与解析，完成语义信道联合解码，使得通信内容的意义更加精准地传达和重构。

语义知识库在语义通信中不仅承担了存储、更新和检索语义知识的核心任务，还在语义知识空间中提供了语义基本元素描述，支持了语义基框架的理论研究。另外，语义知识库在语义通信中的流通和交互作用，可作为意图通信网络架构的重要组成部分。这种架构的开放性和通用性，使语义知识库成为人、机、物多模态互联网络的共享知识基础，大幅提升信息交互效率。因此，语义知识库是语义通信的外挂和效率的加持器[32]。

语义知识库在语义通信中的引入显著促进了其发展。当前的深度学习方法在进行信源信道联合编解码时，通常需要针对特定任务，依赖大量的数据资源和长时间的训练来获取合适的通信模型。然而，这种对数据和时间资源的高需求成为推广深度信源信道联合编码的主要障碍。语义知识库作为一种丰富的先验知识库，为语义通信提供了高效、结构化的语义支持，使得信源信道联合编解码网络的训练过程大幅简化。语义知识库可以提供任务相关的初始语义信息，显著减少了对大规模数据集的依赖，从而提升训练的效率。这一功能使得语义通信在资源受限的环境中更加具备可行性和适用性，加速了其在实际任务中的推广和应用。

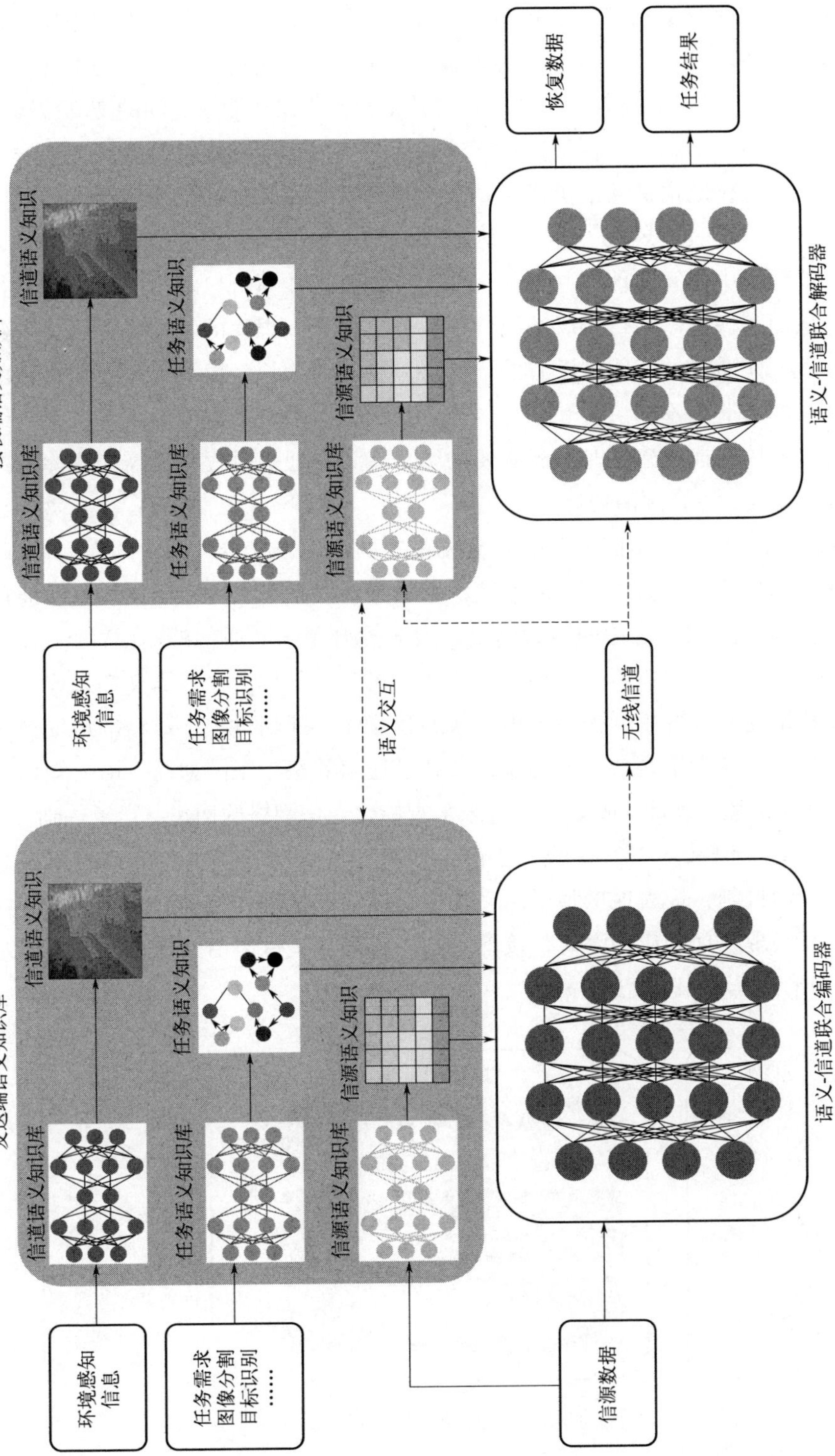

图 2-8 语义知识库使能的现代语义通信架构

在面向复杂多样的通信场景和业务需求的下一代无线通信中，不同协议的智能体互联需求日益增加。语义知识库在此场景中扮演关键角色，它通过提供统一的知识背景，支持人 - 机 - 物高效互联，显著提升了异构协议智能体之间的交互效率。在多种语义通信协议共存的条件下，智能体对语义基的定义和表征存在较大差异。语义知识库为跨协议的语义通信提供了基础支撑：其足够大的知识库能涵盖不同协议中的语义基和信号表征规范，缓解了因语义和物理层信号不统一带来的挑战。通过在异构协议环境中的智能体间共享语义知识库，各智能体可以基于共享知识进行任务训练，从而实现高效、跨协议的通信与协作。语义知识库的另一显著优势是其灵活的扩展性。无需改动智能体已有的语义层和物理层模块，仅需更新或添加新的编解码组件，即可适应不同协议和任务的需求。此外，语义知识库通常部署在边缘服务器中，智能体在连接建立时加载必要的语义知识，通信过程则无需知识库的持续参与，进一步减少了资源消耗。

语义知识库在语义通信中发挥着至关重要的作用，为语义元素的提取、识别、传输、理解和推理过程提供了全局的知识背景和存储搜索服务。语义知识库通过定义高效的搜索空间和规范化的搜索路径，大大提升了语义通信的灵活性与适应性，使得语义通信可以灵活应用于多种复杂的通信场景。具体来说，语义知识库不仅提供了关于特定任务或场景的先验知识，帮助智能体在通信过程中更精准地捕捉和理解关键语义，还减少了冗余数据传输，提高了通信效率。正因如此，语义知识库被视为语义通信的核心使能技术之一，为未来智能化通信网络的构建奠定了基础。

综上所述，语义知识库在语义通信中作为核心支撑，提供了丰富的知识背景和高效的检索机制，极大地增强了语义提取、传输和推理的准确性和灵活性。为了深入了解其实现原理和应用潜力，接下来我们将进一步探讨语义知识库的具体结构（如图 2-9 所示）与构建方法。

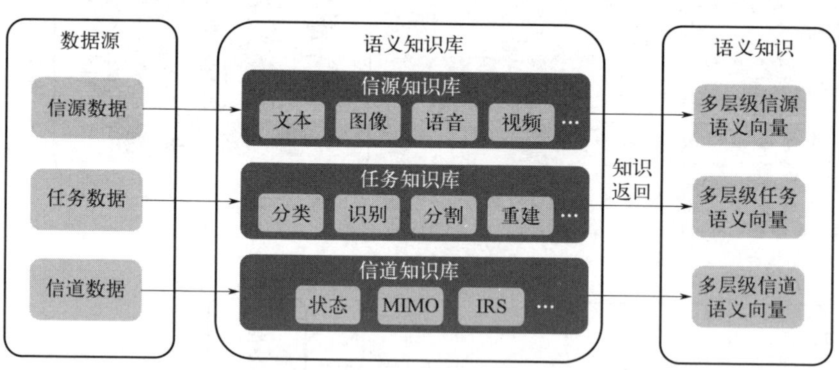

图 2-9　语义知识库示意图

（1）知识库接口设计

在信源与信宿共享同一语义知识库的情况下，信源可以利用知识库中包含的信源、任务和信道等多维度的语义知识，来优化编码与传输过程。同时，信宿也会根据知识库内容对接收到的信号进行解码。关键步骤在于如何有效地从知识库中检索出所需的知识，以支持传输和解码的准确性和效率，这一过程称为知识检索。通过使用语义特征向量来表征不同模态的信号源语义知识，知识库可以实现跨模态的语义统一接口。这种统一接口设计不仅简化了多模态信号源的处理，还提升了知识库接口的一致性与拓展性。这样的设计确保了系统能够高效地检索所需知识，适应不同任务需求，增强了语义通信在多模态和复杂场景下的适用性。

语义知识库的输入包括语义知识类型（信源、任务或信道）和数据源信息（如数字、字符、文本、图像、语音、视频、点云等），其输出是一个包含多层级语义向量的列表，每层向量描述了输入信号的某一层级的语义信息。例如，在图像作为信源语义知识的检索中，输出的语义向量可以依次表示物体类别、纹理信息、物体位置以及部位信息（如头部、身体、手部、腿部等），从而提供输入信号的多层次语义描述。

（2）语义知识库的组织形式

知识库由三类子语义知识库组成：信源知识库、任务知识库和信道知识库。每个子知识库内部存储了大量与数据源和目标任务相关的预定义语义基，同时具备用于实时动态构建语义基的计算模型。对于新的数据源，当执行语义知识检索时，系统将首先判断已有的语义基是否能满足当前通信任务的需求。如果现有语义基充足，知识库将直接利用这些预存的语义基对输入数据源进行表征，并生成相应的语义知识向量作为输出；若现有语义基不足以满足需求，则系统会自动调用计算模型，实时构建符合特定需求的语义基，以完成数据源的语义知识表征和输出。这种结构设计使得知识库在应对不同任务需求时更为灵活、适应性更强。

（3）语义知识库的构建方法

① 基于知识图谱构建语义知识库。在文本传输中，文献［33］采用了包含头部实体、关系、尾部实体的三元组语义结构构建知识图谱，将其作为收发端的共同参考语义知识库，以指导文本的语义编码和解码过程，确保传输的语义一致性和完整性。在语音传输方面，文献［34］设计了一种基于知识图谱的多层级语义知识库模型，通过语义表达和语义符号抽象两个步骤构建语义知识库，实现了语音语义信息的高效传输。针对图像数据传输，文献［35］提出了一种包含显式语义、隐式语义以及用户相关知识推理的多层级语义表征方法，并基于模仿学习对接收端用户的推

理机制进行训练，从而有效降低了传输负载，确保发送端与接收端的语义一致性。此外，为满足异构网络环境下的语义通信需求，进一步提出了基于联邦图神经网络的移动边缘服务器协同推理机制，使得各服务器能够在分布式环境中利用语义信息样本构建共享的语义解析模型。

② 以带标签的训练数据集作为知识库。在传输数据的统计特性与训练数据不一致的情况下，文献［36］提出应用迁移学习中的领域自适应技术，来缩小数据特性差异带来的影响。通过这种方式，编解码模型能够有效提高对目标领域数据的泛化能力，适应更广泛的数据分布，使得信道编码和解码方案在不同的传输需求下表现更加鲁棒。

③ 基于深度学习模型提取的特征向量作为语义知识库。文献［37］提出构建有限的离散语义基向量集合作为语义知识库，结合端到端联合训练方法，同时生成语义编解码器和知识库，以确保语义基向量能有效表示信源数据的核心语义信息。文献［38］进一步设计了掩码向量量化自编码器（VQ-VAE）网络，该网络不仅通过训练得到编解码器，还生成了离散的语义码本，提供了简洁高效的表示方式。通过离散码本的应用，不仅大幅降低了传输开销，还增强了系统抵抗信道语义噪声的能力。

④ 基于预训练的大模型构建语义知识库。文献［39］提出一种基于预训练语言模型的语义重要性感知通信方案，通过对语义重要性进行量化，实现了更有效的功率分配，提升了通信效率。文献［40］则构建了一个基于大模型的多模态语义通信框架，提出了多模态对齐的方法，通过个性化的大语言模型语义知识库实现语义提取和恢复的个性化定制。该框架支持用户依据特定需求从大语言模型中提取或恢复多模态语义，解决了语义歧义问题。

综上所述，基于知识图谱、带标签的训练数据集、特征向量、大语言模型的语义知识库已被应用于端到端语义通信中并取得了一定成果。

随着技术发展，端到端语义传输呈现出发送端数据信息多模态化、接收端任务需求多样化以及传输环境多变化等特性。为了解决语义传输过程中出现的新问题，基于多智能体知识库的语义传输应运而生，其框架如图 2-10 所示。该框架的核心是多智能体语义知识库，它为整个传输过程提供智能支持和决策依据。系统主要由发送端、通信网络和接收端三部分组成。发送端接收来自不同模态的原始数据并由各自的语义信道联合编码器进行编码，编码过程受到多模态信源知识库的指导。编码后的语义信息通过通信网络进行传输，传输过程的优化和管理受到多环境信道知识库的影响。从通信网络接收到的数据通过语义信道联合解码器进行解码。解码后的语义信息可直接用于完成各项智能任务，如目标识别、语义分割等。此外，来自多个解码器的语义输出还可以通过多模态聚合模块进行融合，以支持更复杂的智能任务，例如三维重建。接收端的任务处理同样受到多样化任务知识库的指导。

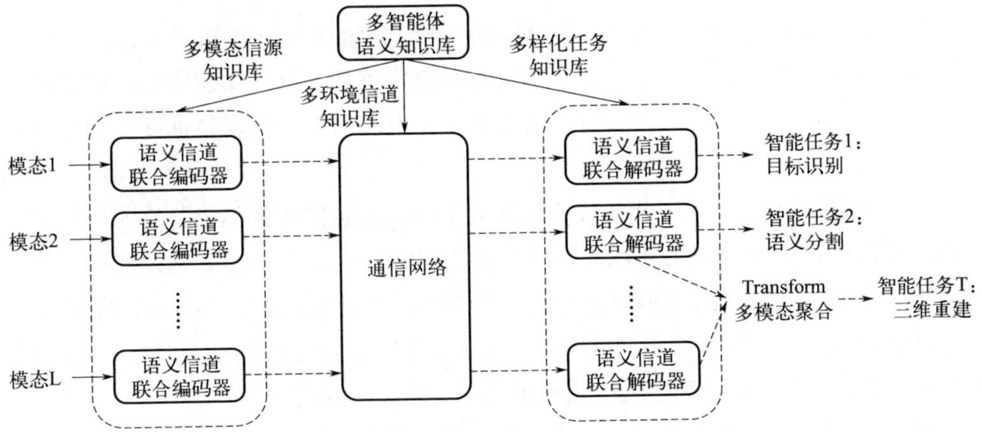

图 2-10　基于多智能体知识库的语义传输框架示意图

对于发送端多模态信源，伦敦玛丽女王大学研究团队针对由文本与图像组成的多模态信源，提出了基于卷积神经网络与双向长短期记忆深度学习网络的多用户收发机制联合设计，仿真结果表明该机制对于信道的波动更具有鲁棒性[41]；南京邮电大学研究团队针对语音、视频以及触觉三种模态信源信息的传输，提出了云 - 边协作的通信框架，并且利用三种模态信息之间的关联性提出了信号恢复方法[42]。

对于接收端多样化任务需求，文献［43］在传输速率约束下，提出了一种比特分配方法以最小化一般性多任务失真函数，并且以联合服务语义分割、视差估计以及输入信号重建三类任务为例，对所提方法进行了仿真与性能分析；文献［44］面向物体识别与语义分割的联合任务，提出了一种基于特征融合的信源信道联合编码方案；文献［45］面向情感分析、视觉问答、图像获取、图像重建以及文本重建五项任务，利用数据域调节以确定每个任务的特征，并且提出了一种一致性多任务语义通信框架以降低推断时延。

对于多变传输环境，现有信道环境知识库可分为特定于站点的数据库与特定于位置信息的知识库两大类。具体而言，特定于站点的数据库旨在提供准确的物理环境地图信息，主要包括三维城市地图、无线电环境地图等。然而，该类设计需要运行复杂度较高的算法（如射线跟踪算法），对计算与存储资源开销非常大。为了降低计算与存储资源的花销，特定于位置信息的知识库不再保留发送端或者接收端相关信息，旨在提供与信道特性相关的知识描述（如信道增益、阴影、入射角等）。该类设计主要包括信道增益地图、信道路径地图、波束索引映射等。然而，该类设计主要局限在特定传输环境下信道知识的构建，对多变环境的自适应性以及泛化能力有待进一步研究与验证。

目前语义知识库缺少完整的评价体系，难以全面地对语义知识库进行性能评价，因此有研究者提出了语义知识库性能指标评价体系。语义知识库的性能评价主要由两方面构成，分别为语义知识查询和语义知识库训练与更新，据此设定如下评价指标。

① 准确性　准确性主要指语义知识库对于输入信息的查询结果与真实语义结果之间的相似度，是度量语义知识库性能的核心指标。语义查询的准确程度极大地影响后续基于查询结果的语义通信正确性。我们考虑为此构建包含不同模态信源信息的标准化数据集，充分考虑不同的场景、任务需求，并设定语义查询的标准化流程。为后续语义知识库查询准确性的度量提供标准化的结构范式。

② 时效性　时效性主要指从语义知识库接收到输入信息到完成查询任务返回语义知识向量的延迟情况，是度量语义知识库推理性能的重要指标。由于通信任务尤其是大部分实时通信任务本身具有较为严格的时延要求，语义知识库查询部分的低延迟要求就显得更为重要。我们同样以标准化数据集和标准化查询流程为基础，提供语义查询的标准化延迟测量，构建时效性指标。

③ 稳定性　语义知识库更新过程需要不断地进行知识扩充与纠正，稳定性则衡量了知识库是否能够进行稳定迭代，是语义知识库更新过程中的关键指标。基于标准化数据集，设计不同的训练时序，并且综合考虑不同场景、复杂度等因素，构建标准化的更新迭代步骤，在此过程中监测知识库的更新稳定性。据此可以为后续知识库的稳定性评估提供标准化的测试流程。

④ 收敛性　收敛性主要是指知识库在训练阶段的收敛速度。由于知识库需要频繁地更新语义知识库，因此收敛性也是知识库的一项主要性能指标。我们基于标准化数据集，考虑信源、任务、信道等不同训练信息内容，度量从训练开始到知识库达到稳定收敛的时间延迟，确定语义知识库在不同输入下的收敛性评价指标。

2.3.4　知识图谱

在语义分析过程中，知识的结构化表示对于理解和推理语义内容具有关键作用。知识图谱作为一种将实体及其关系以图结构显式表达的知识表示方式，能够为语义分析提供丰富的背景信息和逻辑支撑。与传统通信相比，语义通信不仅能在无线传输中提取和利用数据的实际含义，从而显著减少资源消耗，还能在低信噪比条件下提供更高的鲁棒性，降低因信道噪声引起的语义失真。知识图谱辅助的语义通信通过收发端之间共享背景知识，以实体和关系的形式组织信息构建三元组，并由多个三元组组成的知识图谱作为语义信息的生成基础，实现语义压缩，辅助语义层面的推理与补全，增强通信系统的可解释性和智能化程度。此外，知识图谱的引入为异构信息的统一建模和跨领域知识迁移提供了支持，进一步拓展了语义通信的应用边界。接下来，将具体介绍知识图谱的基本概念、架构及其关键技术。

（1）知识图谱的定义

知识图谱是一种结构化的语义知识库，通过符号化方式描述物理世界中的概念及其关系。其核心结构为“实体 - 关系 - 实体”三元组，由实体、关系、属性及属性值等元素组成。实体是知识图谱的基本单元，不同实体通过关系进行连接，形成网状结构。每个实体可通过全局唯一 ID 标识，属性 - 属性值对（attribute-value pair，AVP）刻画实体的特征。属性描述实体的特性或参数，如国籍、生日等，属性值则为具体取值，如“中国”或“1999-07-23”。此外，概念用于表示实体的类型或类别（如人物、地理位置等）。知识图谱通过有序地组织概念、实体及其关系，不仅明确了各要素间的语义联系，还提升了知识的可视化效果，有助于实现更精确的知识查询与分析。

根据覆盖范围的不同，知识图谱可以分为“通用知识图谱”和“行业知识图谱”两类。通用知识图谱追求覆盖面广，强调融合更多的实体，以提供广泛的知识支持。但与行业知识图谱相比，通用知识图谱的准确度通常较低。由于概念范围广泛，通用知识图谱难以依靠本体库的支持来规范实体、属性及实体间关系中的复杂逻辑和约束条件。因此，它主要应用于智能搜索、推荐系统等需要广泛但不特别精确的知识支持的领域。行业知识图谱则专注于特定领域或行业，通常基于特定行业的数据构建，包含了行业内的专业知识，具有较强的专业性和针对性。行业知识图谱中的实体属性和数据模式更加丰富，能够体现行业特有的逻辑关系和需求。构建行业知识图谱时，通常需要结合具体业务场景，并充分考虑不同用户的需求，以确保知识图谱能够有效支持行业应用，如医疗、金融和法律等领域的智能化业务。

（2）知识图谱的架构

知识图谱的架构通常由逻辑结构和体系架构两部分组成，二者各自承担不同的功能，协同作用以实现知识图谱的完整构建和有效应用。其中，逻辑结构主要负责知识的表达与组织，如概念、实体、属性及关系的建模；体系架构则负责知识图谱的技术实现与运行支持，包括数据采集、存储、处理和服务等功能，下面分别进行说明。

① 知识图谱的逻辑结构　知识图谱在逻辑结构上通常划分为模式层和数据层两

个层次。

数据层是知识图谱的基础，主要由一系列具体的事实组成。这些事实通常采用三元组形式进行表达，例如（实体 1，关系，实体 2）或（实体，属性，属性值），从而构建出实体之间的关联关系或属性描述。数据层中的每个事实以三元组为单位进行存储，这种结构化的存储方式能够清晰地描述各类信息实体之间的复杂关系。为了支持高效的查询和关联分析，数据层一般选择图数据库作为存储介质，如开源的 Neo4j[46]、Twitter 的 FlockDB[47]、sones 的 GraphDB[48]等。

模式层构建在数据层之上，主要通过本体库来规范数据层中的事实表达。本体是一种结构化知识库的概念模板，本体定义了不同实体的类别、属性和相互关系，是对知识图谱的逻辑结构进行约束和规范的工具。通过本体库的支持，知识图谱能够形成更加层次化、系统化的知识表达结构。本体的引入不仅提高了知识表示的层次性，也显著降低了数据冗余。

② 知识图谱的体系架构　知识图谱的体系架构是指构建模式结构，如图 2-11 所示。其中框内的部分为知识图谱的构建过程，知识图谱中的内容也需要与时俱进，其构建过程也是一个不断迭代的过程。

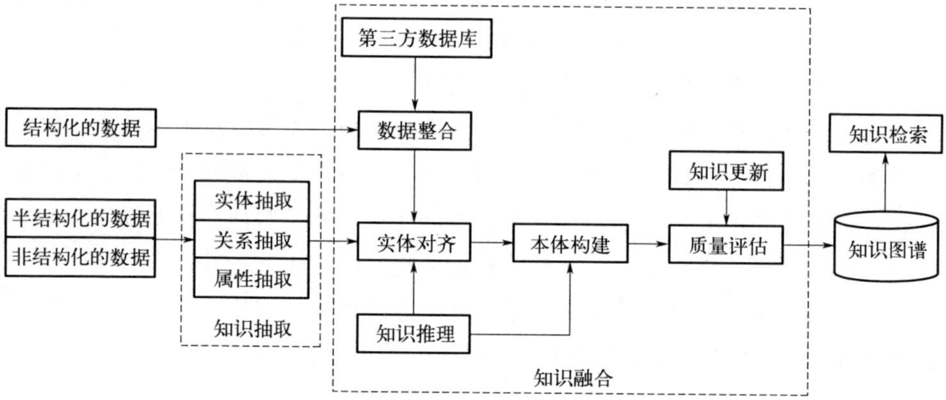

图 2-11　知识图谱的体系架构

知识图谱的构建方式主要有两种：自顶向下（top-down）和自底向上（bottom-up）方法。两者在流程、依赖的资源以及适用的场景上各有特点。

自顶向下的构建方式指在构建知识图谱时，首先定义好知识图谱的本体和数据模式，即先构建图谱的结构框架，再逐步将符合这些定义的实体数据填充到知识库中。这种方式通常需要基于现有的结构化知识库作为基础数据源。自顶向下的构建方式通过预设清晰的框架和严格的本体定义，可以确保知识图谱结构的统一性和规范性，适合领域相对清晰、结构要求高的知识图谱应用。

自底向上的构建方式则从开放数据中提取信息，逐步构建图谱。它通常从大量开放链接数据（如网页、数据库）中提取出实体，筛选出置信度较高的实体加入知识库中。然后在已有数据的基础上，逐步构建顶层的本体[49]。自底向上的方法适合处理大规模、动态变化的数据，因为它不需要先行构建整体框架。Google 的 Knowledge Vault[50]就是采用自底向上的方式构建知识图谱的典型例子。由于这一方式可以从各类非结构化数据中自动抽取信息，因此在信息更新速度、扩展性方面具有优势，适用于通用性强、数据源复杂的知识图谱项目。

（3）知识图谱的关键技术

构建和应用大规模知识库需要多种智能信息处理技术的支撑，以保证知识库的准确性、全面性和高效性。首先，通过知识抽取技术，可以从公开的半结构化和非结构化数据中自动提取出知识的基本要素，如实体、关系和属性等，构成知识库的基础内容。其次，知识融合技术则用于解决不同数据源中相同实体、关系、属性的歧义问题，消除数据冗余与冲突，确保知识库的高质量和一致性。知识推理技术在此基础上进一步发挥作用，通过推理挖掘出隐含的关系和知识，丰富知识库的内容，扩展其应用的深度和广度。分布式的知识表示形成的综合向量对知识库的构建、推理、融合以及应用均具有重要的意义。接下来将介绍知识图谱的关键技术，即知识抽取、知识表示、知识融合以及知识推理技术。

① 知识抽取　知识抽取技术主要用于从开放的链接数据中自动提取出可用的知识单元，这些知识单元包括实体、关系和属性三大基本要素，从各类数据中准确识别和抽取这些知识要素后，将其规范化、结构化，形成一系列高质量的事实表达。这些事实构成知识库的数据基础，为后续构建上层模式层提供了支持。

知识抽取主要包含三个方面，分别是实体抽取、关系抽取和属性抽取。

早期的实体抽取技术，也称为命名实体识别（named entity recognition）或命名实体学习（named entity learning），旨在从原始文本语料中自动识别并提取命名实体。作为知识图谱中基本的元素，实体的完整、准确识别至关重要，因为实体抽取的质量直接影响整个知识库的准确性、完整性和应用效果。在文献［51］中，实体抽取方法被归为三大类：基于规则与词典的方法、基于统计机器学习的方法以及面向开放域的抽取方法。基于规则与词典的方法依赖于预先编写的规则和模板，将特定的结构模式或词典条目与语料进行匹配；基于统计机器学习的方法使用标注好的训练数据，对原始语料进行学习和训练，生成用于识别实体的统计模型；面向开放域的抽取方法面向海量 Web 数据[52]，专注于从开放领域中提取实体信息，不依赖特定领域的语料，更符合互联网海量数据的实际需求。

关系抽取是为了解决实体之间的语义链接问题，关系抽取的质量直接影响知识图谱中实体关联的准确性和层次化表达能力。早期的关系抽取主要依赖于人工构造的语义规则和模板，通过模式匹配识别实体中的关系。随着自然语言处理技术的发展，基于机器学习的实体关系模型逐渐取代了人工预定义规则，但它们通常需要提前定义关系类型，并依赖高质量的标注数据集。文献［53］提出了面向开放域的信息抽取框架（open information extraction，OIE），OIE 无需依赖预定义的关系类型，能够从大规模开放语料中自动提取实体间的关系信息，极大提升了抽取效率和适应能力。然而，OIE 方法在对实体的隐含关系抽取方面表现不佳，因此，部分研究者提出了基于马尔可夫逻辑网、基于本体推理的深层隐含关系抽取方法[54]。

属性抽取是对实体的各项特征进行提取，以便全面描述实体的内在属性，从而提供一个完整的语义勾画。由于属性可视为实体和属性值之间的一种名称性关系，因此可以将实体的属性抽取问题转化为关系抽取问题。文献［55］提出了一种基于规则和启发式算法的属性抽取方法，该方法能够自动抽取半结构化网页中（如 Wikipedia）相应的属性名称与属性值，并在此基础上进一步扩展为一个本体知识库，这种方法在结构化信息丰富的数据源中表现良好。属性信息大量存在于半结构化和非结构化的开放域数据集中，抽取这些属性主要有两种策略，一种是将从百科网站中抽取的结构化的属性数据作为训练集用于模型训练，然后将该模型应用于开放域中的实体抽取任务；另一种是基于关系模式的抽取，直接从开放域语料中识别实体属性关系，并抽取相应属性值。但由于属性值周围常伴有限定其含义的属性名等信息，所以该抽取方法的准确率并不高。

② 知识表示　知识表示旨在将知识以便于计算机理解、存储和处理的方式进行表示，从而实现高效的信息组织、查询和推理。传统的知识表示方式依赖符号逻辑或本体论，如通过实体、关系和属性的三元组形式构建结构化知识库（如“实体 1-关系 - 实体 2”）。然而，随着知识图谱应用的深化和规模的扩大，这种符号化的表示方式在处理复杂语义、计算效率等方面存在一定的局限。

为此，基于向量的知识表示逐渐成为主流，通过将知识中的实体和关系嵌入到连续的向量空间中，使其具备语义信息的分布式表示，这种方法被称为知识表示学习（knowledge representation learning，KRL）。KRL 技术利用嵌入模型将实体和关系映射到低维向量空间中，以向量运算方式高效计算实体、关系及其之间的复杂语义关联，这种方法保留了知识图谱的结构信息，还能够处理隐含关系和复杂语义，更适合深度学习模型和大型图结构的处理，对知识库的构建、推理、融合以及应用均具有重要的意义[56-58]。

③ 知识融合　知识图谱因其数据来源广泛，往往会遇到知识质量参差不齐、数据重复、异构数据间缺乏明确关联等问题。因此，知识融合成为构建高质量知识库的重要手段。知识融合是高层次的知识组织方式[59]，使多源异构的知识在同一框架内进行整合、消歧、推理和验证等操作[60]。通过知识融合，可以实现不同数据、信息、方法、经验以及人的思想的统一，进而形成高质量、系统化的知识库。

知识融合时，首先需要进行实体对齐（entity alignment），消除异构数据中实体冲突、指向不明等不一致性问题，可以从顶层创建一个大规模的统一知识库，从而帮助机器理解多源异质的数据，形成高质量的知识。实体对齐的主要流程包括以下步骤：

a. 将待对齐数据进行分区索引，以降低计算的复杂度；

b. 利用相似度函数或相似性算法查找匹配实例；

c. 使用实体对齐算法进行实例融合；

d. 将步骤 b 与步骤 c 的结果结合起来，形成最终的对齐结果。

通过实体对齐，知识图谱可以获得一组初步的事实表达或本体雏形。这些事实是知识图谱的基本组成单元，但单纯的事实并不等同于知识。为了形成高质量的知识体系，还需进一步进行知识加工，如事实验证、推理扩展和语义抽象等操作。这一过程使知识图谱从原始事实构建出多层次、语义丰富的结构化知识系统，实现对知识的统一管理。

最后，知识图谱的内容也需要与时俱进，不论是通用知识图谱，还是行业知识图谱，它们都需要不断地迭代更新，扩展现有的知识，增加新的知识。根据知识图谱的逻辑结构，其更新主要包括模式层的更新与数据层的更新。模式层的更新是指本体中元素的更新，包括概念的增加、修改、删除，概念属性的更新以及概念之间上下位关系的更新等。其中，概念属性的更新操作将直接影响到所有直接或间接属性的子概念和实体[61]。通常来说，模式层的增量更新方式消耗资源较少，但是多数情况下是在人工干预的情况下完成的，例如需要人工定义规则，人工处理冲突等。因此，实施起来并不容易[62]。数据层的更新指的是实体元素的更新，包括实体的增加、修改、删除，以及实体的基本信息和属性值。由于数据层的更新一般影响面较小，因此通常以自动的方式完成。

④ 知识推理　知识推理是指在已有知识库的基础上，利用逻辑规则或机器学习方法，从已知事实中推导出隐含知识，从而扩展和完善知识库的内容。在推理过程中，通常需要依赖关联规则的支持。然而，由于实体、实体属性以及实体间关系的

多样性，很难穷举所有可能的推理规则，复杂的推理规则往往依靠人工总结获得。对于推理规则的挖掘，主要依赖于实体及其关系之间的丰富同现情况，即在大规模知识库或文本中，不同实体及其关联关系频繁共同出现，这种现象为发现潜在的关联模式或推理规则提供了数据基础和理论依据。知识推理的对象不仅包括实体本身，还涉及实体的属性、实体间的关系以及本体库中概念的层次结构等多个方面。

知识推理方法可以分为以下几种主要类型。

a. 基于逻辑规则的推理。这种方法依赖于形式化的逻辑语言（如描述逻辑、谓词逻辑）和规则引擎进行知识推断。例如，在网络本体语言（web ontology language，OWL）框架中，推理机能够根据本体定义自动归纳出隐含的类层次和属性。此类方法的优势在于推理过程具有高度的可解释性和确定性，能够精确处理结构化和严格约束的知识，但对知识的表达能力有限，难以处理不确定性及大规模、动态的知识更新。

b. 基于统计模型的推理。它使用概率图模型（如贝叶斯网络、马尔可夫逻辑网络）来处理不确定性和噪声，利用知识间的概率关联进行预测和推理。如医疗知识图谱中，可以根据患者症状推断可能的疾病。相较于逻辑推理，统计模型能够更好地处理不准确与不完全的信息，具有较强的鲁棒性。但其缺点在于推理结果难以完全解释，且模型参数的学习通常需要较大规模的标注数据。

c. 基于深度学习的推理。利用深度学习模型（如图神经网络）学习知识图谱中的复杂模式，可以解决传统推理方法难以处理的非线性、复杂关联问题。例如，在社交网络知识图谱中，图神经网络可以用于预测潜在的好友关系。深度学习推理在处理大规模、复杂和高维数据时表现出良好的效果，能够自动挖掘深层次的知识关联。然而，该方法的推理结果的可解释性较差，网络训练过程对计算资源的需求较高，且对大量训练数据依赖明显。

2.4 多模态大模型

近年来，随着人工智能技术的快速发展，大规模预训练模型，尤其是多模态大模型在自然语言处理、视觉理解、音频处理等多领域取得了显著突破。这类模型具有同时处理文本、图像、语音等多种数据模态的能力，通过多模态对齐、融合和推理，展现出前所未有的知识表达能力和上下文理解深度。多模态大模型不仅能够捕捉和建模各模态信息间的复杂关联，还能够实现更接近于人类认知方式的语义推理和生成，也推动了语义通信领域的创新。

在语义通信领域，传统通信系统主要关注对原始比特或符号流的可靠传输，而语义通信则以高层语义内容的有效表达、传递和重构为核心目标，最大化地减少资源消耗和因信道不良导致的语义失真。随着多模态大模型的引入，通信系统获得了对多源异质数据进行语义建模与集成表达的能力，这不仅扩展了系统对复杂、多变、多样化场景的适应能力，还极大提升了高阶语义信息的抽取、压缩、重构与纠错效果。多模态大模型能够作为语义通信系统中的端到端语义编码器和解码器，将文本、图像、语音等多模态数据转化为紧凑、可迁移且易于重构的高层语义表征，实现跨模态信息的协同传输与高效重建。

通过整合多模态大模型，语义通信系统能够更好地应对真实场景下环境复杂性、数据多样性及用户需求多元化等挑战，进一步提升系统的智能化、自适应和可扩展水平。因此，深入系统地了解多模态大模型的发展历程及其关键技术，对于推动语义通信系统的理论创新和实际应用具有重要的理论价值和实践意义。

2.4.1 大型语言模型的发展历程

语言模型（language models，LMs）通过计算语言序列的概率分布，预测单词序列的生成可能性，进而推断下一个或缺失的词汇，从而生成连贯的文本。

2017 年，Vaswani 等人提出了 Transformer 架构，这是一种使用自注意力机制（self-attention mechanism）来处理序列数据的新方法。这一架构极大地加速了自然语言处理任务的训练速度，并成为后续大模型的基础。

Transformer 模型采用注意力机制的堆叠式编码器 - 解码器结构。模型中的每个编码器和解码器层由前馈网络子层和多头注意子层组成。编码器从具有自注意的输入序列构造隐藏表示，解码器随后利用掩码自注意生成输出序列。一方面，体系结构中的自注意层支持全局接受域。另一方面，多头机制确保网络可以关注输入的多个不同部分。

Transformer 以其低计算复杂度、并行策略和多头自注意机制，可以更快更好地处理输入序列和远程依赖关系。因此，它逐渐取代了传统的网络，如循环神经网络（RNN）和长短期记忆网络（LSTM），这些网络对长期依赖关系不敏感，耗时长。Transformer 现在广泛用于涉及大文本块的复杂自然语言处理（NLP）任务，包括文本生成、机器翻译、阅读理解、情感分析和对话识别。

2018 年底，Google 提出的 BERT 是一种双向 Transformer 模型，通过在无标签文本上进行预训练，然后在下游任务上进行微调来达到很好的效果。BERT 可以说是开启了大规模预训练模型的时代。

同年，OpenAI 发布了 GPT，这是第一个基于 Transformer 的生成式预训练模型，随后推出了 GPT-2 和 GPT-3 等后续版本，参数量从最初的约 1.1 亿增加到约 15 亿，再到约 1750 亿，能力也随之显著增强。

目前，语言模型的发展主要集中在对 Transformer 架构的持续优化与创新，并由此催生了两个重要阶段：预训练语言模型（pretrained language models，PLMs）和大型语言模型（large language models，LLMs）。PLMs 指的是利用大规模无监督文本数据进行预训练，拥有数百万参数的模型。通过这种预训练，PLMs 能够学习普适的语言知识，并作为通用基础模型。随后，根据具体的下游任务，对 PLMs 进行微调，可以实现对各种自然语言处理任务的适应和优化。随着数据规模和计算能力的不断提升，研究者不断扩大模型的参数规模和训练数据。当语言模型的训练数据增至更大规模，模型参数数量增加到数亿级甚至更高时，PLMs 逐渐演进为大型语言模型（LLMs）。LLMs 不仅在知识和语言理解方面具备更强的泛化能力，还能够展现出更丰富的高级推理和生成能力。这一演变主要得益于更大规模的数据、更深层次的模型结构以及更强的预训练技术，从而使 LLMs 在多个领域和任务中表现出超越传统 PLMs 的性能。

根据模型架构和训练方法，语言模型可以分为四类。图 2-12 中列出了组成不同语言模型的基本结构的原理图，其中包括自编码语言模型、自回归语言模型、编码器 - 解码器语言模型和前缀语言模型，并从通信领域的角度阐释了它们在信号理解、时间序列相关任务、理解与生成以及多任务处理方面的应用。

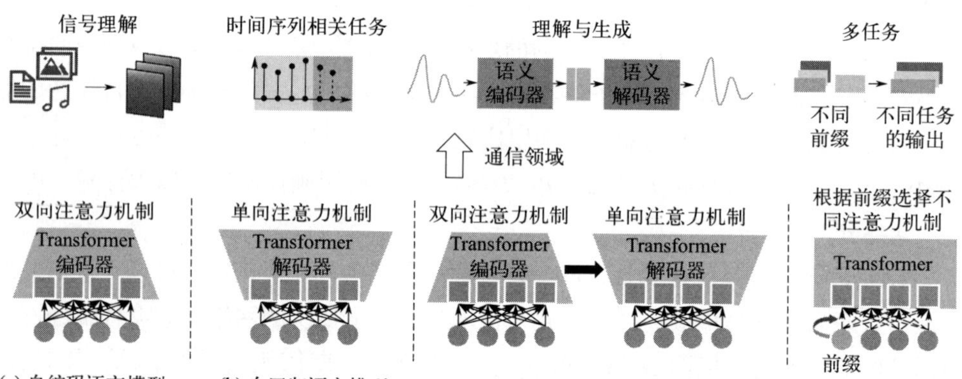

图 2-12　不同 LMs 的主要结构原理图及其在通信领域的应用

与传统的语言模型（LMs）相比，LLMs 拥有显著增多的参数量。这一特性使得 LLMs 能够更深入地学习和表示复杂的语言模式，包括句法结构、语义关系乃至更广泛的上下文信息，从而在生成文本时表现出更高的连贯性和语义丰富性。在模型训练过程中，LLMs 首先在大规模的通用文本数据集上进行预训练，以系统地学习语言的基本结构和各种常识知识。随后，通过微调阶段，LLMs在较小且更加专门化的数据集上进行进一步训练，这些数据集通常面向特定任务或领域，如医学、法律或特定类型的对话数据。这样的微调过程能够使模型更好地适应并生成特定领域的语言，提高模型对专业任务的理解和处理能力。除上述优势之外，LLMs相比于小规模语言模型，在理解和生成自然语言内容方面表现得更加出色，并且展现出卓越的逻辑推理能力，在处理复杂问题时，其性能远远优于传统的小型语言模型。因此，LLMs在自然语言处理的诸多应用场景中具有显著的优势和广阔的应用前景。

2.4.2 AIGC生成式模型

人工智能生成内容（AIGC）通常指利用生成式人工智能自动生成和创作新内容的方法。现有的AIGC技术大多使用生成模型，如生成对抗网络（GANs）、变分自编码器（VAEs）、流式模型、扩散模型，以及大多数大型语言模型中的传统自然语言处理（NLP）模型，如Transformer。作为一种高效的生成技术，AIGC通常以任务为导向，整合了包括图像处理和声音处理在内的多种AI技术，旨在高效处理并协同生成不同模态的数据。AIGC的广泛应用不仅极大提高了内容生产的效率，还极大改变了内容生产和消费的流程及商业模式。下面是一些常用的生成模型。

（1）GANs

GANs由生成器网络（generator network）和判别器网络（discriminator network）两部分组成。生成器网络通过学习真实样本的分布生成模拟数据，判别器网络则负责检查并判断输入数据是真实的样本还是生成的样本。在模型训练过程中，这两个网络通过对抗训练的方式交替训练，以学习数据分布。GAN及基于GAN开发的模型，如CGAN、StyleGAN v2和VQGAN，在图像、文本、音频等多个领域有广泛应用。通过对抗训练策略和并行处理，GAN可以更快地生成更清晰的输出。然而，使用GAN的方法并不适合生成离散数据（如自然语言文本的离散符号序列），并且由于无法收敛到纳什均衡，训练过程中仍存在不稳定性的问题。因此，GAN在通信领域并未得到广泛应用。

（2）VAEs

VAEs是基于变分推理的隐变量概率模型，由两个概率密度分布网络，即推理网络和生成网络组成，通过优化变分下界来生成输入数据中不包含的数据。推理网络通过随机抽样对原始输入数据的方差进行推断，生成方差概率分布，生成网络通过对方差概率分布进行约简，生成原始数据的近似概率分布。诸如VAE、CVAE、β-VAE和VQVAE等模型在生成广泛的复杂数据，包括人脸图像、分割图像等方面显示出巨大的潜力。VAE 可以通过平坦衰落信道中的信号降维来获取信号的潜在信息，有助于保护输入数据集的信号完整性。研究者提出了一种基于 VAE 的信号估计和信道检测方法，应用于瑞利平衰落无线窄带系统。然而，训练 VAE 模型需要大量的迭代，这需要花费大量的时间和资源。此外，在图像生成任务中，由于模型训练过程中使用的采样方法的随机性和生成的隐变量的不确定性，生成的图像并不总是高质量的。

（3）流式模型

流式模型（flow-based model）本质上是一类基于可逆变换的生成模型。其核心思想是通过一系列可逆的神经网络变换（称为“流”），将简单的概率分布（如高斯分布）逐步映射到复杂的目标数据分布。与 GAN 和 VAE 不同，流式模型的每一步变换都是可逆的。这一特性使得流式模型能够在原始数据和潜在空间之间建立双向路径，并且能够直接、精确地计算生成样本的对数似然。整个模型的训练过程依赖于最大化对数似然函数，以优化生成能力。典型的流式模型包括 NICE、RealNVP 和 Glow 等。然而，与 GAN 相比，流式模型生成相同分辨率图像时的计算效率通常较低，推断和采样过程所需时间更长，这限制了它们在实际中的广泛应用。目前，流式模型主要应用于图像生成、概率密度估计等领域。为提升模型灵活性和生成性能，有研究将流式模型与 VAE 结合，将 VAE 的后验分布经过流式变换，以获得对潜在分布更精确的建模。这种方法可以更好地近似数据的真实分布。另外，流式模型具有潜在空间解释性强、采样与重建过程可逆、对潜在变量操作便利等优点。因此，经过结构上的改进后，流式模型在通信等领域也显示出一定的应用潜力。

（4）扩散模型

扩散模型（diffusion model）是一类新兴的深度生成模型，在计算机视觉、生物信息学和语音处理等多个领域展现出巨大的应用潜力，例如近期备受瞩目的 GLIDE、DALL-E 2 和 Imagen 等模型均基于此架构。该模型的核心原理包含两个关键过程：前向扩散过程（forward diffusion process）和反向逆扩散过程（reverse diffusion process）。在前向过程中，模型通过逐步、连续地向原始数据中添加高斯噪声，直至数据完全转化为一个标准的噪声分布。随后，在反向过程中，模型学习一个逆向的去噪（denoising）函数。这个函数的目标是从纯粹的高斯噪声出发，逐步去除噪声，最终恢复出与原始数据分布一致的目标数据。与 VAEs 或流式模型等其他生成模型相比，扩散模型的一个显著特点是其学习过程基于一个平稳的马尔可夫链，并且其隐空间的维度与数据维度保持一致。尽管扩散模型在生成质量上表现优越，但其固有的缺陷也不容忽视，主要包括需要大量的采样步骤以及由此导致的较长的采样时间。

2.4.3 多模态大语言模型

多模态大语言模型（multimodal large language models，MLLMs）是一类能够同时处理和理解多个模态（如文本、图像、视频、音频等）信息的大规模语言模型。这类模型通过将不同模态的特征进行联合学习与融合，能够实现更加复杂的任务，如视觉问答、图像生成、文本生成与理解等。近年来，随着深度学习技术的进步，尤其是 Transformer 架构和大规模预训练模型的发展，多模态大语言模型在多个领域取得了显著的成果。

（1）多模态大语言模型的特点

多模态大语言模型经过大规模、多样化数据集的预训练，从而获得了整合与处理多种信息模态的能力。这些数据集通常包含成对或多组的模态对应数据，例如图像 - 文本对、音频 - 转录文本对等，这种训练机制使得模型能够学习到不同模态数据间的深层关联与潜在模式。

在核心能力方面，这类模型实现了跨模态的理解与生成。它们不仅能解析单一模态的信息，更能理解不同模态间的复杂关系，执行如图像内容描述、视频摘要生成及文本驱动的视觉问答等高级任务。在生成能力上，模型能够依据文本指令创造出相应的图像，或为给定图像生成详尽的描述性文本，展现了其卓越的跨模态转换与创造能力。

得益于其处理多源异构数据的能力，多模态大模型展现出强大的通用性与灵活性。该特性使其在科研、教育、内容创作及人机交互等多个领域均具备巨大的应用潜力，是人工智能前沿研究的重要方向之一。

（2）技术架构

多模态大模型的强大能力源于其独特的技术实现路径，主要包含以下核心环节：以灵活的 Transformer 架构为基础处理单元；利用多模态嵌入技术统一编码来自视觉、语言等不同模态的输入信息；通过大规模预训练习得通用表征与跨模态关联，再结合微调适配下游任务；整个过程的效能提升依赖于对模型参数和目标函数的联合优化，以最大化多模态信息的协同效应。下面我们将深入探讨每一项技术的具体实现原理及其在多模态建模中的作用。

① Transformer 架构　Transformer 模型是一种基于注意力机制的神经网络架构，它在 NLP 领域取得了巨大成功，被广泛应用于机器翻译、文本生成等任务。Transformer 模型的核心是利用自注意力机制同时处理输入序列中的所有位置的信息，进而更有效地捕捉长距离依赖关系。近年来，Transformer 架构也被成功拓展到多模

态任务，如视觉问答、图文检索、多模态情感分析等，通过设计跨模态注意力机制，实现对图像、文本等多种模态信息的联合建模与深层融合，极大地推动了多模态人工智能的发展。

如图 2-13 所示，Transformer 模型可以被划分为四个主要部分：输入、编码器、解码器和输出。这四个部分共同构成了 Transformer 模型中的核心结构，实现了输入序列的高效处理和生成。输入部分包括编码器输入和解码器输入。通过 N 个编码器层的堆叠，模型可以在不同语义层次上进行特征提取，以更好地捕捉输入序列的语义和上下文信息。每个编码器块由多头注意力层和前馈网络层组成。在每个子层中，都包含了归一化层和残差连接，以确保信息传递的有效性和稳定性。解码器中的每个块由三个子层组成，包括掩码多头注意力层、多头注意力层、前馈网络层。Transformer 模型的关键特性在于多头自注意力机制，允许在每个位置上对输入序列的其他位置进行加权关注，从而获取全局上下文信息。为了区分不同位置的输入序列嵌入，位置编码被引入以为输入序列中的每个位置添加位置信息。这种机制有助于 Transformer 模型有效地处理长距离依赖性和全局语境信息。残差连接可以将每个子层的输出与输入相加，有助于在训练过程中减轻梯度消失问题。每个编码器和解码器层包含一个全连接前馈神经网络，用于对位置表示进行非线性映射。注意力机制涉及查询、键和值的计算，其中查询表示当前位置的输入，而键和值表示其他位置的输入。通过点积操作和归一化处理，可以计算出每个位置对其他位置的注意力权重。最后，将注意力权重与对应位置的值相乘并求和，以得到该位置的表示。计算公式如下：

$$\text{Attention}(Q, K, V) = \text{softmax}\left(\frac{QK^{\mathrm{T}}}{\sqrt{d_k}} V\right) \tag{2-9}$$

式中，Q、K、V 分别表示查询向量、键向量和值向量，d_k 表示键向量的维度。

Transformer 模型利用多头注意力机制，将注意力机制应用于多个不同的表示子空间。每个子空间都由独立的查询、键和值组成，然后将各子空间的结果拼接并进行线性变换，得到最终的融合表示。多头注意力机制的计算过程如下：

$$\text{MultiHead}(Q, K, V) = W \,\|_{k-1}^{H} \left(\text{head}_1, \text{head}_2, \cdots, \text{head}_n\right) \tag{2-10}$$

式中，H 表示多头注意力头的个数，$\|$ 表示级联操作，W 表示参数矩阵。给定输入 E，第 i 个 head_i 的计算方法如下：

$$\text{head}_i = \text{Attention}(EW_i^Q, EW_i^K, EW_i^V) \tag{2-11}$$

其中，W_i^Q、W_i^K 和 W_i^V 是查询第 i 个权重矩阵、键和值。此外，Transformer 模

型还引入了位置编码来提供序列的位置信息。位置编码通过将位置信息嵌入到输入向量中来表示输入各子序列的位置。这样，模型就可以同时考虑输入序列的语义信息和位置信息，进一步提升了输入特征的表达能力。

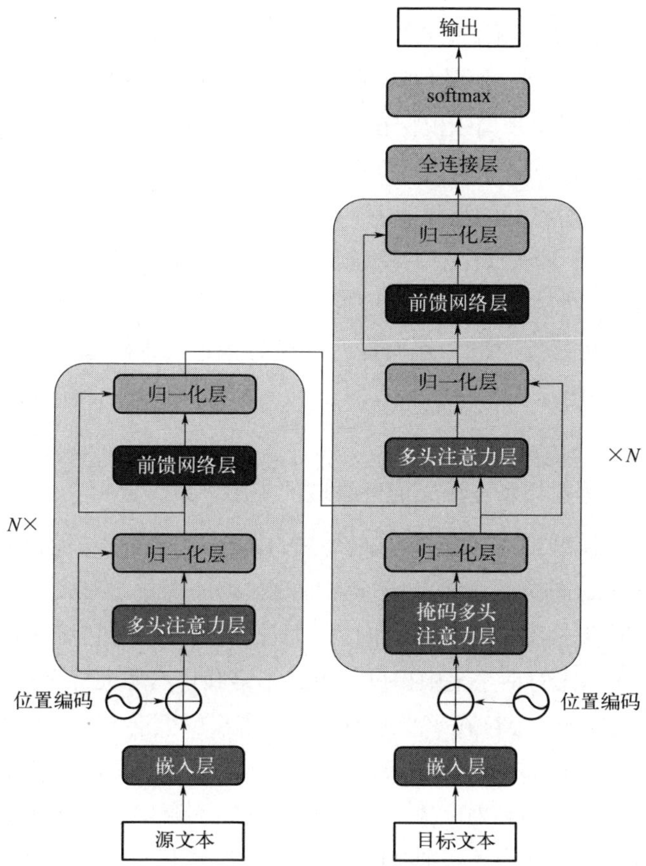

图 2-13 Transformer 架构

② 多模态嵌入 多模态嵌入旨在通过将不同模态的数据嵌入一个共享的语义空间，以实现跨模态信息的理解与交互。构建该共享语义空间通常包含以下关键步骤：首先，需要设计模态特定的嵌入层分别处理各模态数据。例如，文本数据可采用词嵌入技术，而图像数据则通常利用卷积神经网络等特征提取器进行有效表征。随后，通过共享层或专用的融合层，将这些异构模态的特征映射到一个统一的表示维度中，从而构建出共享语义空间，使得不同来源的数据能在同一空间内进行直接比较与交互。在实现多模态嵌入时，常需结合自监督或对比学习策略（如 CLIP 模型所采用的对比学习范式），以有效驱动不同模态表征在共享空间中的语义对齐。

③ 预训练与微调　多模态大语言模型通常会在大规模的多模态数据集上进行预训练，以捕捉各种模态的通用特征。随后，模型可以在特定的任务上进行微调，以适应具体的应用场景。例如，对于视觉问答任务，模型需要学习如何根据给定的图像和问题生成正确的答案。微调阶段通常使用较小的、针对特定任务的数据集。这些数据集通常包含标签，用于指导模型学习如何执行特定任务。在微调过程中，模型的某些层可能会被冻结，而其他层则会被更新以更好地适应特定任务。此外，还可以引入额外的层或模块来增强模型在特定任务上的表现。

这种预训练 - 微调的方式使得模型能够从大量未标记数据中学习到丰富的知识，从而在新的任务上具有良好的泛化能力。

④ 联合优化　在训练过程中，模型通常会采用联合优化策略。联合优化用于优化不同模态的表示，使其在共享表示空间中具有一致性。通过这种方式，不同模态间的语义关系可以更好地对齐，从而提升跨模态检索或理解等下游任务的效果。这个过程可能涉及对比损失（contrastive loss）、跨模态对齐（cross-modal alignment）等技术。

（3）多模态大语言模型在语义通信领域的应用场景

多模态大语言模型（MLLMs）是近年来自然语言处理领域的重要突破，能够同时处理和理解文本、图像、音频等多种类型的数据。得益于对多模态信息的统一建模与深度融合，这类模型不仅在视觉问答、图像描述生成等传统多模态任务中展现卓越性能，还在多模态对话系统中提供了更加丰富和自然的人机交互体验。

值得关注的是，MLLMs 在语义通信领域展现出巨大潜力。传统通信系统侧重于比特级别的精确信息传递，而语义通信关注如何以最小的资源消耗高效传递关键信息。多模态大语言模型能够对文本、图像和音频等多源信息进行多层次的语义特征抽取和压缩，有效过滤冗余（如细节噪声、不相关背景），保留用户意图所需的核心内容。例如，在远程医疗、自动驾驶以及工业物联网等典型应用场景下，MLLMs 可根据当前任务和上下文自适应地选择待传递的语义信息，极大减少数据传输量，提高通信效率和可靠性。此外，MLLMs 能够对通信过程中的多模态信号进行深度理解和融合，提升语义表达的准确性和丰富性，使语义通信系统具备更好的容错性和泛化能力。这为构建高效、智能和灵活的新一代语义通信体系提供了理论基础和关键技术支撑。

2.4.4　多模态语义通信系统中的大模型性能指标

在多模态语义通信领域，多模态大模型凭借其出色的跨模态特征提取和语义融合能力，有效促进了多种模态数据的智能处理。然而，随着深度学习技术的不断进步以及各类多模态数据规模的快速增长，多模态大模型在实际通信系统中的部署与运行也面临着愈发严峻的挑战，尤其在网络资源有限和性能评估标准多元的背景下。这类模型对于通信与计算资源的需求远高于传统通信模式，对系统资源管理和优化提出了更为复杂的要求。

在多模态语义通信框架下，如何科学、高效地管理和分配大模型所需的网络与计算资源，成为保障系统性能和稳定运行的关键。为此，深入研究通信资源与计算资源的特性，系统分析其影响因素，是实现多模态语义通信高效运作的基础。此外，制定合理的性能评估指标，能够对多模态大模型在语义通信中的实际性能进行量化分析，为监控网络运行状态、评估通信质量及动态调整资源分配方案提供重要依据。有效的性能指标不仅反映系统在多模态语义信息传输过程中的效率和准确性，同时也为后续算法优化与网络智能调度提供理论支撑。

在将 LLMs 应用于通信领域时，需要关注其与通信相关的特定性能指标，以便于 LLMs 更好地适应通信环境并高效工作。一些用于评价大模型加持下语义通信质量的指标如下。

（1）延迟

利用 MLLMs 从多模态数据中提取语义信息或生成简洁的语义提示进行传输，可显著降低通信所需的数据量。在此场景下，MLLMs 可被视为一种基于语义的无损压缩器，其通过深度学习模型利用自然语言的内在冗余性，实现数据的高效紧凑表示。然而，根据香农源编码定理，无损压缩的性能受限于编码块长度，即更高的压缩效率通常需要更长的编码块，从而导致译码延迟增加。因此，在 MLLMs 的应用中，更高的压缩率往往对应更低的译码延迟，但会牺牲一定的语义恢复性能；反之，若追求更高的语义准确性或更低的压缩率，则需承受更长的译码延迟。因此，如何在压缩率、译码延迟之间进行权衡，成为多模态语义通信系统设计的重要问题。

（2）失真

与传统的人为生成内容相比，AIGC 源自计算机生成，这意味着其在内容属性上与以往的数据生成方式可能存在本质差异。例如，用户生成内容（user generated content，UGC）通常具有更高程度的个性化特征，而 AIGC 则表现出更大的统计规律性。在源信道编码的背景下，针对 UGC 的失真评估指标主要包括均方误差（mean squared error，MSE）、峰值信噪比（peak signal-to-noise ratio，PSNR）和误比特率（bit error rate，BER）等。然而，在基于多模态大模型（MLLMs）的内容生成场景中，由于语言模型本质上具有概率性，采用概率度量方法，如基于 Wasserstein 距离的失真测量，可能能够更有效地评估模型的性能。因此，根据生成内容的不同来源和特性，选择合适的性能评估指标至关重要，以更准确地反映内容质量与模型性能。

（3）带宽利用率

关注 AIGC 生成内容对网络带宽的占用，对于确保网络资源的有效利用至关重要。一方面，当带宽资源未充分利用时，通过实施能够适应网络状况和流量需求变化的动态带宽分配机制，系统可以灵活地分配资源，确保高优先级的 AIGC 通信需求得到充足的带宽支持。另一方面，面对大量 AIGC 数据可能超出通信带宽承载能力的问题，可以依据对生成模型的实时带宽利用率反馈，动态调整数据生成的质量或进行必要的数据压缩，以避免网络拥堵，进而提升用户体验。通过这种方式，可以在保证 AIGC 内容生成效率的同时，优化网络资源分配，确保网络的稳定性和用户满意度。

在无线通信网络中应用 AIGC 技术时，设计合适的评价指标有助于优化移动 AIGC 网络性能，从而提升通信系统提供的 AIGC 服务质量。从 AIGC 视角审视，部分传统指标可被赋予新的内涵。如图 2-14 所示的评估框架从 AIGC 服务质量与通信传输性能两个维度构建测评指标，且二者具有相互促进作用：一方面，提升 AIGC 服务质量要求优化生成内容质量，这不仅有助于在通信过程中恢复受损数据，其更紧凑、抽象的生成特性还能减少需传输的数据量，缓解通信负载压力；另一方面，优化通信传输性能（如降低失真、减少时延、提高带宽利用率）则能保障 AIGC 数据的准确传输并支持服务的实时响应。因此，协同优化这两类指标可显著增强 AIGC 在无线网络中的应用效能，实现更高效可靠的智能通信服务。

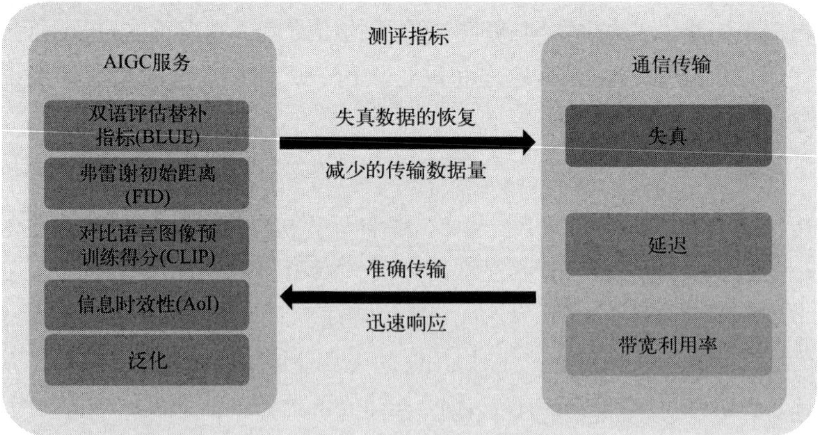

图 2-14　AIGC 服务和通信传输相关的评价指标

根据用户对服务准确性的需求，可以通过将这些指标与网络带宽和资源可用性的考虑相集成来优化资源和任务分配，从而在多种需求之间取得平衡。一些用于AIGC服务评价的指标如下。

（1）双语评估替补指标（bilingual evaluation understudy，BLEU）

BLEU是自然语言处理与机器翻译领域广泛采用的自动化评估指标。其基本原理是通过比较机器生成文本与一个或多个人工参考译文之间的相似度，衡量翻译结果的质量。在多模态语义通信场景中，BLEU通过量化文本生成的质量并优化跨模态对齐，进而影响系统的语义保真度与资源分配效率。BLEU的核心机制是n-gram匹配，即统计生成文本与参考文本之间连续n个词语片段的重叠程度，从而不仅评估翻译的整体准确性，也突出了短语级别的准确匹配。BLEU分数的取值范围为0～1，数值越接近1，表示机器翻译结果与参考译文越相似，翻译质量越高。然而，BLEU亦存在一定的局限性：该指标侧重于词汇层面的匹配，难以准确反映语法正确性、文本流畅度和语义连贯性；同时，由于忽略上下文联系，BLEU不适合评估长文本生成过程中语义一致性及整体质量。因此，为实现更全面的质量评估，通常需将BLEU与其他评价指标结合使用。尽管存在上述限制，由于其计算效率高且具有较强的参考意义，BLEU目前仍是机器翻译质量评估中应用最为广泛的方法之一。

（2）弗雷谢初始距离（fréchet inception distance，FID）

FID作为图像生成领域的核心评估指标，通过量化生成图像与真实图像在特征分布上的差异来衡量生成质量。其计算过程主要包括两个关键步骤：首先，采用Inception等卷积神经网络提取图像的高层语义特征向量；随后，分别对生成图像与真实图像的特征向量集合建模为多元高斯分布，并计算两者之间的FID分值。该距离基于均值向量与协方差矩阵的差异进行构建，FID分值越低，表明生成图像在特征分布上与真实图像越接近，即生成的质量和多样性越高。由于FID综合考虑了图像的统计特性，能够较为全面地评估生成模型的性能。

然而，FID也存在以下三方面局限性：第一，其难以捕捉图像细节层面的视觉质量差异，对过拟合训练集的生成样本敏感性有限；第二，FID侧重多样性和真实性的度量，无法直接评价生成图像的语义内容与艺术价值；第三，该指标依赖于预训练特征提取器的表示能力，受限于提取器本身的泛化与表征性能。尽管存在上述局限，凭借计算效率高和判别能力强等优势，FID仍然是当前图像生成任务中首选的评估标准。

（3）对比语言图像预训练得分（contrastive language-image pre-training，CLIP）

CLIP分数是一种在跨模态生成与检索领域被广泛采用的评价指标，主要用于量化文本与图像之间的语义匹配程度。在多模态语义通信中，该指标常用于衡量跨模态对齐的效果。CLIP 分数基于多模态模型 CLIP，通过提取文本和图像的特征表示，计算两者特征向量之间的余弦相似度来反映语义相关性。余弦相似度的取值范围为 [-1, 1]，数值越接近 1，表示文本与图像的匹配程度越高。CLIP 分数的核心优势在于其无需依赖参考图像或人工标注，便能高效地评估生成图像与给定文本之间的一致性。然而，该指标也存在一定的局限性：其性能受到 CLIP 模型自身特征提取能力及泛化能力的影响；此外，在面对复杂语义场景时，该指标可能难以充分捕捉文本与图像之间的细微语义差异。

（4）信息时效性（age of information，AoI）

AoI 是一种用于评估信息新鲜度的指标，它量化了信息生成 / 采集时刻与被接收 / 利用时刻之间的时间差。该指标从多模态语义通信接收端视角出发，定义为自上一次成功接收信息采样至今所经过的时间，直观反映了信息的时效性：低 AoI 表示信息更新及时，高 AoI 则表明信息相对过时。AoI 对需要高时效性数据收集的应用（如传感器网络）至关重要。在 AIGC 网络中，数据新鲜度同样关键，云端模型需依赖大量最新数据进行调优与更新。例如，文献 [63] 为基于无人机的边缘节点设计了 AoI 指标，用以度量 AIGC 服务的数据新鲜度。基于此指标，系统鼓励无人机消耗资源将最新采集的数据传输至云端。云端 AIGC 模型随后利用这些最新数据进行微调与实时更新，从而生成更具定制化的 AIGC 服务。

（5）泛化

泛化指标通过衡量模型在分布外数据上的适应能力，直接影响多模态语义通信的鲁棒性与效率。多模态语义通信需融合文本、图像、音频等异构数据，其核心挑战在于跨模态建立统一语义表征。泛化指标通过量化模型对未知数据的语义一致性，可指导语义编码器设计以提升跨域通信效果[64]。然而，深度学习的泛化能力存在复杂特性：随着参数增加，模型在训练集上的损失持续下降，但在测试集上呈现先降后升的过拟合趋势；部分深度神经网络（DNN）甚至出现测试损失的二次下降现象[65]。这表明不同 DNN 需针对性评估其准确性与泛化能力的权衡。值得注意的是，现有研究对泛化能力的考量仍不充分，例如文献 [66] 采用自编码器建模端到端通信系统时，仅使用 AWGN 信道在固定信噪比下验证性能。由于训练与测试数据分布偏差较小，其声称“DL 方案优于传统方法”的结论因未严格检验模型泛化能力而缺乏说服力。在 AIGC 服务中，这种泛化能力尤为重要——它直接关联模型对未知任务数据与用户分布变化的适应性。

综合上述对应用于多模态语义通信的大模型性能衡量指标的介绍，在设计多模态语义通信系统时，应充分考虑这些性能指标对通信系统的影响，以实现系统性能的最优化。

章末小结

本章系统性地探讨了多模态语义通信的相关基础理论，为理解语义通信的本质及其实现提供了理论支撑和技术指导。

首先，本章以信息瓶颈理论为切入点，详细回顾了其从提出到发展的历史进程，并深入解析了其数学表达形式及在实际应用中的表现，展现了这一理论在处理信息提取与压缩中的重要地位。信息瓶颈理论在语义通信中，作为连接信息表示与语义压缩的关键理论，揭示了如何在有限带宽的情况下最大化保留信息的语义价值，为语义通信的优化设计提供了基础框架。

接下来，针对语义通信中信源信道联合编码问题，剖析了传统信源信道分离编码的局限性，并梳理了联合编码技术的发展脉络。通过分析经典的信源信道联合编码方案和面向语义通信的改进策略，强调了这种技术在提升通信效率、降低信息丢失及满足语义传输需求方面的优势。本节的探讨为研究更加智能化和高效的通信方式提供了深入的思考和启示。

随后，对语义分析及语义知识库展开了全面讨论，系统梳理了从多模态特征提取、语义融合到语义知识库及知识图谱构建的全过程。通过阐述多模态特征的提取方法及语义融合技术，指出其在实现跨模态信息语义关联中的关键作用。同时，详细分析了语义知识库和知识图谱在语义存储、管理和推理中的重要性，尤其是知识图谱在关系建模、知识推理以及上下文理解中的核心地位，为实现语义驱动的通信奠定了坚实基础。

最后，本章深入探讨了多模态大模型的发展及其在语义通信中的应用潜力。通过对大型语言模型的演化历程的回顾，结合 AIGC 生成式大模型的最新发展，分析了其在文本生成、语义理解以及跨模态表达中的能力，并进一步探讨了多模态大语言模型如何整合多种模态信息，提升语义通信的准确性和灵活性。这些技术的应用为语义通信未来的发展提供了全新的可能性，同时也对通信系统的智能化升级提出了更高的要求。此外，还梳理了多模态大模型在语义通信领域常用的性能评估指标，这些指标为模型能力的量化分析和后续应用优化提供了重要参考。

综上所述，本章从理论基础到关键技术进行了层层剖析，不仅梳理了多模态语义通信的核心理论框架，还结合具体的技术实现路径，提供了清晰的研究思路与发展方向。通过对信息瓶颈理论、信源信道联合编码、语义知识库及多模态大模型的研究，为后续章节更深入的技术实现与应用探讨提供了基础。

6G
Ai
Ai

第 3 章

多模态语义通信系统设计

学习目标

- 了解分布式、多任务、鲁棒性多模态语义系统的框架和主要设计方法。
- 分析系统的主要性能。

随着信息通信技术的飞速发展，第六代（6G）移动通信网络正朝着更高的数据传输速率、更低的端到端延迟、更广的覆盖范围和更海量的连接密度迈进。这些革命性的性能提升，旨在支撑未来沉浸式交互（如扩展现实 XR）、大规模物联网、高精度工业控制等对信息传输的容量、实时性和智能化程度要求极高的复杂应用场景。在这些场景中，信息源和用户终端获取的数据早已超越单一模态，呈现出文本、图像、音频、视频等多模态数据深度融合的特征，这与人类通过多种感官协同感知世界的模式高度契合。为了高效、智能地处理这种来自多用户、多任务、多源头且高度异构的海量多模态数据流，并深度挖掘其内在语义关联，实现更高效的传输与理解，多模态语义通信系统逐渐成为研究热点，展现出广阔的应用前景。

多模态语义通信系统的核心在于多模态语义信息深度提取与高效传输。随着数字多媒体业务迅猛发展，文本、图像、视频等多模态数据能够从多个语义层面提供更全面、更丰富的信息，使得多模态应用服务逐渐成为如智慧城市、工业互联网等前沿场景的基础支撑。具体地说，多模态语义通信以两种及以上的不同模态数据作为输入，旨在通过建立多模态间的语义联合表征，提升通信系统的频谱效率和语义保真度。然而，构建高效实用的多模态语义通信系统面临着一系列关键挑战：

① 如何高效协同处理来自多用户、多模态的并发数据流与任务？

② 如何在大规模网络或复杂环境中保障系统的可靠性与可扩展性？

③ 如何应对信道损伤、噪声干扰以及数据本身的不确定性，确保语义传递的鲁棒性？

针对上述核心挑战，本章将探讨三种具有代表性的多模态语义通信系统设计范式。

① 多任务多模态语义通信系统：能够同时高效处理来自多个用户和多种模态的并发任务与数据，显著提升系统的资源利用率和任务处理能力。

② 分布式多模态语义通信系统：采用分布式架构，利用边缘节点或中继节点进行协作式语义计算与知识补充，有效提升系统在大规模部署下的鲁棒性、可扩展性和覆盖能力。

③ 鲁棒性多模态语义通信系统：通过设计特定的算法（如纠错机制、自适应编码）或架构（如知识库辅助），重点增强系统在复杂信道环境或存在干扰 / 数据缺失情况下的抗干扰能力和语义恢复能力。

3.1 多任务多模态语义通信

多任务多模态语义通信系统作为 6G 通信网络的重要组成部分，不仅能够高效处理多种并发传输任务，还能实现文本、图像、视频等多种模态数据的协同处理。该系统通过深入提取和传递多模态语义信息，而非简单原始数据，极大提升了通信的效率和可靠性。随着数字多媒体业务的蓬勃发展，多模态服务已成为众多前沿应用场景（如智能交通、虚拟现实等）的关键技术支撑。本节将重点探讨多任务多模态语义通信系统的设计理念、关键技术及其面临的挑战。

3.1.1　多任务多模态语义通信概述

现有的语义通信系统通常专注于处理单一模态（如文本或图像）的特定任务，在实际应用中面临显著挑战：首先，在现实世界中，信息通常以多模态形式存在并呈现显著的跨模态关联性与互补性（例如，图像内容需要文本说明来精准阐释，视频信息需要音频来增强理解）；其次，智能终端（如智能手机、XR 头显、智能网联汽车）往往需要同时收集来自不同传感器或应用的多种模态数据（如语音指令、环境视频和传感器读数），并要求系统能协同处理这些数据以完成多个关联任务（如环境感知、导航规划、人机交互）。然而，单一模态系统无法满足多模态输入和多任务协同需求，导致通信资源利用效率低、任务间协同困难，甚至影响整体决策或用户体验。

因此，为了突破单一模态系统的固有局限，满足日益复杂的智能应用场景对信息深度理解与高效协同处理的要求，随着人工智能（特别是多模态融合学习）和通信技术的快速发展，多任务多模态语义通信系统成为下一代 6G 通信网络的重要研究热点。

多模态数据是指来自不同信息源且语义相关的异构数据。以智能交通系统为例，系统需要同时处理来自摄像头的图像数据、传感器的文本数据以及车辆的 GPS 位置信息，这些多模态数据在语义层面相互补充，共同构成了对交通状况的完整描述。多任务处理要求系统具备并行执行多个语义关联任务的能力，其中每个任务可能需要不同的语义提取策略和处理方法。因此，系统设计必须建立动态资源分配机制，合理调配计算资源和通信带宽。例如，图像重建任务通常需要分配更多的传输带宽和计算资源，而文本分类任务则需要较少的资源。

多任务多模态语义通信系统能够同时处理和传输多种模态的数据，并满足复杂应用场景下的多任务需求，如图像 / 文本的分类或重建任务。相比于传统的单模态通信系统，该系统通过多模态语义协同处理，可以显著提高带宽利用率和传输效率，同时保证多个语义任务的准确执行。系统通过统一的多模态语义理解与处理框架，实现不同模态数据的高效融合与协同处理。典型应用于包括但不限于图像分类、语义分割、图像重建、视频会议等任务。

当前，多任务语义通信系统的研究主要聚焦于两大方向：数据重建和智能任务执行。在数据重建方面，研究重点在于从原始数据中提取关键语义信息来提升传输效率。典型工作包括用于文本传输的 DeepSC[67] 和用于图像重建的 Deep JSCC[68]，这些技术均采用自动编码器架构，实现从数据源到信道符号的端到端优化映射，显著提升了传输效率。在智能任务执行方面，语义通信系统仅在发送端提取、编码和传输与特定任务紧密相关的语义信息[69]。例如，设计一个端到端的系统来执行包括分类和目标检测在内的多种智能任务。这种方法的优势在于它只传输完成任务所必需的关键信息，从而降低了数据传输量。

尽管现有的语义通信技术在特定应用场景中取得了一定成果，但其核心局限在于仅能处理单一模态数据的特定任务。然而，随着智能应用的快速发展，实际应用场景中多模态数据处理和多任务协同执行的需求日益增长。例如，实际通信系统往往需要同时支持数据重建与多种智能任务。更具体地，许多设备需要在单一系统中同时执行多个任务，这对现有的语义通信模型提出了新的挑战。以 Deep JSCC 为代表的现有框架由于其固有的单任务设计特性，在面对跨任务应用场景时暴露出明显的适配性问题：一方面，模型重训练过程会带来巨大的计算资源消耗和梯度传输开销；另一方面，维护多个专用模型不仅显著增加存储需求，还大大提升了系统管理复杂度。因此，这些现实挑战使得开发能够同时支持多模态数据传输和多任务执行的统一多任务多模态语义通信系统变得尤为重要。

为满足多任务语义通信的需求，学术界已提出多项创新性解决方案。例如，在分类任务方面，文献［70］设计了一种基于多接收器协同优化的新型架构，实现了多个分类任务的并行处理。在图像处理方面，文献［44］开发了一种可同时执行图像检测与分割的联合模型，并在两项任务中均取得了优异的性能表现。面对多模态和多任务语义传输的挑战，文献［45］提出的 U-DeepSC 框架作为首个统一的端到端语义通信系统，不仅支持单一模态数据的多任务处理，还能够有效整合图像、文本和语音等多模态数据，在复杂应用场景中表现出优异的适应能力和处理能力。

多任务多模态语义通信系统的研究正不断深化，以应对日益增长的复杂和多样化的数据处理需求。这些系统的设计和优化专注于提高传输效率、降低能耗，并提高任务执行的准确性，为智能通信和数据处理的未来发展打下坚实的基础。

3.1.2 系统设计

多任务多模态语义通信系统的设计理念是构建一个统一的框架，该框架能够支持多种模态数据的语义表示，并能够处理多个语义任务。

以 U-DeepSC（unified deep learning enabled semantic communication systems）为例，该系统采用深度学习技术构建了一个统一的端到端框架，实现了对图像、文本

和语音等多模态数据的高效处理和传输，同时能够自适应地满足不同任务需求。在系统设计上，U-DeepSC 充分考虑了实际通信系统中无线资源受限和信道条件多变等的各种关键挑战，动态特征选择、统一码本、掩码跨注意力机制等技术手段，在保证任务性能的同时，显著降低了传输开销和计算复杂度。图 3-1 为 U-DeepSC 的系统整体框架，T1 ～ T4 表示各种模态的任务。

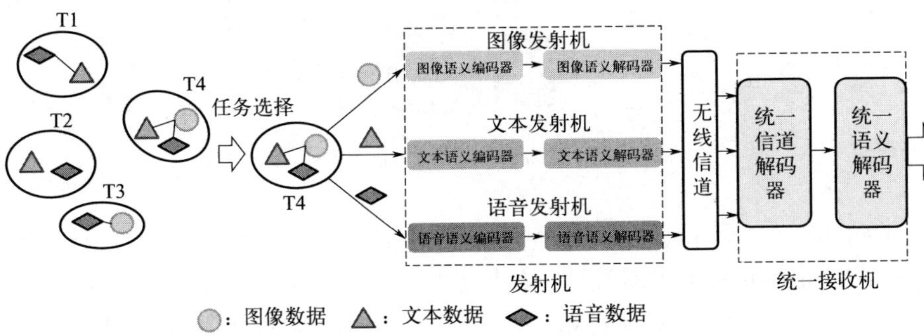

图 3-1　U-DeepSC 系统框架

对于每一种模态（如图像、文本或语音），系统使用任务嵌入向量和任务查询矩阵来指导不同任务的处理。其中，任务嵌入向量作为任务特征表示的可学习参数，在训练过程中进行动态调整，使编码器能够准确识别并提取特定任务所需的语义特征。

在发送端，为每种模态数据（如图像、文本、语音）配置专用但结构统一的语义编码器（如基于 Transformer 架构）。例如，在图像处理中，编码器根据不同的任务（如图像分类、图像重建等）采用不同的任务嵌入向量来自适应地调整特征提取策略，从而实现在同一模态下执行多个任务。在接收端，设计了能处理各种模态数据的统一接收机，统一接收机包含信道解码器和语义解码器，语义解码器部分通过任务特定查询矩阵来确保正确解码对应任务的语义信息。不同任务的查询矩阵为解码器提供了任务相关的上下文信息，帮助解码器在同一模态下处理多任务。

在信息传输过程中，语义编码器负责从输入的多模态数据中提取关键的语义特征，得到的语义特征随后被送入信道编码器，信道编码器能够根据当前的信道条件和任务需求，动态调整需要传输的特征向量的数量。

信道编码器的这种动态调整能力得益于系统中设计的一种特征选择模块（feature selection module，FSM），这个模块通过评估特征向量的重要性，实现了对特征向量的层次性剪枝，即忽略与任务无关的特征向量，只保留与任务相关的重要特征向量，从而在保证关键信息传输的同时，减少不必要的数据传输，提高整体的传输效率。

图 3-2 为动态信道编码器的结构说明。

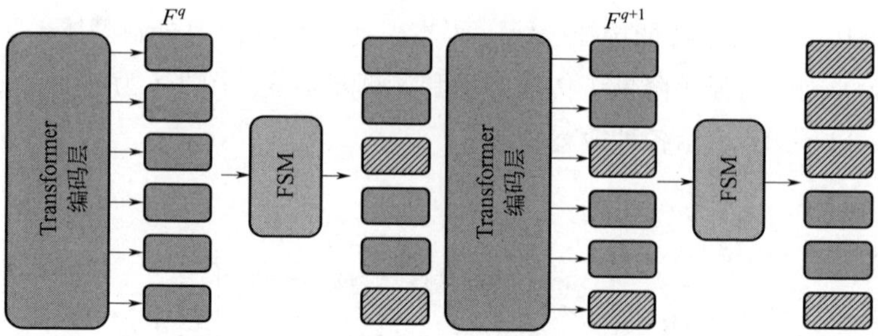

图 3-2 U-DeepSC 的动态信道编码器

如图 3-2 所示，F^q 和 F^{q+1} 均为 Transformer 编码层生成的特征向量。信道编码器基于多层 Transformer 编码器设计，其核心创新点在于通过在各 Transformer 编码层之间插入多个特征选择模块（FSM），实现对特征向量的选择性掩蔽功能。FSM 的工作机制具体为：当编码层输出的特征向量流经过 FSM 时，模块会自动识别并掩蔽其中与任务无关的特征。这种在多层编码过程中分层执行的特征选择策略，本质是将复杂的全局特征筛选问题拆解为一系列简单的局部选择子问题。其核心设计目标在于通过分步筛选的方式，最大限度降低重要特征被误判丢弃的概率，从而保障特征向量的有效性与任务适配性。

为了进一步降低传输开销，U-DeepSC 引入了“统一码本”的概念。码本（codebook）是一组用于编码和解码的符号集合，相当于一个“翻译字典”，用于将传输的信息映射成码本中对应的基向量，即图 3-3 中的 $e_1, e_2, \cdots, e_k$。U-DeepSC 对多模态数据设计了一个统一码本。由于不同模态数据分布存在差异，因此难以在不同模态的数据之间共享码本中的基向量，此外，来自相同数据模态的不同任务的语义信息可能重叠。因此统一码本包含图像、文本、语音模态的三个子码本，这样在一定程度上减小了码本的大小。统一码本用于多任务服务，通过共享部分码本资源，为不同任务的特征向量提供了一种高效的表示方法。这种方法不仅减少了系统的存储需求，而且简化了传输过程，因为只有码本中映射后的索引需要被传输。

在模型的训练上，U-DeepSC 采用了两阶段训练策略。第一阶段联合训练模型的编码器和解码器部分，不包含码本及动态信道编码器的训练过程，旨在使模型初步具备任务特定语义信息的提取能力。第二阶段进行全模型微调，通过引入码本与特征选择模块（FSM）的损失函数，实现模型的全局优化。

目前已经有一些用于单任务的语义通信系统，一种直观的扩展方式是将多个独立语义知识库组合起来，该方案具备一定可行性但存在显著局限：其一，无法捕获任务间的语义关联性，导致相似语义在不同任务中呈现截然不同的表示形式；其二，随着任务数量的增加，知识库的复杂度将呈指数级增长。因此，开发一个统一的语义知识库具有重要意义。上述系统是通过任务嵌入向量来实现多任务处理，以下将介绍另一种多任务统一语义知识库的构建方法。

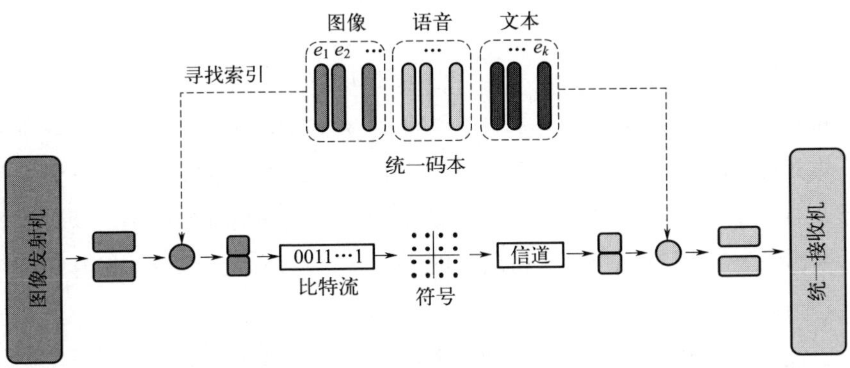

图 3-3 数据传输的统一码本

一种基于统一层次化语义知识库（unified hierarchical semantic knowledge base，UH-SKB）的多任务语义通信系统[71]可以同时处理多种类型的语义任务，如图像重建、分类和分割。该系统采取了深度 *K* 子空间聚类的方法来构建一个统一的语义知识库。与传统的每种任务对应独立的基向量不同，该系统构建了一个层次化的语义知识库。图 3-4 是它的结构示意图。

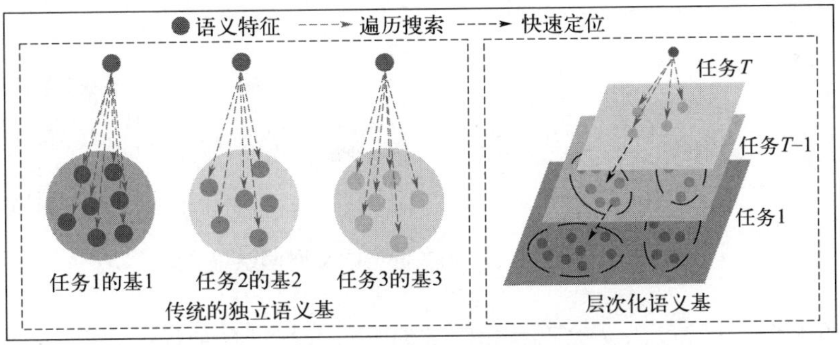

图 3-4 UH-SKB 的层次化结构

系统在执行不同的任务时，对语义信息的丰富程度需求不完全相同，例如在执行图像分类任务时，仅需获取图像中物体类别的核心语义即可，但在执行图像重建任务时，则需要涵盖图像中更多细节信息的语义内容。在这种层次化范式中，底层保留最丰富的语义，而上层根据具体任务需求细化语义。该方法构建该层次化语义知识库的目标是，在水平方向上，利用有限的码本大小最大化表示语义空间；在垂直方向上，捕获不同层之间的内在联系。具体步骤如下。

水平方向上，当两个向量接近正交时，它们在语义空间中的方向差异更大，从而可以表示更多的语义特征，减少语义熵。系统通过近似正交基向量来最大化语义表示空间。

垂直方向上，系统通过深度 K 子空间聚类方法构建语义表示空间，捕捉不同任务层之间的内在联系。该方法基于以下合理假设：高维数据分布于多个低维子空间的并，从而进行了子空间分割，实现聚类。通过该方法，系统在每一层内对语义信息进行聚类[71]，将复杂语义任务的特征映射到较简化的语义空间中。这种聚类方法允许每个语义子空间对应一个更高层次的子空间，从而减少冗余并提升知识库的表示效率。

为了保持层与层之间的联系，UH-SKB 在各层之间建立了语义映射机制。具体而言，每一层的语义空间可以通过聚类中心映射到上层的语义子空间，从而使各任务之间的语义关联得以保留和传递。这种层间关联的设计不仅增强了知识库的语义表达能力，还在任务需求变化时提供了灵活性，使得不同任务能够有效共享底层的语义信息。

除此之外，本节还将介绍另一种多任务语义通信系统模型，该系统中的语义编码器是一个多任务共享的语义编码器，对于各种任务生成通用的、统一的语义表示，而在接收端，系统具有多个针对特定任务的任务解码器。如图 3-5 所示，这是一个用于 NLP 的多任务语义通信系统框架[72]。

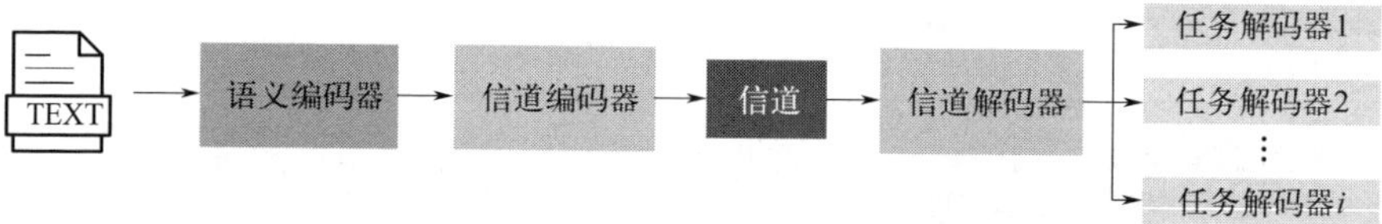

图 3-5　用于 NLP 的多任务语义通信系统框架

具体来说，系统的语义编码器和信道编解码器都是各种任务共享的，任务解码器是根据实际需要执行的任务设置的。这个系统适用于处理文本数据的各种任务，共享的语义编码器的作用是将输入文本转化为一个统一的、任务无关的语义表示。该语义表示被多个任务共同需要，它作为所有下游任务共享的中间表达，不依赖于特定任务，能够捕捉输入文本中的深层语义信息，帮助模型理解文本背后的含义。

该设计使得不同任务在共享语义表示的基础上开展推理，既保证了任务间的语义一致性，又避免了直接干扰。各任务可专注于利用共享表示进行特定维度的信息提取，从而实现多任务处理的高效性与鲁棒性。

任务解码器接收来自共享语义编码器的语义表示，并根据其特定的任务需求对共享表示进行处理。例如在文本分类任务中，解码器会将共享的语义表示映射为类别标签（如“新闻”“体育”等）；在情感分析任务中，解码器会将共享表示映射为情感得分或情感类别（如“积极”“消极”）。

本节介绍了几种多任务多模态语义通信系统的设计方法，针对多模态数据，可以设计针对各种模态的处理模块实现多模态数据处理。而针对多任务传输需求有两种主要设计策略：一种是将各种独立的语义知识库联合起来构造多任务的语义知识库；另一种是设法构造一个统一的语义知识库进行多任务处理，例如文中提到的层次化语义知识库或是对多任务生成通用的向量表示，再由不同的任务解码器进行处理。

3.1.3 多任务多模态语义通信系统性能分析

本小节将分析几种多任务多模态语义通信系统在不同任务和信噪比条件下的性能表现（仿真设置详见文献［45, 71-72］）。仿真结果表明这些系统在传输效率和任务执行效果上相较传统系统具有显著提升，尤其是在低信噪比环境下。

（1）U-DeepSC 的性能表现

U-DeepSC 可以处理多模态数据的多种任务，以图像重建和视觉问答（VQA）任务为例，其中图像重建任务基于 CIFAR-10 数据集，VQA 基于 VQAv2 数据集，在不同 SNR 下测试 U-DeepSC 的性能，评估其在低、中、高 SNR 环境下的适应性。由于图像重建任务需求较高的信道容量，从 −4dB 开始测试。在 AWGN 信道下的峰值信噪比（PSNR）如图 3-6 所示。

如图 3-6 所示，U-DeepSC 在 CIFAR-10 数据集上的图像重建任务中表现出显著的动态适应性（详细结果见文献［45］）。当 SNR=−4dB 时，其 PSNR 为 18.2dB，较任务专用系统 T-DeepSC 低 2.3dB，这一差距主要源于特征选择模块（FSM）的保守策略：在极低信噪比条件下，系统为抵抗信道噪声干扰，主动丢弃了 62% 的高频细节特征（如纹理、局部亮度变化），仅保留最鲁棒的全局语义特征（如物体轮廓）。这种策略虽然牺牲了部分重建质量，但确保了关键语义信息的可靠传输，避免了噪声放大导致的图像失真。随着 SNR 提升至 4dB，信道条件改善使得 FSM 能够逐步增加特征保留率至 78%，此时 PSNR 差距缩小至 0.7dB 以内。这表明 FSM 的动态编码机制能够自适应调整特征提取的粒度：在信道质量较差时优先保障语义完整性，而在信道质量改善时逐步恢复细节信息。值得注意的是，在相同传输开销下，U-DeepSC

在高 SNR（12dB）时的 PSNR 达 30dB，接近 T-DeepSC。这一结果验证了统一码本设计的有效性——尽管其参数量减少 72%，但由于特征选择机制的优化分配，系统在高信噪比下仍能逼近任务专用系统的性能极限。

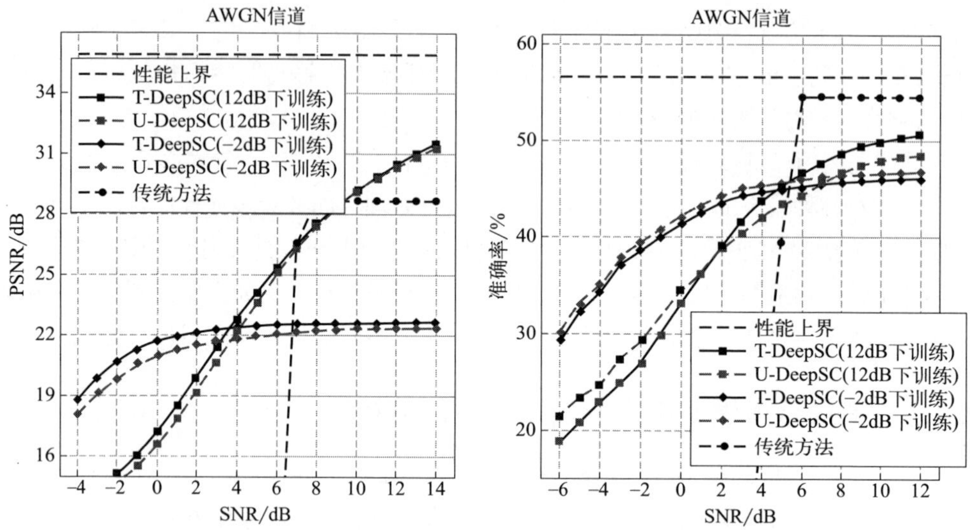

(a) 图像重建任务结果　　(b) 视觉问答任务结果

图 3-6　U-DeepSC 图像重建任务的性能表现

跨模态任务测试进一步显示了系统的协同优势。在视觉问答（VQA）任务中，当图像 SNR 降至 0dB 时，U-DeepSC 通过文本模态的语义补充（如问题关键词与图像特征的联合推理），在两种 SNR 训练下的系统都保持高于任务专用系统的答案准确率。这一现象说明，在信道恶化时，系统能够利用多模态间的语义冗余（例如通过文本描述弥补图像缺失的细节），从而维持任务可靠性。这一特性使其特别适合信道条件动态变化的边缘计算场景。

与传统单任务系统相比，U-DeepSC 在相同计算开销下，多任务综合效能提升 40% 以上（详见文献［45］表 3）。其核心优势在于动态权衡机制：通过 FSM 的智能资源分配，系统避免了单任务系统常见的资源重复计算问题，同时利用语义与感知的联合优化，在信道波动时仍能保持稳定性能。这一设计为 6G 通信中的多模态服务（如实时巡检、紧急搜救）提供了可扩展的解决方案，尤其适用于资源受限但需高鲁棒性的应用场景。

（2）基于 UH-SKB 系统的性能表现

UH-SKB 可以处理图像相关的多种任务，基于 PASCAL VOC 数据集，对图像重建、图像分割、图像分类三种任务分别在 -12 ～ 20dB 信噪比（SNR）范围内进行了系统性能测试，并与独立知识库（Standalone KB）进行了对比分析。仿真结果如图 3-7 所示。

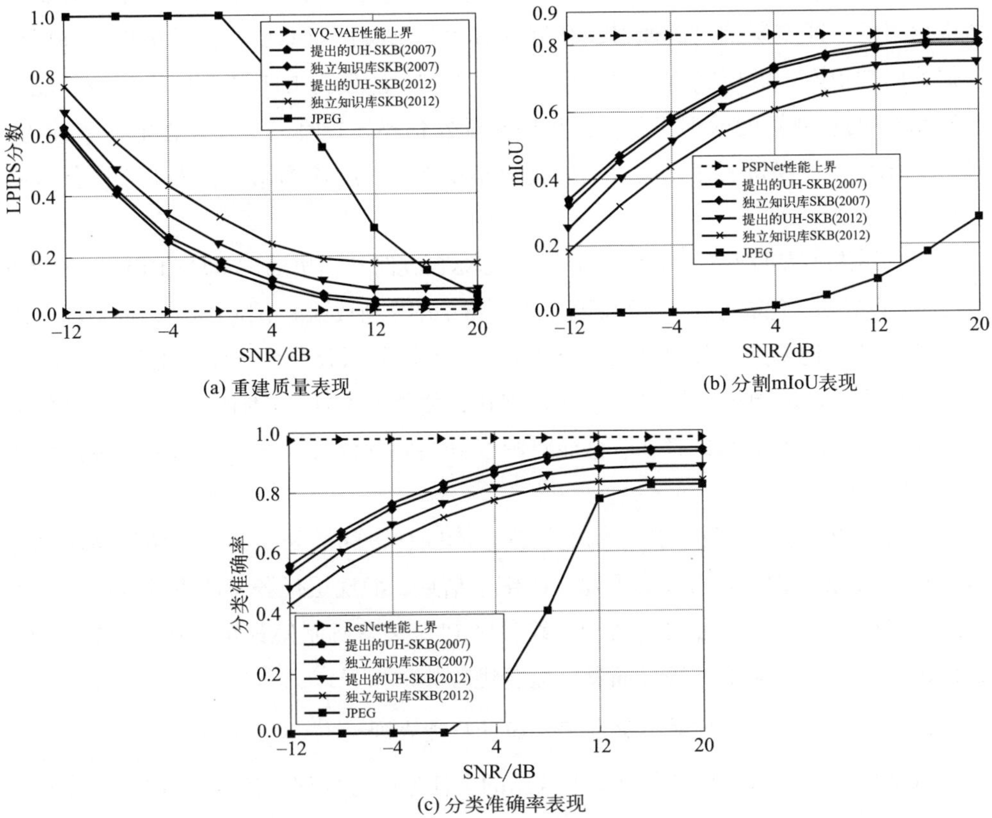

图 3-7　基于 UH-SKB 系统不同任务下的性能表现

仿真结果证明，统一分层语义知识库（UH-SKB）采用层次化结构设计，能够有效挖掘多任务间的语义关联性，在图像分类、分割和重建任务中均表现出显著优势。

任务性能上，在 0dB 低信噪比条件下，针对重建、分割和分类三大核心任务，UH-SKB 相比独立知识库分别实现了 13.4%、14.0% 和 6.3% 的性能提升。在 0dB 低信噪比条件下，UH-SKB 表现出明显的多任务协同优势（仿真结果详见文献［71］）：对于分类任务，其通过分层知识共享机制，使得分类任务能够利用底层重建任务提供的丰富视觉特征，从而增强对噪声干扰的鲁棒性。对于分割任务，UH-SKB 的分层结构能够有效融合全局语义信息和局部细节，从而提升分割精度。而对于重建任务，UH-SKB 的底层编码器能保留精细的像素级信息，还能为高层任务提供更具鲁棒性的语义特征。

在信道的适应性上，即使在 0dB 的强噪声干扰下，其分割任务 mIoU 仍比独立知识库高出 1.5%，分类准确率高出 1.7%，这种稳定性得益于垂直结构中语义知识的结构化组织，即底层编码器通过量化嵌入减少信道噪声对原始特征的破坏，高层任务则利用知识库中的层级语义关系进行纠错推理，这使得 UH-SKB 的多任务性能在低 SNR 下的衰减幅度远小于独立知识库。随着信噪比提升，各任务性能同步改善，但 UH-SKB 始终保持领先，这表明其优势不仅来源于噪声抑制，更得益于跨任务的语义知识共享。

仿真结果还表明（详见文献［71］)，UH-SKB 在跨数据集测试（如 COCO → VOC）中表现出良好的泛化能力：独立知识库的分类准确率在新数据上下降 7.2%，而 UH-SKB 仅下降 3.5%，说明其层次化语义表示能够适应不同数据分布。这种泛化能力的本质，是统一知识库将不同任务的语义单元标准化，使得分类任务的抽象概念、分割任务的区域特征与重建任务的细节信息能够映射到共同的语义空间，从而在新数据中快速建立任务间的关联。

总之，UH-SKB 的层次化结构能够促进不同任务间的知识共享，使得高层任务（如分类）受益于底层任务（如重建）的细节信息，而底层任务又能借助高层语义指导优化特征表示。这种层次化结构和跨任务知识共享机制使其在多任务协同优化、低 SNR 鲁棒性、泛化能力等方面具有显著优势。

（3）用于 NLP 的多任务语义通信系统的性能表现

该系统基于 BERT 架构实现文本数据的多任务联合处理。仿真设置在 AWGN 信道下，对比了传统通信方案（Huffman+LDPC+QAM）和端到端深度学习方案的性能差异，重点分析了情感分类（SST）、语义相似度回归（STSB）和语言可接受性判断（CoLA）三个自然语言处理任务的协同优化效果。仿真结果如图 3-8 所示。

结果显示，在低信噪比（0 ～ 5dB）下，系统相较传统方案存在显著优势，对于 SST 任务，SNR 为 0dB 时，该系统的准确率达 90%，比传统方法（Huffman+LDPC+16QAM）提升超过 30%。这一优势源于 BERT 的双向语义编码能力，其通过预训练提取的上下文特征可有效抵抗信道噪声干扰。对于回归任务（STSB)：Spearman 相关系数在 0dB 时达到 84，远超传统方法（因比特错误导致语义完全失真)。这表明系统能够通过任务共享层保留句子间的语义关联性，而传统方法因依赖比特级重建，低 SNR 时语义信息严重丢失。对于语言可接受性任务（CoLA)：Matthews 相关系数为 55，优于传统方案。表明系统对语法结构的语义编码具有强鲁棒性。同时，在 0 ～ 20dB 范围内，所提系统的性能波动较小，反映出系统良好的信道适应性，在较大 SNR 范围内都具有良好的性能。

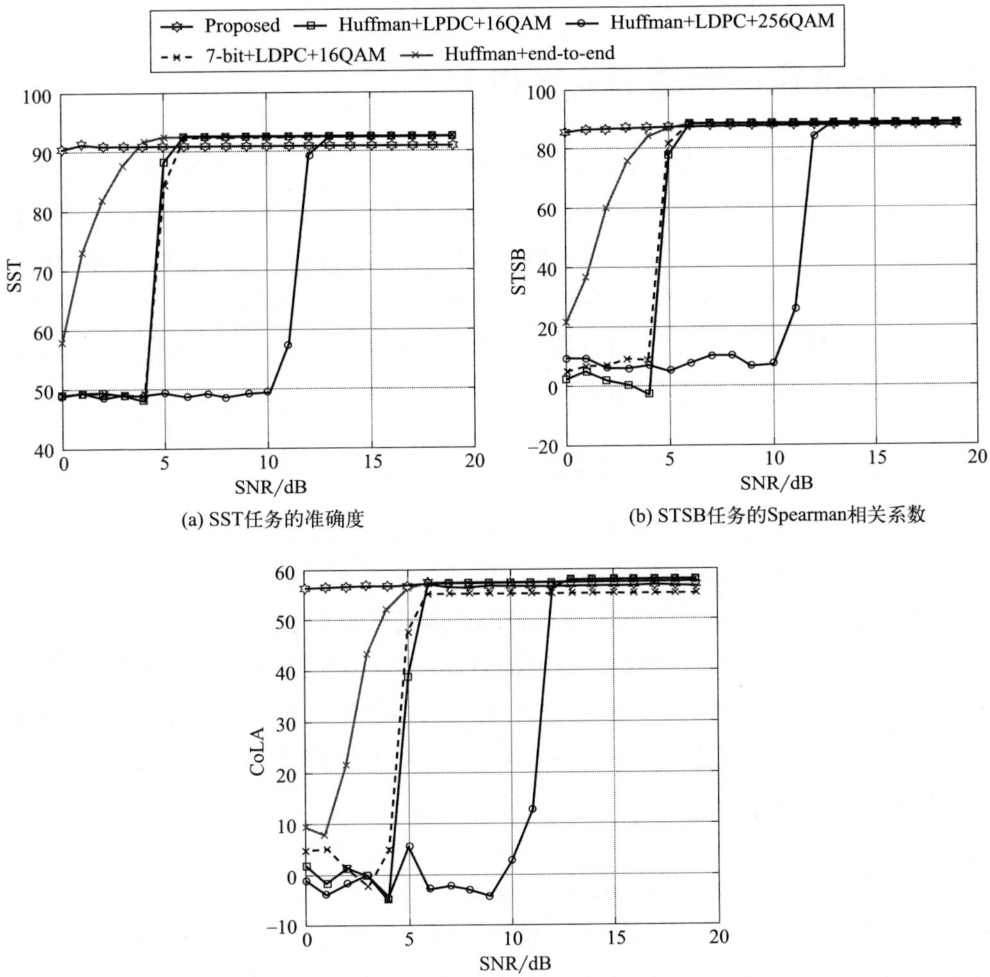

(a) SST任务的准确度

(b) STSB任务的Spearman相关系数

(c) CoLA任务的Matthews相关系数

图 3-8　用于 NLP 的多任务语义通信系统的性能表现

通过共享 BERT 编码层，三项任务共享底层语义特征（如词性、句法结构），而任务专用解码器（task-specific heads）分别优化高层目标。例如，SST 任务利用 STSB 任务学习到的句子关系特征增强情感分类边界，而 CoLA 任务则通过共享的语法特征减少无效符号传输。

结果表明，该系统能够有效执行多种任务，与现有的方法相比，该系统在低

SNR 环境下的性能优于传统方法和端到端方法，显示出更好的鲁棒性。具体来说，当 SNR 低于 5dB 时，传统通信方法在单词层面上会出现错误，而提出的系统能够有效地纠正这些错误，从而在完成 NLP 任务时表现更佳。

3.2 分布式多模态语义通信

随着 6G 网络向万物智联演进，物联网设备的互联性与智能化程度显著提高，使得传统集中式通信架构在支持复杂智能应用时面临瓶颈。多模态语义通信作为一种新兴范式，通过传输并理解语义信息以提升通信效率。然而，海量智能设备的接入对计算能力和带宽资源构成了严峻挑战。因此，分布式多模态语义通信应运而生，它通过多设备协作与边缘计算分担计算负荷，优化语义信息的传输与处理。本节将围绕分布式多模态语义通信的设计目标、关键技术与系统性能展开论述。

3.2.1 分布式多模态语义通信概述

随着通信技术的演进，物联网（IoT）设备间的智能交互日益普及，在无人机系统、车联网、智慧城市等场景中催生了大量应用。这些场景对数据传输的实时性和模型更新的频率要求极高，对无线通信的大规模连接能力与传输效率构成了挑战。多模态语义通信作为一种前沿的无线通信范式，在满足此类高要求场景中展现出巨大潜力。然而，多模态语义通信的实现面临着终端计算能力受限、模型训练数据量大等挑战。分布式多模态语义通信为此提供了一种高效的解决方案，尤其适用于多智能设备间的协同通信。

分布式多模态语义通信框架如图 3-9 所示，它包含了层次化多模态知识、多模态语义中继架构和边缘智能辅助的分布式语义通信[73]。在语义通信范式下，分布式多模态语义通信系统通过多模态语义中继架构与分布式训练等关键技术促进多模态信息传输。层次化多模态知识包括多尺度多模态特征提取和异构多模态图，用于建立多模态数据对语义信息的全尺度感知。多模态语义中继架构利用多模态语义信息的相关性并在中继节点补充语义知识，以提升语义通信在低 SNR 下的鲁棒性和准确性。分布式训练允许终端设备根据自身的带宽、计算与存储资源自适应选择提取本地传输的语义特征表示。例如，终端设备可以根据工作负载和任务贡献对集群内的设备采用资源分配和设备选择策略。此外，边缘服务器还可以优先考虑贡献较高的设备，基于联邦学习发送更新的模型参数，并禁止更新频率较低的设备。

如图 3-10 所示，分布式语义通信结构可以结合以下几类关键技术实现：语义对齐和补充、多模态语义中继方案、分布式自适应工作负载优化和分布式联邦学习（federated learning，FL）推理。不同模态之间全局和局部的语义特征具有一定的相关性，因此，可以对多模态数据进行多模态特征提取和多模态知识聚合，来对齐和补充缺失模态的语义信息。以智慧医疗为例，CT 图像与病理报告的多模态对齐可提升诊断效率。在实际通信中，发射器与接收器共享的语义背景知识往往存在差异。同时，在恶劣的通信环境中，多模态信息也很难可靠地传输到接收机。在存储丰富背景知识的中继节点利用多模态语义相关性对语义进行补充和加强，可以减轻无线信道和语义噪声的影响，从而提高任务性能。考虑到分布式训练在实际应用中面临诸多限制，如应用场景多样、终端计算能力不足、数据隐私风险及通信延迟等，系统可设计为仅传输满足资源与延迟约束的轻量级多模态语义特征，并借助语义中继和边缘智能实现高效通信。

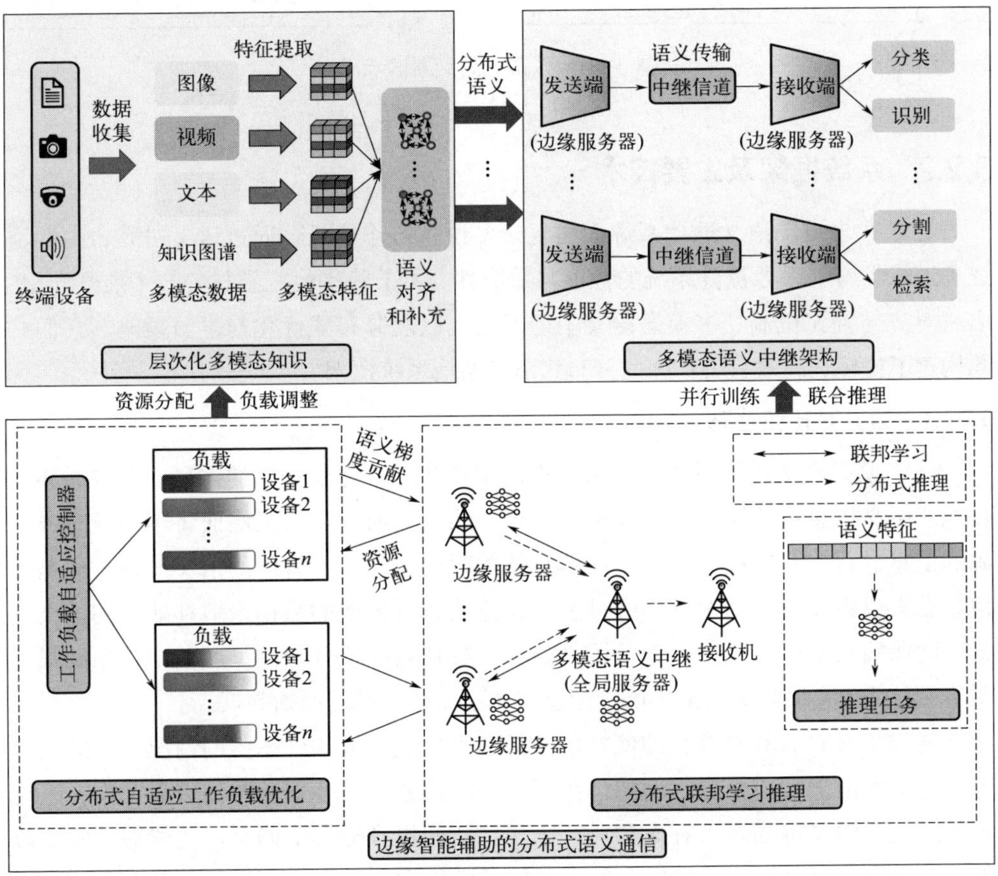

图 3-9　分布式多模态语义通信框架

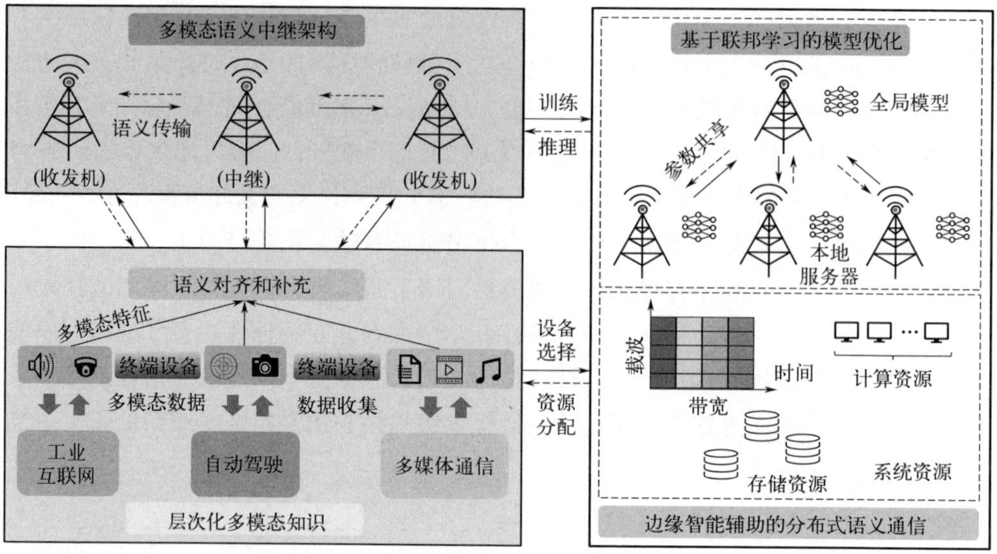

图 3-10　分布式语义通信技术

3.2.2　系统框架及主要技术

分布式多模态语义通信系统面向复杂多设备协作场景，通过语义对齐、中继增强和边缘学习等手段提升系统的性能与适应性。本节将围绕三类核心技术展开介绍：语义对齐与补充机制、多模态语义中继架构，以及分布式优化与学习策略。它们共同构建了鲁棒、高效且可扩展的分布式语义通信系统框架。

3.2.2.1　语义对齐和补充

在多模态语义通信系统中，由于不同用户或任务背景知识的差异，传输端和接收端的语义信息可能不一致，导致语义噪声问题。通过在语义层面将不同模态或来源的信息进行关联匹配，有助于在信息传输时形成统一、有效的语义表达。或是在信息丢失或不完整的情况下，通过引入其他模态或来源的数据来填补缺失的语义信息，确保接收端可以获取完整的语义内容。特别是在任务导向型通信中，系统只需要传递与任务直接相关的最小语义信息，而不需要完整的原始数据。

通过语义对齐和补充，即使在信息部分丢失或传输条件恶劣的情况下，通信系统仍能确保准确完成任务。例如，在图像分类任务中，若部分图像数据丢失，系统可通过关联的文本描述来补充和对齐语义，从而提升分类准确率。还能够消除或降低传输过程中语义噪声的影响，使得传输的数据在语义层面上更加一致和准确，在恶劣的信道条件下（如低 SNR 或信道衰落）保持较高的鲁棒性。

在技术上，多模态通信系统中，不同模态之间的信息具有语义关联，因此可以通过深度学习模型（如 Transformer、CNN 等）提取各个模态的语义特征，并通过图神经网络（如多模态图注意力网络 Multi-GAT）来对齐这些语义信息。

以一个分布式面向任务的通信网络（distributed task-oriented communication networks，DTCN）[73] 为例，语义对齐和补充的第一步是提取多模态数据中的特征。对于图像模态数据，可以使用 ViT（vision transformer）将输入图像分割成多个块，然后通过 Transformer 块生成特征表示。对于文本模态数据，可以使用 BERT（bidirectional encoder representations from transformer）利用无标注文本进行深度表征预训练，并提取上下文相关特征。

提取多模态特征后，系统需进一步聚合这些特征以获得更深层次的时空表征。这一过程通常通过构建异构图（heterogeneous graph）来实现。异构图是一种可以包含多种类型节点和边的图，用于整合来自不同视角的互补多模态信息。在异构图中，节点代表实体，边代表实体之间的关系。在此基础上可以构建视觉场景图、语义图和知识图谱（knowledge graph，KG）来对多模态特征进行编码。

对于图像和视频，场景图是根据对象的上下文信息构建的，包括视觉对象、它们之间的空间关系和从属关系等。此外，从文本数据和其他模态获得的信息可以提供额外的语义信息。语义图是通过建立多模态数据中多个对象和语义信息之间的关联构建的。知识图谱能提供边信息和语义关联，从而提高任务性能。

3.2.2.2 语义中继架构

语义中继是一种通过中继节点处理并转发语义信息的机制，旨在提升语义通信系统的效率与准确性。它通过在通信链路中引入中继节点，来对信号进行处理、增强和补充，从而确保信息传达的准确性和有效性。

语义中继架构主要解决以下几个问题。

① 信道衰落：通过放大和转发信号，语义中继可以有效补偿由于信道条件恶劣（如信号衰落）导致的信号损失，提高通信的稳定性。

② 知识背景不匹配：在不同的发送端和接收端之间，由于各自的知识背景不同，可能导致信息传递不准确。通过共享知识背景，系统能够在解码时补充必要的语义信息，从而降低语义噪声和误差。

③ 任务导向通信中的信息损失：在多模态任务中，信息可能会由于传输过程中丢失而导致任务执行失败。语义中继通过补充缺失的语义信息，确保即使在数据不完整的情况下也能完成任务。

例如，文献［74］提出的智能语义中继辅助的语义通信系统就采用了这种语义中继架构。

如图 3-11 所示，该系统的中继节点与传统中继类似，支持两种工作模式：AF（amplify and forward）模式和 DF（decode and forward）模式。在知识背景差异较小的情况下，中继节点对接收到的信号进行放大并转发，补偿信号损失，提高信道的传输质量；在知识背景差异较大的情况下，中继节点不仅放大信号，还可以对信号重新解码编码，并结合额外的语义信息进行转发。

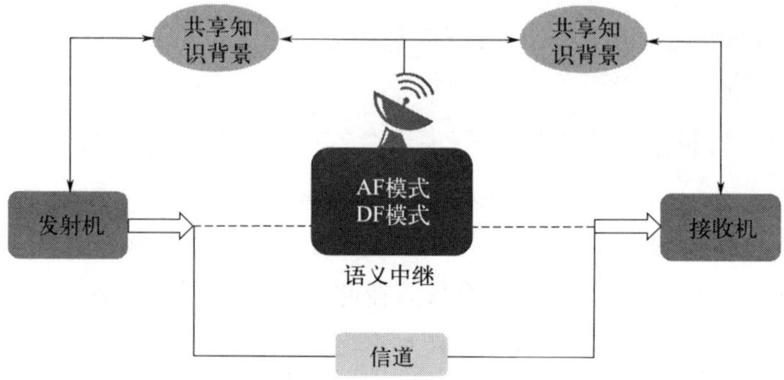

图 3-11 智能语义中继系统架构

此外，还可由边缘服务器充当中继节点，引入互补的其他模态语义信息和额外的知识，帮助终端精确刻画样本特性，提升语义通信的有效性。具体设计可参见图 3-12 展示的 DTCN[73] 的语义中继架构。该架构由发射机、多模态语义中继节点与接收机三部分构成。系统的运行流程如下：

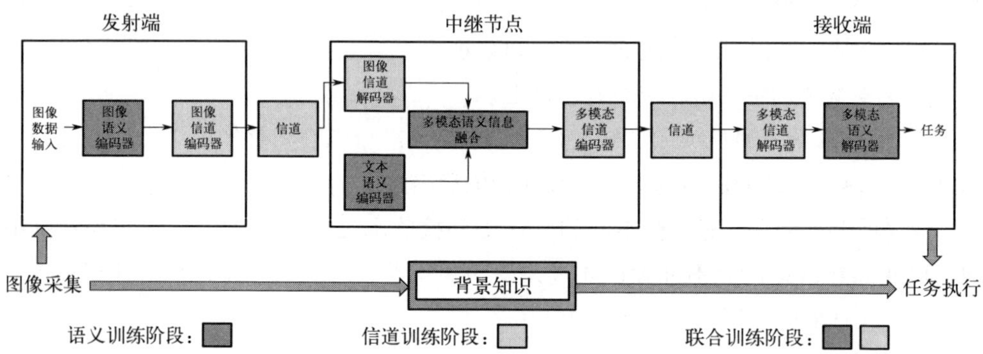

图 3-12 多模态语义中继架构

发射机对输入的图像数据进行标准化预处理，并由可配置的图像语义编码器提取单模态语义特征。这些特征经信道编码器调制为传输符号后，被发送至中继节点。

中继节点作为架构核心，由以下四个功能模块组成。

① 图像信道解码器：基于多层感知机（MLP）构建，负责解调并重构来自源节点的图像语义特征。

② 文本语义编码器：采用 BERT 与 Bi-LSTM 的级联架构，用于从辅助文本模态中提取深度语义特征。

③ 多模态特征融合模块：通过注意力机制对图像与文本特征进行动态加权，以实现跨模态语义的互补与增强。

④ 多模态信道编码器：将融合后的高阶语义向量重新调制为传输符号。

接收机采用多模态信道解码器将接收到的符号恢复为多模态语义特征，并根据特定任务需求进行最终的语义解码与内容恢复。

综上所述，语义中继架构通常部署多个中继节点（如智能语义中继），这些节点可由边缘计算设备或专用网络节点充当。此外，该架构可通过融合多模态信息（如图像与文本）或共享收发双方的背景知识增强传输的语义内容。通过提取和整合不同模态的特征，中继能够在数据缺失时提供更丰富的语义补充。为进一步提升计算效率并保护用户隐私，语义中继架构可与联邦学习等技术相结合，使得各个节点在不传输原始数据的情况下，协同训练模型，从而提升整体系统的性能。

3.2.2.3 分布式优化和学习

分布式优化和学习是指在多个计算节点上同时进行数据处理和模型训练的技术，通常包括数据并行和模型并行两种方式，旨在提升计算效率、缩短训练时间，并充分利用分散在不同位置的资源。相较于传统的集中式学习，分布式方法能够更高效地处理大规模数据集与复杂模型，并在数据隐私保护和带宽受限的场景中展现出独特优势。

联邦学习（FL）是分布式学习的一种重要范式，其核心在于保护数据隐私。在 FL 框架下，各参与方（如移动设备或边缘计算节点）利用本地数据进行模型训练，仅向中央服务器上传模型参数更新，而非原始数据。服务器聚合这些更新以优化全局模型。因此，与一般分布式学习相比，FL 更加强调在保证数据隐私的前提下实现模型协同训练。

在联邦学习中，模型的训练过程一般遵循以下步骤。

① 初始化：选择一个或多个客户端，初始化一个全局模型。

② 本地训练：每个客户端使用自己本地的数据对模型进行训练。这个过程通常涉及优化算法，如梯度下降，来最小化本地数据上的损失函数。

③ 模型更新：客户端将更新后的模型参数（如权重和偏差）发送回中心服务器。

④ 聚合：中心服务器聚合所有客户端发送的模型更新。这个过程可能涉及平均（averaging）或其他更复杂的聚合策略，确保模型的一致性和性能。

⑤ 全局模型更新：聚合后的模型更新被用来更新全局模型，然后这个更新后的全局模型被发送回所有客户端。

⑥ 迭代：重复步骤②～⑤，直到模型达到满意的性能或达到预定的迭代次数。

图 3-13 展示了基于联邦学习参数共享的分布式训练架构。在该系统中，多个边缘服务器或设备与中央服务器协同优化模型参数，从而提升训练效率。在处理来自设备的多个局部边缘服务器收集的非独立同分布数据时，可以应用对偶方法和二次近似技术提取独立、可学习的任务特征。接着，每个边缘服务器或设备基于其收集的数据训练本地模型，并将模型参数更新上传至中心服务器。中心服务器负责计算所有局部模型参数的加权平均值，形成新的全局模型参数，并将其分发回各边缘节点。边缘与中心服务器通过此种方式交替更新，直至模型性能收敛至预设标准。

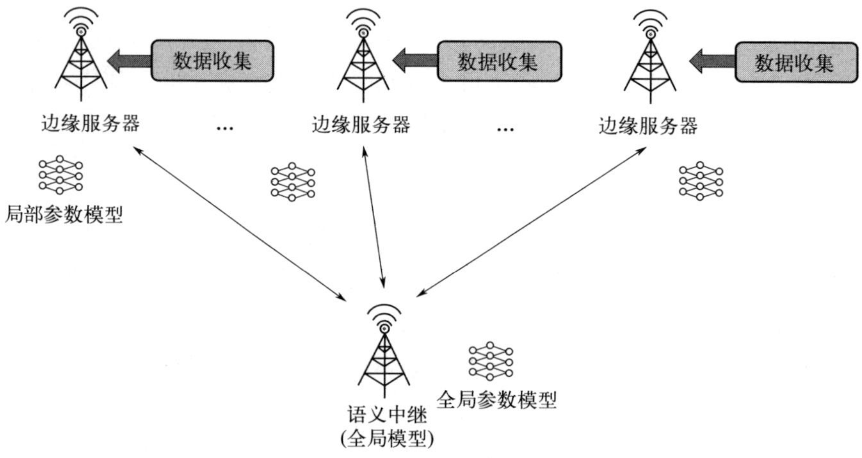

图 3-13　基于联邦学习参数共享的分布式训练示意图

联邦学习通过仅共享模型参数而非原始数据，显著降低了通信负担，并加速了模型的收敛过程。此外，由于联邦学习只涉及模型参数的传输，而不涉及原始数据的传输，为用户隐私提供了更高级别的保护。这项技术在多个领域都有应用，包括但不限于医疗保健、金融、物联网（IoT）等。通过这种方式，可以在保护用户隐私的同时，实现数据的智能分析和决策。

分布式学习和优化通过将计算任务分散到多个节点，提高了计算效率和模型的适应性，尤其在处理大规模数据时效果显著。同时由于减少了数据传输量，分布式学习优化尤其适合网络带宽有限的场景。通过跨多个设备的学习，模型能够更好地适应多样化的数据分布。联邦学习作为其中一种形式，更加强调数据隐私和安全性。通过高效的参数更新、资源分配和通信策略，分布式学习能够在多个领域内发挥重要作用。

3.2.3 分布式多模态语义通信系统性能分析

本节将分析分布式多模态语义通信系统在多种场景下的性能表现。重点围绕分布式任务导向通信网络（DTCN）的分类准确性、智能语义中继架构在知识背景失配条件下的性能优势，以及分布式优化与联邦学习技术对系统性能的增益。基于文献［73-74］的仿真结果，本节将论证该类系统在复杂环境中相较于传统通信方式所具备的传输效率与鲁棒性优势。

（1）分布式任务导向通信网络（DTCN）

DTCN 通过多模态语义中继与边缘智能的协同优化，在 AWGN 信道下实现了高鲁棒性的多模态分类任务。该仿真基于 UPMC Food-101 数据集，并与多种基线方案（包括单模态图像传输方案 JSCC-I、DIB-VFE-I 及纯文本方案 JSCC-T）进行对比，旨在验证 DTCN 在低信噪比（SNR）环境下的语义补偿能力与模态缺失容错性。仿真结果如图 3-14 所示。

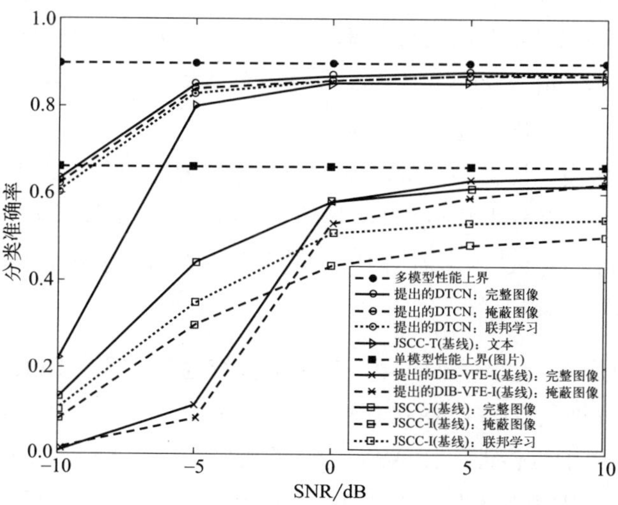

图 3-14　DTCN 分类准确率

DTCN 在多模态分类任务中的分类准确率显著高于传统单模态方法。在 SNR ≥ 0dB 时，DTCN 的分类准确率接近多模态上限，而在 SNR 较低时，如

SNR=-10dB，系统仍能实现较高的准确率，表明 DTCN 在低 SNR 环境下具有较好的鲁棒性。显示了语义中继在提升性能方面的显著作用。

在 SNR 为 -10dB 的低信噪比场景下，DTCN 的分类准确率可达 62%，显著优于各单模态方案。该优势主要得益于语义中继的动态特征融合机制：当图像模态因信道噪声严重退化时，中继节点能够利用关联的文本模态（如食谱描述中的关键成分）补充判别性语义信息，例如将模糊的“蛋糕”图像与文本中的“奶油”“草莓”等特征关联，显著提升分类置信度。即使在高信噪比（SNR=10dB）下，DTCN 仍保持 89% 的准确率，接近多模态性能上界，而单模态方案因缺乏跨模态关联难以突破语义瓶颈。

为模拟极端信道条件下的模态信息缺失，仿真通过随机掩蔽部分图像像素进行测试。结果显示，在 SNR 为 10dB 时，DTCN 的准确率仅下降 2.3%，显著优于 JSCC-I（下降 11.9%）和 DIB-VFE-I（下降 4.3%）。这是由于 DTCN 的核心抗噪机制：知识图谱（KG）引导的语义修复和多尺度特征对齐。中继利用预构建的食物知识图谱（如“汉堡→面包 + 肉饼 + 生菜”）推理缺失区域，减少对完整图像的依赖；通过图注意力网络（Multi-GAT）融合局部与全局特征，即使部分像素丢失，仍能通过文本模态的上下文约束保持语义一致性。

在联邦学习框架下，DTCN 的性能损失仅为 1.8%，远低于传统分布式方案。这主要得益于其采用的分层参数共享策略，即边缘设备仅需训练本地模态特征提取器（如 ViT 图像编码器），而全局服务器聚合跨模态关联模型，既降低设备计算负载，又避免模态间特征混淆。此外，基于 LSTM 的负载均衡算法将高贡献设备的计算延迟优化 55%，进一步提升了边缘协同效率。

DTCN 通过多模态语义中继的动态融合与边缘智能的分布式优化，实现了低信噪比下的强鲁棒性、模态缺失容错和高效的边缘协同。未来可扩展至视频 - 文本等多模态流式数据处理，为 6G 语义通信中的动态资源分配提供新范式。

（2）智能语义中继架构

仿真基于欧洲议会文本数据集，对比了传统通信方案（Huffman+RS/Turbo 编码）及端到端语义通信系统（DeepSC），验证了该系统在低信噪比环境下的语义补偿能力与知识背景失配容错性。在 AWGN 信道条件下，以 NLP 领域常用的 BLEU 分数作为评价指标，以编解码器背景知识差异较大的情况为例，系统在不同 SNR 下的 BLEU 分数如图 3-15 所示。

如图 3-15（a）所示，在知识背景严重失配的条件下，解码转发（DF）模式展现出显著优势，例如当 SNR=10dB 时，DF 模式的 BLEU 得分达 0.80，较 AF 模式和传统 DeepSC 明显提升。其性能增益主要源于 DF 中继具备的语义转换能力——通过独立编解码器将发送端术语动态转换为接收端知识库中的等价表述。针对因知识差异导致的语法错误（如主谓宾错位），DF 模式的注意力机制能自动检测并修正异常语法依赖关系，从而显著提升长句的翻译准确性。

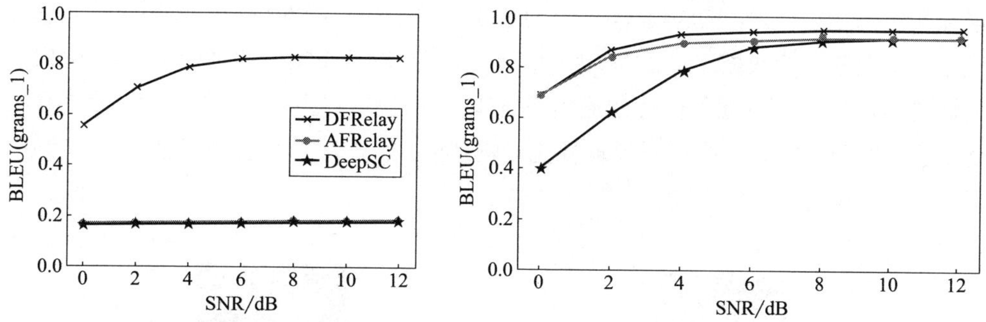

(a) 背景知识差异较大的情况　(b) 背景知识差异较小的情况

图 3-15　智能语义中继架构在背景知识差异较大或较小下的表现

如图 3-15（b）所示，当知识背景差异较小时，AF 模式则成为一种更高效的选择，SNR=0dB 时，AF 模式 BLEU 得分为 0.66，无中继方案得分 0.40，且计算延迟仅增加 15ms（详见文献［74］)。其核心在于信号层面的线性放大有效补偿了信道衰落。此外，文献［74］指出，当知识差异小于 10% 时，AF 模式的功耗仅为 DF 模式的 1/3，这使其尤为适用于能量受限的物联网（IoT）设备。

总之，系统通过 AF（放大转发）和 DF（解码转发）双模式协同，在 AWGN 信道下实现了高鲁棒性的文本语义传输。未来可扩展至多跳中继网络，为 6G 语义通信中的动态环境适配提供新思路。

3.3　鲁棒性多模态语义通信

随着人工智能与通信技术的深度融合，传统通信范式在满足现代社会对高效、精确通信的需求方面已显现瓶颈。多模态语义通信通过融合用户意图与信息内容，突破了传统通信的局限性，为万物智联的实现开辟了新路径。然而，在复杂多变的通信环境中，保障多模态语义通信系统的鲁棒性已成为一项关键挑战。鲁棒性的多模态语义通信系统不仅需要具备强大的抗干扰能力，还要在复杂的通信环境中保持高效、稳定的性能。本节将探讨鲁棒性多模态语义通信系统的设计原则、关键技术及其在实际应用中的表现。

3.3.1 鲁棒性多模态语义通信概述

语义噪声是指影响信息解释的干扰，使得收发端对语义信息的理解出现偏差的信号[75]。此类偏差可源于信息本身的模糊性、传输过程中的物理损伤或收发双方的认知差异等。图 3-16 以“earth”一词的不同解释为例，直观展示了语义噪声的概念。语义噪声的存在会严重影响通信系统的效率与准确性，特别是在多模态语义通信系统中，不同模态的数据（如文本、图像、语音等）对语义噪声的敏感程度各不相同，这就要求设计具备更强鲁棒性的通信系统来应对这些问题。因此鲁棒性多模态语义通信系统需要探究语义噪声对传输性能影响规律，同时采用各种技术消除语义噪声，提高传输系统的语义保真度。

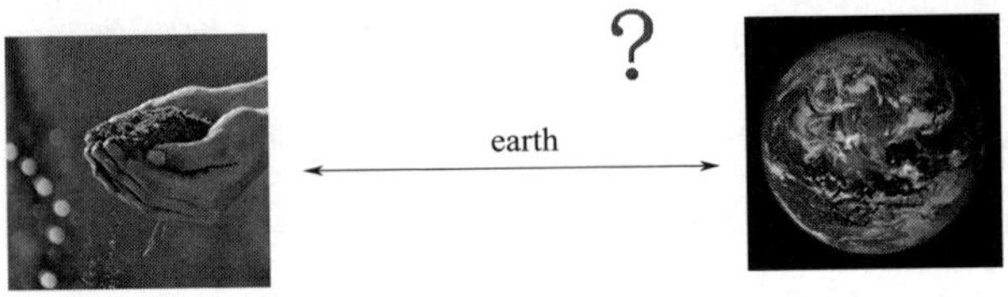

图 3-16 语义噪声说明示意图

实际的通信系统传输的数据往往是多模态的，在不同模态下，语义噪声的影响规律也不相同。因此需要针对特定模态的数据设计相应的鲁棒性语义通信系统。

文本是信息传递的核心载体之一，不仅广泛存在于互联网，也可通过音频 / 视频识别技术由其他模态转化而来。然而，文本在生成与识别阶段均可能引入语义噪声：前者源于作者笔误或自然语言的固有歧义；后者则源于识别算法的不完备性。传统的纠错方法通常作为独立模块，在语义编码之前或解码之后运行，这种分离式处理导致了重复的语义提取，造成计算资源浪费。一种更高效的策略是在语义通信流程中直接处理噪声，从而提升资源利用率。例如，文献［76］中对文本语义通信的语义噪声进行了定义，将文本中的语义噪声分为字面语义噪声和对抗性语义噪声，还设计了一种带有语义纠错器的文本语义通信系统（robust deep learning enabled semantic communication systems，R-DeepSC），系统的架构如图 3-17 所示。

该系统与常见的通信系统的主要区别是在语义编码器和信道编码器之间增加了一个语义纠错器。此外值得注意的是，设计一个鲁棒性的文本语义通信系统面临许多困难。首先，语义噪声在文本中的表现形式非常多样——例如，由人为产生的拼写错误和自动语音识别错误在形式上存在较大差异，因此设计一个统一的、能够消除各类语义噪声的鲁棒语义通信系统存在困难。其次，在加入鲁棒设计后，如何确保语义通信系统的通信速率不受影响，也是一个需要解决的问题。只有解决了这两个难题，才能实现鲁棒的文本语义通信，从而在广义保真度下实现语义信息的协同传输。

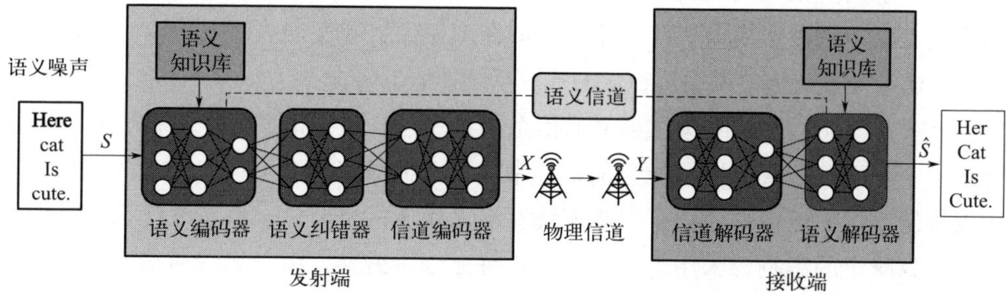

图 3-17　鲁棒文本语义通信系统框图

语音信号中的语义噪声形式更为多样，不仅包含转录文本层面的噪声，还涵盖了语音信号特有的非语义信息干扰，如背景噪声、说话者的音色与情绪等。此外，语音信号数据量大，且易受环境影响，导致原始语义信息失真。这些因素共同增加了构建鲁棒语音语义通信系统的难度。

如图 3-18 所示，为了应对语音语义通信系统中的语义噪声，文献［77］在基于神经网络构建的端到端语音到文字翻译模型中，设计了一种针对受损语音的语义噪声抑制机制。具体来说，该方法首先基于清晰语音序列，设计深度语义编码器，从语音信号中提取深层次的语义特征，实现精确的语音到文字的端到端翻译。为抑制受损语音信号中的语义噪声，该系统设计了深度语义补偿器，用来估计丢失的语义信息并提取与目标语言相关的语义特征。

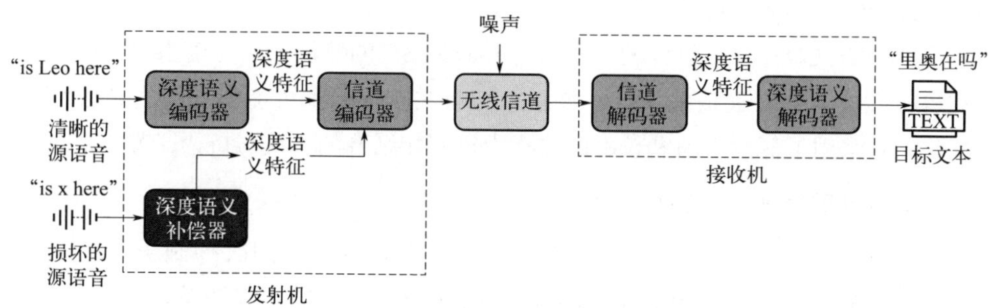

图 3-18　鲁棒语音语义通信系统框图

图像语义噪声主要指在传输过程中，由图像语义符号与接收符号之间的歧义所引发的语义失真，最终导致接收端对图像内容的理解与原始意图不符。此类噪声可产生于语义编码、信道传输及解码等多个阶段。例如，在语义编码阶段，编码信号与原始信号的差异可能导致误解；在传输阶段，信道衰落和恶意攻击者的干扰会引入噪声；解码阶段则可能因误解或错误表示而产生语义噪声。在深度学习背景下，图像语义噪声常被建模为对抗性扰动，即在图像像素中添加人眼难以察觉的微小扰动，以诱导模型产生错误输出，从而造成系统性能下降。

在文献［38］中对图像在语义通信系统传输过程中的语义噪声进行了建模，并设计了一种端到端鲁棒性语义通信系统来对抗这种噪声。该系统建立了两种物理层收发机的语义噪声模型。为了提高系统对语义噪声的鲁棒性，该系统在训练过程中就考虑到噪声的影响，采用了一种对抗训练方法。另外，由于无线通信过程的开放性，接收端也必须考虑到语义噪声问题，因此在设计鲁棒的语义通信系统时，必须充分考虑到各种问题和挑战，确保通信的稳定与可靠。

3.3.2 系统框架及算法介绍

为应对复杂环境中的语义噪声挑战，研究人员设计了多种鲁棒性语义通信系统。本节将重点介绍面向文本、语音、图像三种典型模态的鲁棒系统设计，并阐述其如何分别利用校准注意力机制、语义补偿网络、对抗训练等关键技术来提升抗干扰能力，以确保在多变信道条件下的语义传输稳定性与保真度。

3.3.2.1 鲁棒性文本语义通信

在文本语义通信系统中，除了物理信道噪声（如高斯白噪声）外，系统还必须应对两类主要的语义噪声：字面语义噪声，即由拼写错误或词语歧义引发的语义偏差（例如，“its”与“it' s”的混淆）；以及对抗性语义噪声，即为干扰深度学习模型而人为设计的微小输入扰动。

本小节以文献［76］设计的一个名为 R-DeepSC 的鲁棒语义通信系统为例，具体阐述鲁棒性文本语义通信的设计。该系统针对文本传输中可能出现的语义噪声进行了优化，它采用了深度学习和校准的注意力机制相结合的方法对抗语义噪声。

（1）校准的自注意力机制

在处理文本输入时，系统必须能够聚焦于有效词汇，同时抑制噪声词汇的干扰。鉴于字符级错误可由传统拼写检查机制处理，本节主要关注单词级语义噪声。为应对此挑战，R-DeepSC 模型引入了一种校准型自注意力机制（calibrated self-attention）。该机制通过一个错误检测模块预测每个词汇的错误概率，生成一个置信度矩阵。该矩阵随后用于动态调整各词汇在注意力权重计算中的贡献度，从而使模型构建出对噪声更具鲁棒性的特征表示。

具体来说，首先，系统使用一个检测网络（通常是一个由 GRU 和线性层组成的网络）来预测每个单词是否可能是错误的。这个网络会输出一个错误概率矩阵，表示每个单词是错误单词的概率。接着，基于错误检测网络的输出，系统计算一个校准矩阵。这个矩阵用于调整自注意力机制中的注意力分数，使得模型在处理语义信息时，能够减少对错误单词的关注。在自注意力机制中，模型会计算每个单词对于其他单词的注意力分数。系统借助校准矩阵调整注意力权重，使模型更专注于那些更可能是正确的单词。最后，模型使用调整后的注意力分数来计算最终的语义表示向量。这样，即使文本中存在错误，模型也能更准确地理解和传输语义信息。这项机制使系统在计算语义表示时可以“忽略”错误信息，提高语义提取的准确性。

（2）对抗训练

对抗性语义噪声是一种人为构造的微弱扰动信号，通常通过特定的优化算法（如梯度攻击）生成，旨在干扰深度神经网络（DNN）的语义理解能力。此类噪声能够导致深度学习模型产生错误的预测或语义解析。鉴于 DNNs 往往对输入数据的细微变化高度敏感，对抗性语义噪声对基于深度神经网络的系统构成了显著威胁。为抵御此类威胁（例如，利用微小扰动误导系统理解），R-DeepSC 采用了对抗训练方法。该策略通过模拟攻击来增强模型的鲁棒性，即在训练过程中，模型不仅学习原始的“干净”样本，也学习包含了对抗性扰动的样本。通过这种方式，模型能够学习识别并有效抑制此类噪声的负面影响。

对抗训练的典型流程包含以下步骤。首先，对模型进行常规训练以确保其在正常数据上达到预期性能。随后，生成对抗性样本：针对每个（或批次）输入样本，计算损失函数关于输入的梯度。该梯度指示了为使损失最大化（即增加模型出错概率）所需调整输入的方向。利用此梯度信息，采用诸如快速梯度符号法（FGSM）或快速梯度法（FGM）等方法生成对抗样本。接着，将这些对抗样本纳入训练数据集，继续训练模型。在此阶段，模型参数的更新需同时适应正常样本与对抗样本带来的梯度信息，通过迭代优化过程反复执行以上步骤，直至模型在两类样本上的性能均达到要求。

通过上面的设计，R-DeepSC 系统在抗噪性、语义准确性等方面都优于传统的语义通信模型，特别是在对抗语义噪声的鲁棒性上有显著提升。这种方法将深度学习的语义理解和自注意力机制结合，为高效、可靠的语义通信提供了新的解决方案，在语义通信中实现了更高的准确性和可靠性。

3.3.2.2 鲁棒性语音语义通信

本小节以文献［77］提出的一个名为 Ross-S2T 的鲁棒语音到文本（speech-to-text，

S2T）翻译语义通信系统为例，具体介绍鲁棒性语音语义通信设计。如前文所述，该系统设计了一种针对受损语音的语义噪声抑制机制。以下将详细阐述其具体实现方法。

为了能够处理受损的语音输入并恢复出准确的语义信息，该系统设计了一种生成对抗网络（GAN）驱动的深度语义补偿器。补偿器能够预测丢失的语义信息，并同时生成目标语言的文本语义特征。GAN 框架主要由生成器和判别器两部分组成。

生成器的任务是接收受损的语音信号，并尝试生成接近原始、未受损的语义特征。在结构上，生成器由多层卷积神经网络（CNN）层和 Transformer 模块组成。CNN 层有助于提取局部特征，而 Transformer 模块则有助于捕捉长距离的依赖关系和更复杂的语义信息。生成器的训练目标是欺骗判别器，使其认为生成的语义特征是真实的。这通过最小化生成特征和真实特征之间的差异来实现。

判别器的任务是区分生成器生成的语义特征和真实的语义特征，输入真实深度语义特征和生成器输出的补偿特征，通过 Transformer 模块和 CNN 层提取输入特征的多层次信息，再通过 Softmax 层对输出结果进行二元分类。判别器的训练目标是正确区分输入特征为真实或生成特征。这通过最大化对真实特征的识别率和最小化对生成特征的误识别率来实现。

如图 3-19 所示，深度语义补偿器模块基于生成对抗网络（GAN）的训练策略，通过训练判别器区分真实的语义特征和由深度语义补偿器生成的受损语义特征，再通过调整补偿器，尽量减少两者之间的差距。通过判别器和补偿器的交替训练，最终使得判别器无法识别出补偿器生成的特征与真实语义特征的差异，从而使补偿器能够生成接近真实的语义特征，有效地抑制受损语音信号中的语义噪声。

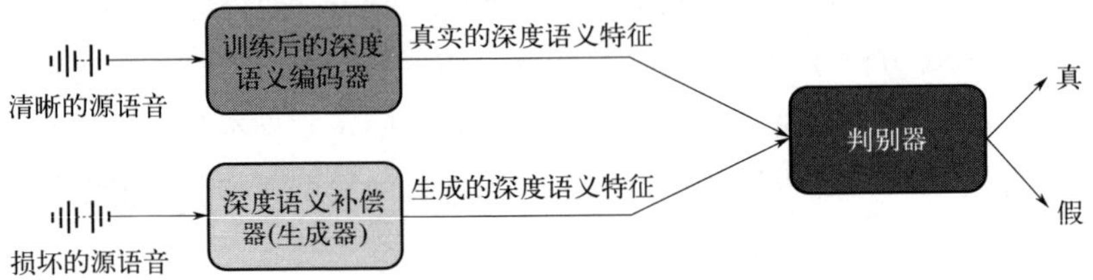

图 3-19　对抗训练过程示意图

在对抗性训练过程中，生成器和判别器相互竞争。生成器试图生成越来越逼真的语义特征，而判别器则努力提高其识别真实和生成特征的能力。这种对抗性训练促使生成器学习如何更准确地补偿受损的语义信息。在实际应用中，深度语义补偿器接收受损的语音信号作为输入，并输出补偿后的语义特征。这些语义特征随后被用于信道编码和解码过程，最终生成目标语言转换后的文本。通过这种设计，深度语义补偿器能够有效地处理各种受损的语音输入，显著提高语音到文本翻译系统在实际环境中的鲁棒性和准确性。

值得一提的是，目前语音语义噪声的研究只具备一些前期技术基础，对于如何分类和量化语音中的语义噪声还存在一些技术瓶颈。另外，如何将语音中的语义噪声与前面提及的文字中的语义噪声相结合，设计统一的鲁棒的语义噪声抑制机制，也是一个需要长期研究的课题。

3.3.2.3 鲁棒性图像语义通信

语义噪声是指在信息传输过程中，接收信息与发送信息在语义层面产生偏差的现象。在图像传输场景下，此类噪声可能源于信道衰落、硬件缺陷或人为恶意干扰。语义噪声的存在极易导致接收端理解错误，无法准确获取发送端的信息。例如，发送端传输了一张表示“狗”的图像，而接收端可能将其误判为“猫”。因此，有效抑制或消除传输中的语义偏差，是构建鲁棒通信系统的关键目标。

本小节以文献［38］设计的一种鲁棒的图像语义通信系统为例，具体介绍鲁棒性图像语义通信设计。该系统核心在于通过三个关键模块协同作用以对抗语义噪声：对抗训练（AT）、掩蔽式向量量化 - 变分自编码器（Masked VQ-VAE）以及特征重要性模块（FIM）。

（1）对抗训练

对抗训练的流程不再赘述，该方法能够帮助模型在高噪声环境中保持较高的传输准确性。实验证明，这一训练方法显著减少了噪声引起的误解，特别是在处理细微的图像语义偏差时展现出较强的鲁棒性。

（2）掩蔽式向量量化 - 变分自编码器（Masked VQ-VAE）

Masked VQ-VAE 是该系统的核心创新模块之一，旨在通过掩蔽图像的非必要区域，减少数据冗余并提高系统的抗噪声能力。该模块分为两部分：掩蔽策略和离散码本设计。

图 3-20 所示是带有 Masked VQ-VAE 的系统框图。在图像传输过程中，Masked VQ-VAE 会将输入图像分为多个小块（或称为“图像块”），该模块在输入图像中随机掩蔽部分区域（通常是噪声高发区域），降低语义噪声的影响。编码器仅对未被掩蔽的图像内容提取特征并进行传输。这种掩蔽操作不仅能有效减少冗余数据传输，还能滤除潜在的噪声区域。具体的掩蔽比例可以根据图像的复杂度和传输需求灵活设置，通常在 50% 左右，从而达到良好的信息保留和冗余剔除平衡。这种方法不仅降低了噪声影响，还减少了冗余信息的传输，大大提高了传输效率。

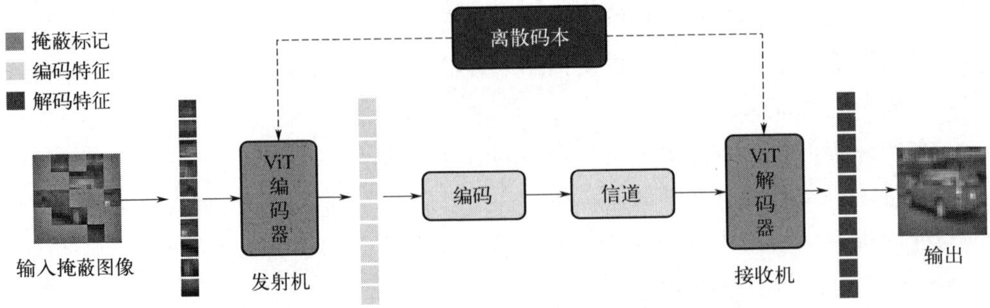

图 3-20　带有离散码本掩蔽 VQ-VAE 的架构

该系统也采用了离散码本设计（即向量量化，vector quantization，VQ），编码器会将图像的主要信息提取出来并转换为一种“索引”，类似于图像信息的“代码”存储在共享的离散码本中。然后，发送端只需要传输这些重要信息的索引，接收端可以通过共享的码本解码图像信息。通过这种方式，系统可以将数据简化到只传输少量的必要信息，减少传输开销从而降低语义噪声的影响。

Masked VQ-VAE 模块在减少传输数据的同时能增强系统的抗噪能力。通过掩蔽和量化操作，系统传输的数据更加聚焦于任务相关的核心特征，从而减少了语义噪声的传播。

（3）特征重要性模块（FIM）

FIM 的设计目的在于动态地识别和强调图像中的重要特征。每幅图像包含许多特征，但并不是所有特征都是传输和理解图片所必需的。FIM 可以学习并判断哪些特征对传输任务的准确性至关重要，屏蔽掉不必要的或可能带有噪声的特征，从而提升整体通信效果。

具体来说，FIM 会分析每个特征的活跃程度（即其重要性），并通过一个辅助神经网络为每个特征赋予不同的权重。权重越大的特征越重要，权重较小的特征则可能是与任务无关或容易受噪声干扰的部分。FIM 通过全局平均池化（global average pooling，GAP）和特定的权重层来实现特征的重要性分配。FIM 还会根据信道的 SNR 动态调整特征的权重分配。在低 SNR 环境下，FIM 会更严格地过滤掉不重要的特征，只保留高贡献度的核心特征进行传输；在高 SNR 环境下，则可以保留更多的特征，以便实现更丰富的信息传输。

FIM 不仅帮助系统减少了无关数据的传输，还显著提高了系统的抗噪能力。通过抑制噪声相关特征，FIM 有效减少了噪声带来的干扰。此外，该模块的自适应设计使系统能够适应多种信道环境，进一步提升了实际应用的稳定性。

本节深入探讨了鲁棒性多模态语义通信系统在提高通信质量和抵抗语义噪声方面的关键技术和设计原则。讨论了针对文本、语音和图像模态的鲁棒性语义通信系统的设计和实现。对于文本模态，R-DeepSC 系统通过校准的自注意力机制和对抗训练，有效抵抗了语义噪声，提高了文本传输的准确性和鲁棒性。在语音模态方面，Ross-S2T 系统采用生成对抗网络（GAN）驱动的深度语义补偿器，预测丢失的语义信息，并生成目标语言的文本语义特征，显著提高了语音到文本翻译系统在实际环境中的鲁棒性和准确性。对于图像模态，通过对抗训练、掩蔽式向量量化 - 变分自编码器（Masked VQ-VAE）和特征重要性模块（FIM），系统能够有效过滤语义噪声，保持图像的语义一致性，并降低图像传输的开销。鲁棒性的语义通信系统不仅需要具备强大的抗干扰能力，还要在复杂的通信环境中保持高效、稳定的性能。

3.3.3 鲁棒性多模态语义通信系统性能分析

本节展示了鲁棒性语义通信系统在应对语义噪声时的优越性能。重点分析了文本、语音和图像模态下的性能表现，例如 R-DeepSC 在低 SNR 下的文本保真度、Ross-S2T 系统在语音翻译中的鲁棒性，以及 Masked VQ-VAE 技术对图像传输效率的提升。其仿真过程可参见文献［38, 76-77］，结果验证了这些设计在语义保真和噪声抑制方面的显著优势。

（1）鲁棒性文本语义通信

R-DeepSC 采用了深度学习和校准的注意力机制相结合的方法对抗语义噪声，在瑞利衰落信道和 AWGN 信道条件下进行文本传输任务，对不同 SNR 下系统的性能进行测试（仿真设置详见文献［76］），以 BLEU 分数和 BERT 分数作为测试指标，其在不同 SNR 下的得分如图 3-21 所示。

图 3-21（a）展示了在语料库中每句包含 20% 字面错误的情况下，各系统的 BLEU 分数表现。仿真结果表明，当 SNR 低于 12dB 时，基于传统信源信道编码（霍夫曼 +RS）的系统性能在 BLEU 与 BERT 分数上均出现急剧下降。即便 SNR 提升至 18dB，其 BLEU 分数仍与基于深度学习的语义通信方案（如 R-DeepSC、DeepSC）存在显著差距。其根本原因在于，传统系统缺乏语义感知能力，无法纠正语义层面的错误，导致其性能存在上限；而语义通信系统能够通过提取和利用语义信息，在一定程度上修正错误文本，有效缓解传输过程中的语义失真。仿真结果表明，语义通信系统可有效缓解传输过程中的语义失真，且 R-DeepSC 的性能优于其他方法。

此外，图 3-21（b）的仿真结果验证了快速梯度方法（FGM）的有效性：在 BLEU 和 BERT 分数两项指标上，采用 FGM 训练的 DeepSC（即 DeepSC+FGM），在瑞利衰落信道环境下展示出更好的语义保真度。总体来看，当信噪比低于 0dB 时，由于信号失真严重，FGM 难以改善系统性能；但随着信噪比的提高，FGM 能有效改善解码文本的语义保真度。

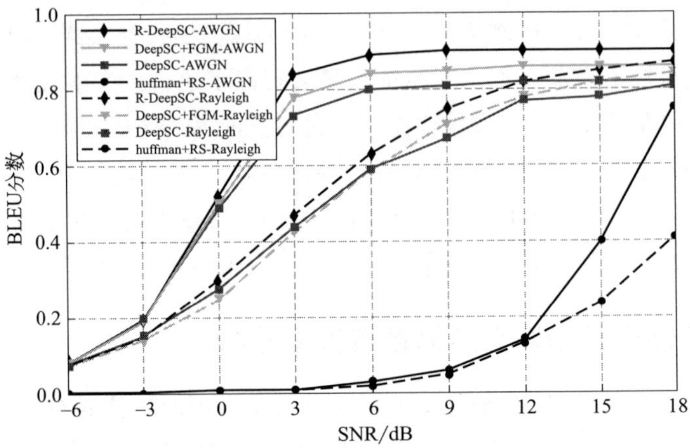

(a) R-DeepSC系统的BLEU分数与SNR的关系

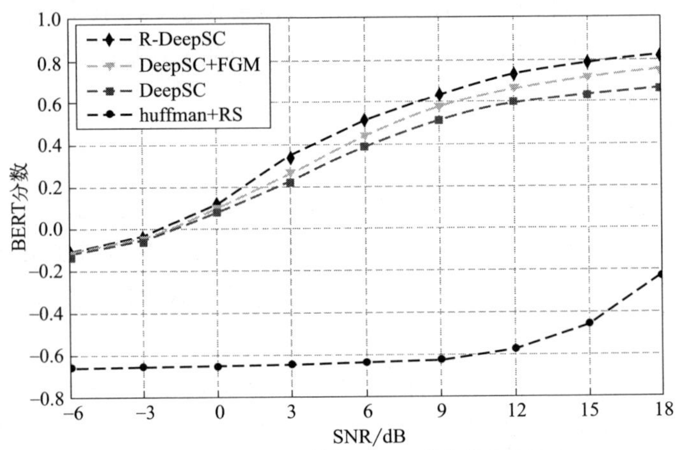

(b) R-DeepSC系统的BERT分数与SNR的关系

图 3-21　R-DeepSC 的 BLEU 分数和 BERT 分数与 SNR 的关系

（2）鲁棒性语音语义通信

Ross-S2T 系统在英译中任务中的性能通过 AWGN 和瑞利衰落信道下的 BLEU 分数进行评估，测试 SNR 范围为 −8 ～ 22dB，采用 CoVoST2 语料库的英文语音样本，并模拟 30% 语音内容被噪声覆盖的场景。仿真对比了 DeepSC-S2T 和传统 AMR+64QAM 方案（仿真设置详见文献［77］），不同 SNR 时的 BLEU 分数如图 3-22 所示。

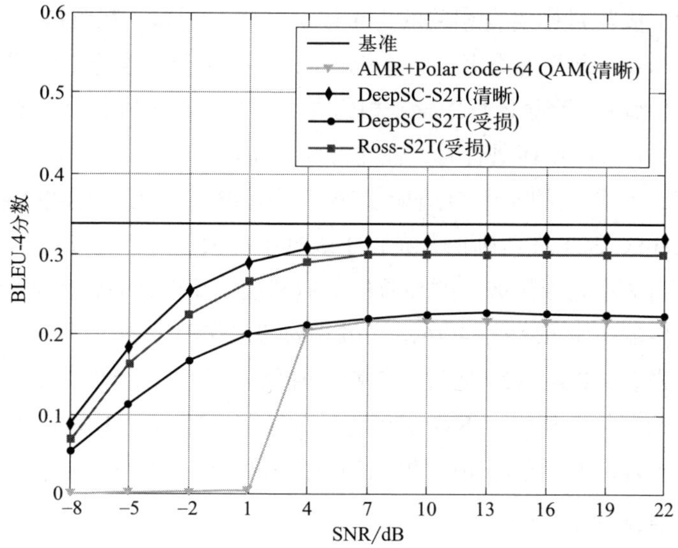

(a) AWGN信道

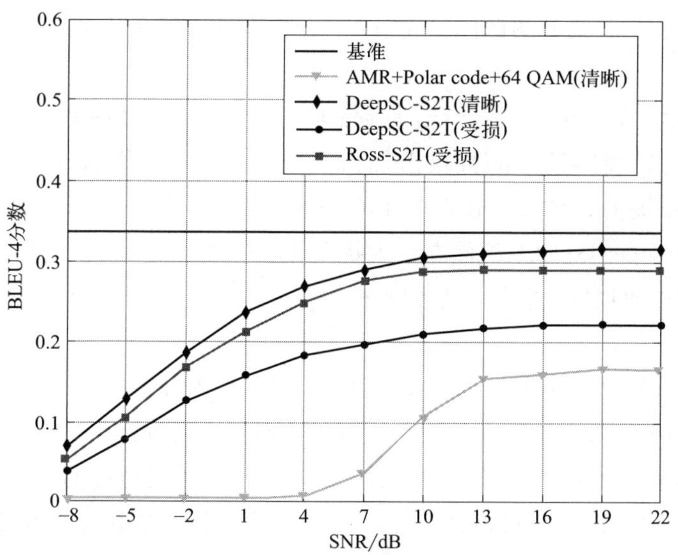

(b) 瑞利信道

图 3-22　Ross-S2T 系统性能表现

如图所示，Ross-S2T 在处理受损语音时的性能显著优于基线模型 DeepSC-S2T，在 4 ～ 22dB 信噪比区间，相比 DeepSC-S2T 提升约 0.06 分，验证了其语义补偿机制在语音受损环境中的鲁棒性。性能优势主要源于系统集成了一个基于 GAN 的深度语义补偿器。该补偿器经过对抗性训练，能够有效预测并恢复受损语音中缺失的语义信息，并直接生成与目标语言相关的文本语义特征。例如，在英译中任务中，即使输入语音“is here”缺失专有名词，系统仍能以较高准确率恢复出“里奥在吗”，而 DeepSC-S2T 仅能输出无意义的片段。相比之下，为清晰语音设计的 DeepSC-S2T 在面对输入信息不完整的损坏语音时，性能大幅下降。

与此同时，与传统的基于自适应多速率（AMR）编码和 64-QAM 调制的通信系统相比，DeepSC-S2T 在清晰语音条件下表现出巨大优势，这证明了端到端语义通信方法在语音到文本翻译任务上的高效性。但其端到端设计对输入完整性高度敏感。而传统比特级传输（如 AMR+64QAM）虽对局部损伤不敏感，但完全无法保证语义准确性。综合来看，Ross-S2T 通过其创新的补偿机制，有效地增强了语义通信系统在恶劣通信环境下的鲁棒性，取得了更优异的性能。Ross-S2T 的突破在于平衡了语义效率与容错能力，为动态环境中的语音翻译提供了可行方案。

（3）鲁棒性图像语义通信

Masked VQ-VAE+FIM+AT 模型通过结合多项创新技术，旨在提升通信系统对抗语义噪声的鲁棒性，提升图像传输效率，其分类准确率随 SNR 的变化情况如图 3-23 所示。

由图 3-23（b）可知，所提出的 Masked VQ-VAE+FIM+AT 在整个语义噪声强度范围内均表现出最强的抗攻击能力，分类准确率显著优于对比方法。随着攻击强度不断提升，传统 JSCC 与 JSCC+AT 的性能下降尤为明显。相比之下，Masked VQ-VAE+FIM+AT 即使在最大扰动（ε=0.032）下仍能保持约 60% 以上的准确率，展现出明显的优势；其去除 FIM 后的方案虽略低，但整体仍优于 JSCC 系列方案。

图 3-23（a）的消融实验结果进一步揭示了模型内部各模块间的协同增益效应。首先，Masked VQ-VAE 自身结构具备良好的鲁棒性，通过掩码策略，有效滤除了部分附着于图像补丁上的语义噪声，显著降低了噪声对关键特征的干扰。其次，对抗训练进一步强化了模型的鲁棒性。在对抗训练过程中通过引入含语义噪声的样本，模型能够在训练阶段学习到如何有效抵御此类噪声的干扰，从而大幅减少了语义噪声对分类准确率的影响。最后，FIM 模块的引入显著优化了特征表达能力。该模块能够动态区分并抑制与任务无关或与噪声相关的特征，使得编码器输出更加专注于对当前任务有用的信息，从而提升了整体模型对抗噪声的适应性。

结合上述分析可以发现，Masked VQ-VAE+FIM+AT 模型在各种复杂语义噪声和信道条件下均展现出优越的鲁棒性和泛化能力，为实际语义通信系统的可靠图像传输提供了坚实的技术支撑。

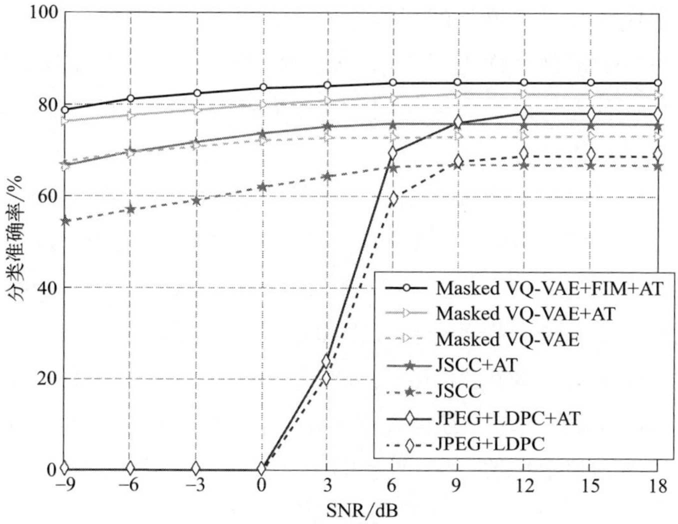

(a) 消融实验

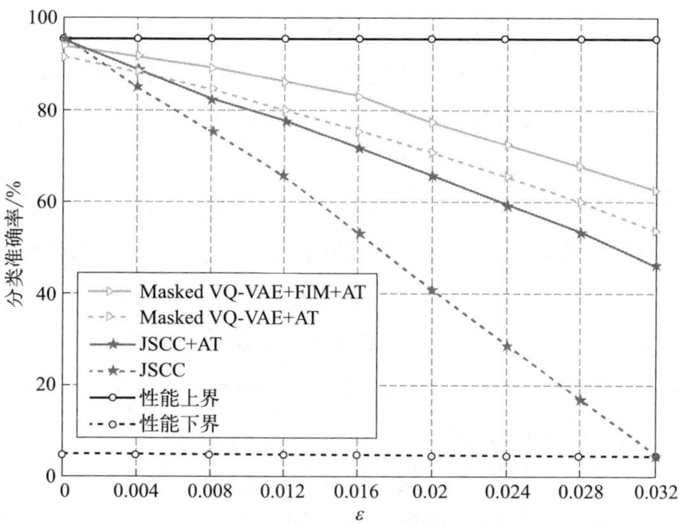

(b) 不同强度语义噪声 ε 下的分类准确率

图 3-23　使用 Masked VQ-VAE 的系统分类准确度

章末小结

本章详细探讨了多模态语义通信系统的设计、实现及其在复杂应用场景中的潜力，着重介绍了多任务、分布式以及鲁棒性多模态语义通信系统的不同架构与核心技术。随着通信技术和人工智能的迅速发展，传统的通信系统已逐渐逼近其物理极限，无法满足现代社会日益增长的智能化通信需求。语义通信作为一种全新的通信范式，能够从信息的语义层面进行数据传输和任务处理，显著提升了带宽利用率和系统效率。尤其在智能交通、自动驾驶、视频会议等多模态和多任务处理的复杂应用场景展现出了巨大潜力。

本章首先介绍了多任务多模态语义通信系统的架构与原理。多模态数据来自图像、文本、语音等不同信息源，尽管模态不同，却具备内在的语义关联性。多任务多模态系统能够同时处理和传输多种模态的数据，并且可以在资源有限的情况下，通过并行处理不同的任务来提升通信效率和任务执行效果。通过结合先进的深度学习技术，系统实现了对图像重建、语义分割、文本分类等多种任务的支持。这种设计不仅减少了冗余数据的传输，还能在低带宽条件下保持高质量的任务执行。

随着物联网和 6G 网络的发展，设备间的互联性越来越强，但这也带来了更高的计算和传输需求。通过引入分布式架构和边缘计算，分布式多模态语义通信系统能够在终端设备和中继节点之间分担计算负荷，提高了系统的扩展性和鲁棒性。通过多模态语义中继节点的语义信息补充和边缘智能协作，系统在低 SNR 等复杂通信环境下依然能够保持较高的任务执行准确性。此外，分布式训练和联邦学习技术的应用进一步增强了系统的资源利用效率，同时在保障用户数据隐私的前提下实现了分布式模型的优化。

鲁棒性多模态语义通信系统也是应对复杂通信环境和语义噪声干扰的关键技术之一。鲁棒性多模态语义通信系统的设计重点在于提高系统在面对语义噪声时的稳定性和准确性。本章介绍了针对文本、语音和图像模态的鲁棒性语义通信系统，如 R-DeepSC、Ross-S2T 和基于 Masked VQ-VAE 的图像语义通信系统。这些系统通过对抗训练、掩蔽式向量量化 - 变分自编码器（Masked VQ-VAE）和特征重要性模块（FIM）等技术，有效抑制了语义噪声，提高了传输质量。

本章通过对多任务、多模态、分布式和鲁棒性语义通信系统的深入分析和探讨，展现了语义通信在未来智能通信中的巨大应用前景。未来的语义通信系统不仅将继续提高通信效率、降低能耗，还将在 6G 及未来网络中通过智能化、分布式和鲁棒性设计推动更广泛的应用落地，支持日益复杂和多样化的通信需求。

AI
6G

6G
Ai
Ai

第 4 章

多模态语义通信中的资源管理

学习目标

- 了解新型多模态语义信息传输衡量指标。
- 了解面向任务的多模态语义通信的智能资源分配方法。

随着多模态语义通信的不断发展进步，传统的通信传输衡量指标已经不适合应用于多模态语义通信中。为了能更准确地衡量多模态语义通信的传输效率，研究者们提出了多种符合多模态语义通信传输特性的衡量指标。此外，由于多模态语义通信在应用中需要完成多样且复杂的任务，研究人员结合新型衡量指标提出了面向任务的多模态语义通信的智能资源分配方法，以解决在多模态语义通信应用过程中的资源分配问题。本章将详细地介绍新型多模态语义信息传输衡量指标以及面向任务的多模态语义通信的智能资源分配方法。

4.1 多模态语义信息传输衡量指标

多模态语义通信网络的核心优势在于深入理解信息内容，其基本理念是在信源端提取并传输消息的语义信息，而非传统通信中所侧重的消息比特流。这种通信方式的核心任务是从各种模态信号中捕捉并传递其试图表达的深层“含义”。鉴于多模态语义通信与传统通信在设计理念上存在根本性差异，两者的信息处理方法和系统优化目标也截然不同。这导致传统通信网络的性能衡量指标（如误比特率、误包率、中断概率）不再完全适用于多模态语义通信网络。例如，传统通信网络的资源分配框架主要集中于最小化上述技术性指标；而多模态语义通信网络则更关注比特流背后承载的多模态语义信息的有效传递，因此需要开发适配语义信息传输需求的新型资源分配框架。在本节中，我们将系统阐述用于衡量多模态语义信息传输性能的关键指标，探讨这些指标如何契合多模态语义通信网络的特性，并分析它们如何指导网络性能优化，最终实现更高效、更准确的信息传递。

4.1.1 多模态语义信息传输衡量指标介绍

传统的通信网络（如 2G、3G、4G）均使用比特率描述数据传输速度，其核心设计目标聚焦于如何准确有效地将符号从发送端传输至接收端，即实现语法通信，追求高传输速率和低误码率。而多模态语义通信网络则通过集成文本、图像、音频等多模态数据与人工智能技术，旨在实现对语义信息（semantic information，SI）的提取、传输和度量；它通过深度理解通信中信息的含义，并利用 AI 技术进行数据预处理，使通信参与者能够仅向接收端发送最相关的信息或直接聚焦于通信任务目标，从而突破传统通信的“香农瓶颈”，显著减轻网络负担。这种深度融合用户需求、应用场景及信息语义的新型网络范式，正成为下一代移动通信的关键发展方向。然而，多模态语义通信网络的语义驱动设计理念与传统语法通信的符号驱动理念存在根本差异，导致基于误比特率、吞吐量等指标的传统信息传输性能评估体系不再适用，无法准确表征其传输性能。为更精准地衡量多模态语义通信系统的效能，研究人员定义了新型的多模态语义信息传输指标，旨在为系统性能测评与优化提供更精确的建议依据。以下详细介绍这些指标。

（1）系统消息吞吐量

多模态语义通信系统的核心关注点在于语义信息的有效传输，而传统通信系统中用于衡量单位时间内成功传输比特数的吞吐量指标，并不能完全准确地评估多模态语义通信的传输效率。因此，研究者们提出了系统消息吞吐量（system throughput in message，STM）[78]这一新的性能指标，专门用于衡量智能语义通信（intelligent semantic communication，ISC）网络中的信息传递效率。STM 关注的是成功传输到语义通信链路中的完整信息量，即在一定时间内成功传输的消息总数，而非单纯的比特率。这一指标更贴合以语义内容为核心的 ISC 网络性能评估需求，能够更准确地反映网络在传输语义信息方面的效率和效果。

在 ISC 网络中，每个移动用户（mobile user，MU）与基站（base station，BS）之间的语义重建需要匹配相应的背景知识，这通过引入辅助知识库（knowledge base，KB）系统来实现。STM 考虑了语义编码和解码过程中的背景知识匹配程度，移动用户与基站的知识匹配的准确性，最终会影响到用户的消息速率 ξ_{ij}。该消息速率是比特率 b_{ij} 通过一个与知识匹配相关的函数 $S_i(\cdot)$ 转换得到的。因此多模态语义通信系统的系统消息吞吐量定义式为

$$TM = \sum_{i \in U}\sum_{j \in B} x_{ij}\xi_{ij} = \sum_{i \in U}\sum_{j \in B} x_{ij}S_i(b_{ij}) \tag{4-1}$$

其中，TM 是整个网络的 STM，表达单位时间内成功传输到语义通信链路的完整信息的总和；x_{ij} 是关联指示器，即如果用户 MU_i 与基站 BS_j 关联，则 $x_{ij}=1$，否则为 0；ξ_{ij} 是用户 MU_i 与基站 BS_j 服务时的消息速率，它是通过将比特率 b_{ij} 转换为消息速率得到的；$S_i(\cdot)$ 是用户 MU_i 在给定信道条件下的比特到消息转换函数，它将比特率转换为消息速率；b_{ij} 是用户 MU_i 由基站 BS_j 服务时的下行比特速率，其转换公式为

$$b_{ij} = n_{ij}\log_2(1+\gamma_{ij}) \tag{4-2}$$

式中，n_{ij} 是由 BS_j 分配给 MU_i 的带宽；γ_{ij} 是 MU_i 从 BS_j 接收到的信噪比加干扰比（signal-to-interference-plus-noise ratio，SINR）。这个系数是一个随机变量，遵循正态分布，其值越大表示匹配程度越高。

STM 作为一个新的多模态语义通信性能指标，为评估和优化 ISC 网络提供了一种新的视角，更加关注于语义信息的有效传输，这对于设计和实现高效的 ISC 网络

具有重要意义。

（2）语义频谱效率

在多模态语义通信中，资源分配策略应该考虑将更多的带宽资源分配给具有更多语义信息的多模态数据智能体，并分配更多的功率资源来传输包含更丰富的语义信息的多模态数据，以保证功率的高效使用。而传统的通信资源分配策略通常不会区分数据的语义信息量，而是更均匀地分配资源，这无法确保多模态通信对资源进行合理分配。

为解决上述问题，语义频谱效率（semantic spectral efficiency，S-SE）[79]这一衡量指标被提出，并以此为基础来优化资源分配，包括信道分配和传输的语义符号数量。S-SE 定义为在单位带宽上成功传输的语义信息量，单位是每秒传输的语义单元数每赫兹（suts/s/Hz），用于衡量在语义通信系统中成功传输语义信息的速率，其定义公式为

$$\phi_{n,m}=\frac{I}{k_n L_n \xi_{n,m}} \tag{4-3}$$

其中，$\phi_{n,m}$ 表示第 n 个用户在第 m 个信道上的语义频谱效率；I 表示句子的语义信息量；k_n 表示第 n 个用户的句子中每个词平均使用的语义符号数量；L_n 表示第 n 个用户的句子长度；$\xi_{n,m}$ 表示第 n 个用户在第 m 个信道上的语义相似度，为语义相似度函数，依赖于支持深度学习的语义通信系统（DeepSC）的神经网络结构和信道条件。

语义频谱效率提供了一种新的视角来评估和优化通信系统，特别是在语义通信领域，它强调了信息的语义内容和传输的语义效率，而不仅仅是物理层面的数据传输速率。这种方法有助于开发更高效、更智能的通信系统，能够更好地理解和处理传输的信息内容。

（3）语义服务质量

传统通信系统的资源分配以语法层传输效率为核心目标，其优化准则聚焦于最小化误比特率、误包率及中断概率等物理层指标，本质是围绕服务质量（quality of service，QoS）构建的传输保障体系，重点关注信道吞吐量、传输时延与符号级可靠性；而多模态语义通信则转向任务驱动的资源分配范式，其核心在于解析比特流背后的跨模态语义价值，需构建兼顾语义非均匀分布特性的新型资源分配框架——该框架需协同优化语义服务质量（semantic QoS）与语义体验质量（semantic QoE），通过差异化分配带宽 / 功率资源，实现语义信息的高保真传输与用户意图的精准满足。

在文献［80］中，提出了一个基于语义熵的近似度量方法，用于量化不同任务

的语义信息，并基于此提出了一个新的质量体验模型 QoE 模型，该模型表达式为

$$QoE_q^b = \sum_{u \in \mathcal{G}_q^b} w_u G_u^{\mathrm{R}} + (1 - w_u) G_u^{\mathrm{A}} = \sum_{u \in \mathcal{G}_q^b} \frac{w_u}{1 + \mathrm{e}^{\beta_u (\varphi_u^{\mathrm{req}} - \varphi_u)}} + \frac{1 - w_u}{1 + \mathrm{e}^{\lambda_u (\xi_u^{\mathrm{req}} - \xi_q^b)}} \tag{4-4}$$

其中，QoE_q^b 表示为第 q 个用户组在第 b 个小区的用户体验质量；w_u 和 $1-w_u$ 为权重参数，分别表示用户 u 对语义速率（G_u^{R}）和语义准确性（G_u^{A}）的重视程度，这些权重反映了用户对消息传输准确性和效率的个人偏好；β_u 和 λ_u 为增长率参数，用于调整语义速率和语义准确性评分的增长速度，这些参数可以根据用户对不同服务质量的敏感度进行调整；φ_u 为用户 u 的语义速率，表示每秒传输的语义信息量；φ_u^{req} 为用户 u 要求的最小语义速率，用于达到其语义速率评分的 50%，是一个阈值参数，确保用户对消息传输速率的基本满意度；ξ_q^b 为用户组的语义准确性，表示为消息传输的准确性或完成任务的正确率；ξ_u^{req} 为用户要求的最小语义准确性，用于达到其语义准确性评分的 50%，是一个阈值参数，确保用户对消息传输准确性的基本满意度。

语义体验质量这一指标能够更全面地评估通信服务的质量。与传统的服务质量（QoS）指标相比，QoE 不仅考虑了技术层面的性能（如响应时间、吞吐量、数据准确性），还包括了社会层面的用户满意度、服务可用性和信誉度等。这种多维度的评价方法使得 QoE 能够综合反映服务的性能、可靠性、效率和用户感知等多个方面，从而提供了一个更全面、更细致的服务评估视角。

（4）任务传输效率

在传统通信系统中，对传输效率的考量主要聚焦于最小化任务完成时间、误比特率及中断概率等关键性能指标，其核心在于优化任务执行速度、响应时间与处理能力。然而，随着多模态数据的激增和复杂任务的兴起，传输效率的评估范式正转向以任务为导向。这一转变强调在任务执行过程中，深入挖掘多模态数据所蕴含的深层次语义信息的价值。因此，亟需提出一种面向任务的通信系统评价指标，用以系统性地衡量并提升任务执行的准确性与效率，以更好地适应新兴应用对通信系统性能的需求。

在文献［81］中作者提出了一种基于深度强化学习（deep reinforcement learning，DRL）的动态资源分配方案，用于面向任务的语义通信网络（task-oriented semantic communication network，TOSCN）。作者首先提出了一种构建背景知识库（background knowledge base，BKB）的方法，用于存储不同信道状态下语义压缩比率与 AI 任务性能之间的关系。语义压缩比是指在语义通信系统中，原始数据经过语义编码和压缩后，传输的数据量与原始数据量之间的比例，其值域为 $[0, 1)$。语义压

缩比决定着通信系统对特征图的筛选操作，该操作由一个阈值控制，其表达式为

$$U(F^i,\eta)=\begin{cases}F^i, \left|\omega_i^c\right| \geqslant \omega_\eta \\ 0, \left|\omega_i^c\right| < \omega_\eta\end{cases} \tag{4-5}$$

其中，$U(\cdot)$ 代表语义压缩操作；F^i 表示第 i 个特征图；ω_i^c 表示第 i 个特征图对于正确分类为类别 c 的重要权重（绝对值越大，代表权重越大）；ω_η 为压缩阈值，由语义压缩比 η 决定。这个公式的含义为：对于给定的语义压缩比 η，系统会计算出一个对应的阈值 ω_η，所有重要性权重绝对值低于此阈值的特征图将被置零（即被压缩 / 丢弃），只有重要性高的特征图会被保留并用于传输。

压缩技术的目的是减少传输的数据量，从而降低对无线通信资源的需求。然而，过高的压缩比可能导致人工智能任务性能下降。这是因为更高的压缩比会显著减少传输的数据量，可能在压缩过程中丢失关键的语义信息。为解决这一问题，作者构建了一个包含多个语义通信用户和边缘服务器的系统模型。在该模型中，每个用户均配备一个缓冲区，用于临时存储待传输的数据包。并且基于语义信息与任务性能之间的关系，创新性地定义了任务传输效率这一指标，用以衡量网络性能。任务传输效率定义公式为

$$v_t=\sum_{j=1}^{J}\sum_{i=1}^{n_j} v_t^{i,j}\times A_t^{i,j} \tag{4-6}$$

其中，v_t 表示时隙 t 的任务传输效率；J 是任务类别的数量；n_j 是执行任务 j 的设备数量；$v_t^{i,j}$ 是用户 $u_{i,j}$ 在时隙 t 实际传输的数据包数量；$A_t^{i,j}$ 是用户 $u_{i,j}$ 在时隙 t 下的分类准确率。

任务传输效率这一指标是衡量通信系统性能的关键，它不仅关注数据传输的速度和准确性，还强调了任务完成的及时性和资源使用的经济性。这一指标综合考虑了任务执行的成功率、所需时间和系统资源的消耗，为通信系统的设计和优化提供了一个全面的评估框架。通过优化任务传输效率，可以显著提升系统的整体性能，降低运营成本，并增强用户体验。

（5）有效语义信息准确率

语义通信作为 6G 无线网络的核心技术之一，旨在通过仅传输与特定任务相关的信息来降低数据流量，从而实现 6G 无线网络的高效运行。它不仅关注语义信息的准确传输，更致力于优化语义信息的压缩与传输方式，以有效支撑下游智能任务。因此，如何设计一个统一的指标，用于同时衡量信息传递的准确性、传输效率以及任务完成质量，成为发展语义通信的关键挑战。

有效语义信息准确率（effective accuracy）[82] 这一新指标可以有效衡量信息传

递的准确性，该指标的定义公式为

$$\gamma_i = P(t_i \leqslant t_0) \times \eta(o_i) \tag{4-7}$$

其中，γ_i 是用户 i 的有效分类准确率；$P(t_i \leqslant t_0)$ 是用户 i 成功传输的概率，即传输延迟小于或等于延迟约束 t_0 的概率；$\eta(o_i)$ 是语义压缩比 o_i 的分类准确率。$P(t_i \leqslant t_0)$ 准确的表达式为

$$P(t_i \leqslant t_0) = 2Q\left[\frac{2a_i(1-o_i)-1}{b_i\delta}\right] \tag{4-8}$$

式中，δ 为信道状态信息的方差，反映了信道增益的不确定性；o_i 为用户 i 的语义压缩比；Q 函数为标准正态分布的尾部概率分布函数，用于计算给定值的尾部概率；a_i 为定义的参数，其表达式为

$$a_i = \frac{d_0}{B_i t_0} \tag{4-9}$$

在 a_i 表达式中，d_0 是初始语义信息数据大小；B_i 是分配给用户 i 的带宽；t_0 是延迟约束。

式（4-8）中的 b_i 为定义的参数，其定义表达式为

$$b_i = \frac{P_i}{N_0 B_i} \tag{4-10}$$

在 b_i 表达式中，P_i 是用户 i 的传输功率；N_0 是噪声功率谱密度；B_i 是分配给用户 i 的带宽。

该指标通过融合语义传输成功率与压缩后智能任务（如分类）准确率，评估语义通信系统中数据传输与任务性能的协同影响。语义传输成功率定义为在给定延迟约束下用户成功传输压缩语义信息的概率，其综合反映了语义压缩、传输延迟及通信资源（带宽、功率）对语义信息可传输性的影响；有效语义信息准确率则由语义传输成功率与压缩后分类准确率的乘积计算得出，通过融合通信传输可靠性与任务执行性能来全面衡量系统综合效能，旨在揭示有限资源下如何优化语义压缩比与资源分配以最大化任务性能。需注意，该准确率直接受制于语义传输成功率：高传输失败率（即低成功率）即使在分类准确率优异的情况下，也将导致整体准确率显著下降；反之，高传输成功率下，若因语义压缩导致分类准确率下降，同样会降低整体准确率。

有效语义信息准确率适用于语义通信系统，特别是人工智能与物联网场景中。这些场景中通信不仅需要传输数据，还需要确保所传输数据能够支持后续的智能处理任务。而有效语义信息准确率指标便能够更准确地衡量系统的数据传输准确率，进而优化系统性能。有效语义信息准确率是一个专为通信系统设计的性能评估指标，

能够更全面地评估语义压缩和资源分配对智能任务性能的影响。

（6）语义传输速率

传统通信系统以语法层传输可靠性为核心目标，其性能指标聚焦于符号 / 比特流的物理层精确传输，无法适配多模态语义通信对跨模态语义信息深度解析与重构的核心需求。因此，亟须建立面向语义内容评价的新型指标体系，用于衡量语义通信过程中的语义内容，以提高多模态语义通信系统中的信息传输效率和智能任务完成质量，从而在资源受限的情况下实现更优的通信性能。

语义传输速率（semantic transmission rate，S-R）[83]是衡量语义通信系统中信息传输效率的一个关键指标，其计算公式如下：

$$R_{e,m}(\delta, W, r_c, t) = \frac{\delta_m D(L_m)}{t_{d,m}} \tag{4-11}$$

其中，$D(L_m)$是原始数据的大小；δ_m是提取率；$t_{d,m}$是设备 m 的语义信息传输持续时间。语义传输速率被定义为每秒有效传输的语义信息单元（semantic units，suts）的数量，即系统中每个用户传输的语义符号所携带的语义信息量。与传统通信系统关注的比特传输速率不同，语义传输速率关注的是单位时间内成功传输的语义信息量。

语义传输速率的优化涉及语义压缩比率和 AI 任务性能之间的权衡。语义压缩比率越高，传输的数据量越少，语义传输速率越高，但可能会导致 AI 任务的性能下降。在设计系统时需要在保证 AI 任务性能的同时，提高语义信息的传输效率。

语义传输速率作为一种革新性通信性能指标，通过深度解析与重构数据的语义信息流，驱动无线通信系统（特别是超可靠低延迟通信场景）实现代际性能跃迁。其本质在于以语义压缩传输替代原始比特流传输，结合跨层资源调度及认知驱动决策（依据语义价值梯度动态分配资源，如工业控制指令优先级高于环境数据），在保障语义保真度的前提下实现三重范式革新：资源效用跃升、智能网络演进与用户体验重构。该指标标志着通信系统从语法传输保真向语义认知赋能的根本性范式迁移，为 6G 智能网络奠定核心度量基准。

4.1.2 指标间的关联性

各指标并非相互独立，而是彼此影响。其中，语义传输速率指单位时间内成功传输的语义数据量，而语义频谱效率则指单位带宽上的语义信息传输效率，二者的核心关系在于：语义频谱效率关注如何在有限带宽内传递更多语义信息，而语义传输速率反映系统的实际语义数据传输能力，具体体现为语义频谱效率等于语义传输速率与信道带宽的比值。因此，提高语义频谱效率能在相同带宽内传输更多语义信息，从而提升语义传输速率。同样地，在带宽不变的情况下，提升语义传输速率也能提高系统的语义频谱效率。值得注意的是，文献［79］中作者通过优化信道分配和每个词的语义符号数（即调整语义传输速率），解决了最大化所有用户总体语义频谱效率的资源分配问题。

语义服务质量（QoS）与语义压缩比相互影响。其中，语义服务质量体现用户对语义信息传输质量的主观评价，而语义压缩比则指在保持语义质量前提下，原始信息被压缩的比例。提高压缩比可提升传输效率，但可能降低传输可靠性，进而损害语义服务质量。因此，设计语义通信系统时，需在压缩比与服务质量间寻求平衡。文献［81］针对此问题，重点研究了如何在考虑语义压缩比的前提下，通过资源分配优化用户体验（QoE），以确保用户在有限网络资源下完成语义任务并满足其用户体验要求。

语义传输速率的改变会影响有效语义信息准确率。其中，有效语义信息准确率表征传输后信息的准确性，语义传输速率则指单位时间内成功传输的有效语义信息量。值得注意的是，提升语义传输速率未必能提高有效语义信息准确率：若速率提升伴随传输错误率增加，准确率反而可能下降。因此，二者需协同优化，在提高速率的同时保障准确率。类似地，语义传输速率与语义服务质量（QoS）也密切相关：理论上，提升速率可减少传输延迟并改善用户感知，从而提升语义 QoS；然而，若速率增加导致错误率显著上升，则可能损害语义 QoS。

语义压缩比与语义传输速率之间存在权衡关系。语义压缩比越高，意味着在相同带宽下传输更多的语义信息，从而提高语义传输速率。但过高的压缩比可能会导致信息丢失，影响语义信息的恢复质量，从而降低有效语义信息准确率。

综合上述讨论，这些性能指标之间存在着密切的联系，对其中一个指标的优化可能会对其他指标产生影响。因此，在设计和优化多模态语义通信系统的过程中，我们必须充分考虑这些指标之间的相互影响，通过合理的权衡与折中，实现系统性能的整体最优化。

4.2 面向任务的多模态语义通信的智能资源分配方法

随着信息技术的飞速发展，多模态语义通信在众多领域的应用日益广泛，如何实现高效、精准的资源分配以满足多模态语义通信任务的复杂需求成为关键挑战。为了满足多模态语义通信任务对资源分配的多样化需求，实现高效、可靠的信息传输与处理，一系列智能资源分配方法应运而生。本节将深入探讨面向多模态语义通信任务的智能资源分配方法，包括无线资源分配以及多维资源联合优化等多个方面，旨在为提升多模态语义通信系统的性能和适应性，以及信息的高效传输与准确理解提供有力支撑。

4.2.1 多模态语义通信资源分配概述

多模态语义通信涉及文本、图像、音频、视频等多种模态信息的交互。多模态语义通信资源是在多模态语义通信场景下，用于承载、传输、处理和融合多种模态语义信息的各种资源的集合。这些资源是保障多模态语义能够准确、高效地从发送端传递到接收端，并被正确理解的基础。多模态语义通信涉及多种资源，不仅包括传统的无线通信资源，还包括计算资源、存储资源以及新兴的语义资源等。

（1）无线通信资源

无线通信资源是指在无线通信系统中，可用于支持数据传输和通信的各种元素和条件，这些资源包括功率、频谱、信道、时间等。无线通信资源的管理与分配在无线系统的设计和运营中起着至关重要的作用，确保了通信的可靠性、效率和质量。在多模态语义通信环境下，这些资源的分配和利用更为复杂。以下将重点介绍几类主要的无线通信资源。

① 功率资源　功率资源既涉及发射设备的功率限制，也与接收设备对信号强度的需求相关。功率资源用于信号的发射，发射功率是发射设备（如基站、手机等）的功率输出，需在合适的范围内，以确保信号能够有效传播，同时避免过度干扰。在多模态语义通信中，发送端需要足够的功率将包含多模态语义信息的信号发送出去，并保证信号能在一定距离和复杂环境条件下被接收端接收。例如，在智能交通系统中的车 - 车通信，为了让车辆能够在较远的距离和复杂的路况（如建筑物遮挡、其他信号干扰）下接收到包含路况语义（如前方事故视频、紧急刹车音频信号）的信息，需要足够的功率来发射这些信号。不同模态信号的功率需求因信号强度、传输距离、干扰环境等因素而异。音频信号相对较弱，可能在较低功率下就能有效传输，但视频信号由于数据量大、对接收质量要求高，可能需要较高的发射功率来保证远距离传输后的图像质量，以便准确识别监控场景中的人物行为等语义内容。发射功率直接影响信号的传播距离和质量。通过动态调整信号的发射功率，可以提高通信质量并减少干扰。因此合理分配功率资源对于保证通信质量、降低干扰以及提高系统的能效都非常重要。

② 信道资源　无线信道是无线通信中信号传输的路径，包括基于物理层的传输

介质，是无线通信中发送端和接收端之间通路的一种形象比喻。在多用户环境中，信道资源的分配尤为重要。信道的特性（如带宽、延迟、干扰）直接影响通信质量。信道资源一般指的是信道带宽资源。信道带宽是限定允许通过该信道的信号下限频率和上限频率之差，即信号在频谱中占用的频宽，可以理解为可用于传输数据的通信信道容量。在无线通信中，带宽越宽，能够传输的数据量越大，数据传输速率越高。在多模态语义通信中，不同模态的数据量和传输要求差异巨大。例如，视频模态因其包含一系列连续的图像帧及对应的音频，通常需要较大的带宽，传输高分辨率视频（如 4K 或 8K 视频）需要大量的带宽来保证视频的帧率、色彩深度等细节，这些细节对于传达场景语义、人物动作语义等非常重要。而文本模态的数据量相对较小，但也需要一定的带宽来确保实时、准确地传输，比如在实时字幕翻译场景中，翻译后的文本内容要和视频、音频同步传输，就需要足够的带宽来实现。在无线通信场景中，信道的选择和配置对于通信质量和性能具有重要影响。合理的信道配置可以减少干扰、提高通信稳定性，并优化网络资源的利用效率。

③ 频谱资源　频谱是指电磁波的频率范围，用于无线通信传输信息。频谱资源即无线电频谱资源，无线电频谱是自然存在的无线电频率的集合，是无线通信最基础、最关键的资源，所有无线电业务的开展都离不开无线电频谱资源。其范围是电磁场产生的波在空间中以不同频率传播的频率集合，3000GHz 以下的频率被称为无线电频谱。频谱资源分为不同的频带，每个频带对应着特定的通信用途和标准。例如，700MHz、900MHz、1800MHz 等频段被广泛用于移动通信。不同频段的频谱具有不同的传播特性。低频段传播距离远、穿透能力强，但带宽相对较窄，适合用于广域覆盖和对数据速率要求不高的应用场景，如物联网中的一些传感器网络，可利用低频段信号穿透建筑物等障碍物，实现远距离的低速率数据传输，传递简单的环境监测等语义信息。高频段带宽较宽，能支持高速数据传输，但传播距离短、穿透能力弱，适用于短距离高速通信，如 5G 毫米波通信，可用于传输高清视频等大流量多模态语义信息，满足对带宽要求极高的应用场景，但需要更多的基站部署来保证覆盖范围。频谱资源的管理和分配非常重要，因为有限的频谱会因为多种设备的需求而变得日益紧张。

④ 时间资源　在无线通信中，时间也是一种宝贵的资源。通过时分复用等技术，可以在不同的时间段内分配和使用无线通信资源，从而提高资源的利用效率。在时分复用的通信系统中，时间被分割成不同的时隙，每个时隙可以被看作是一种时间资源。不同的终端在不同的时隙使用信道，谁拥有更多的时隙，谁就拥有更大的二进制比特发送的带宽，也就能够传输更多的数据。无线系统需要确保用户设备与基站之间的时间同步，以有效利用时间资源。无线通信中的时间资源在多模态语

义通信中具有不可或缺的地位。时分复用技术为多模态语义信息的传输提供了有效的时间资源分配方式，通过合理分配时隙，满足了不同模态信息对带宽和数据传输的需求。时分复用技术通过将时间分割成时隙为不同模态语义信息传输提供资源分配方式，图像、音频、文本等模态依需分配时隙以优化数据传输和语义传递。同时，时间同步是确保多模态语义信息协同传输和系统性能优化的关键因素，它使得不同模态的信息能够在时间上精确配合，让接收端准确理解多模态语义，实现高效、可靠的多模态语义通信。在未来的多模态语义通信发展中，进一步优化时间资源的利用和管理，加强时间同步技术的研究和应用，将有助于提升多模态语义通信的质量和效率，推动其在更多领域的广泛应用。

除上述具体描述的几类资源外，无线通信资源还包括空间资源、码域资源、网络资源等。无线通信资源的管理和优化是设计高效、可靠的无线通信系统的核心。随着技术的进步和用户需求的增长，如何合理利用和调配这些资源成为重要研究课题。

（2）计算资源

计算资源是指多模态语义通信系统中，用于执行多模态数据处理、语义解析、模型推理及智能决策等任务的硬件与软件能力的集合。从硬件层面看，其涵盖中央处理器（CPU）、图形处理器（GPU）、神经网络处理器（NPU）等计算单元，提供并行化算力支持；从软件层面看，其包括深度学习框架（如 TensorFlow、PyTorch）、多模态融合算法库及语义解析模型等工具链，实现跨模态数据的智能转换与理解。以多模态情感识别系统为例，用于面部表情识别图像模态和用于语音情感分析的音频模态，都需要使用复杂的计算模型。这些模型的运行需要大量的计算资源，包括处理器的高速运算和足够的内存空间来存储模型参数和中间数据。具体地，为了精准地从图像中提取表情语义特征，需要运用到深度学习中的卷积神经网络（CNN）。CNN 模型包含众多的神经元和复杂的网络结构，在处理图像数据时，它会对图像的每一个像素点进行细致的分析和计算，通过不断地调整网络参数，学习到能够有效表征面部表情的特征模式。这个过程需要强大的处理器运算能力来支撑大量的矩阵运算和数据处理操作。而分析语音中的情感语义变化常用的循环神经网络（RNN）能够处理语音信号这种具有时间序列特性的数据，与 CNN 类似，RNN 的训练和运行也需要大量的计算资源。处理器需要高效地执行 RNN 中的循环计算，以更新网络的状态并学习语音中的情感模式。在实际应用场景中，多模态语义通信系统往往需同时处理来自不同模态（如图像与文本）的高维特征，并执行大规模的特征编码、融合及检索操作，这对计算资源提出了极高要求。

（3）存储资源

存储资源用于保存不同模态的数据、模型参数和中间结果等，以便在处理语义信息时能够快速调用。不同模态的数据包括视频、音频、文本等文件数据。视频文件包含了丰富的视觉信息，这需要大量存储空间来容纳大量的图像帧数据以及相关的编码信息。音频文件则记录了语音信号的采样数据，对于语音情感分析等任务，这些原始音频数据的准确存储是后续处理的基础。文本文件虽然相对数据量较小，但在多模态语义通信中，文本往往与其他模态相互关联，共同构建完整的语义信息。同时，在进行模型训练时，还需要足够的内存空间来存储模型的参数，如卷积核的权重、偏置等，以及在运算过程中产生的中间数据。这些中间数据记录了模型在不同层次对图像特征的提取结果，对于后续的进一步分析和处理至关重要。在处理语义信息时，存储资源能够快速地响应计算需求，将所需的数据提供给处理器进行处理，从而提高整个多模态语义通信系统的运行效率。存储资源在多模态语义通信中的各个环节都起着关键作用，其高效利用对于提升多模态语义通信系统的性能和功能具有重要意义。

（4）语义资源

多模态语义通信资源还包括语义资源，语义资源是在多模态语义通信过程中，用于帮助理解、表达和传递多种模态（如文本、图像、音频、视频等）语义信息的知识、规则、模型和数据等资源的集合。这些资源是确保发送端能够准确地将语义意图编码，接收端能够正确地解码并理解多模态语义信息的关键。

语义知识库是多模态语义通信语义资源的核心部分，是一种特殊的资源，用于存储不同模态的语义知识，包括词汇表、图像语义标注、音频情感模式等。例如，在文本模态中有词汇语义知识，像词典、词向量模型等，这些可以帮助确定词汇的含义、词性、近义词、反义词等语义信息。对于图像模态，语义知识库存储有图像类别、物体属性、场景语义等知识，比如通过大量图像标注数据建立的图像语义标注库，能够识别图像中的物体是 “汽车”“树木”还是“建筑物”，以及它们之间的空间关系等语义内容。在音频模态，语义知识库包括语音词汇、语音情感模式等知识，如语音情感词典，其中记录了不同语音语调对应的情感状态，像音调升高可能表示兴奋等情感语义。这些知识库资源为不同模态的语义理解提供了基础，可以帮助发送端更好地编码语义信息，也可以辅助接收端更准确地理解语义。例如，在多模态翻译系统中，语义知识库中存储的源语言和目标语言的词汇语义对应关系、不同文化背景下的图像和音频语义解释等内容，可以提高翻译的准确性和多模态语义传递的效果。它就像是一个语义“字典”，为多模态语义通信提供了知识支撑。

多模态语义通信资源分配旨在合理调配各种资源，以满足不同模态语义信息的高效传输、处理和理解需求。由于不同模态的语义信息具有各自的特点和需求，如何合理分配有限的资源以实现高效的语义传输和准确的语义理解是一个关键问题。例如，图像模态可能需要较大的带宽来传输高分辨率的图像数据以保留丰富的视觉语义，而文本模态的带宽需求较小但对准确性和及时性要求较高。不同模态之间还存在相互关联和影响，需要协同考虑资源分配，以实现整体的最优性能。通过智能的资源分配方法，可以在满足不同模态语义任务需求的同时，提高资源利用效率，确保多模态语义通信的质量和可靠性。

在任务导向的通信系统中，多模态语义通信任务是指在处理多种模态的数据时，如何有效地提取和利用不同模态之间的语义信息来完成特定的智能任务。这些任务可能涉及数据收集、语义提取、信息传输、任务执行等多个环节，而语义通信系统则需要根据任务的具体需求来优化语义处理和资源分配，以确保任务的成功执行。研究面向多模态语义通信任务的智能资源分配方法时需要遵循以下原则。

（1）满足不同模态的特性需求

多模态语义通信涉及多种模态，如文本、图像、音频和视频等，这些模态的特性各有不同。例如，视频模态的数据量通常较大，需要较高的带宽来保证流畅的播放，以准确传达其中的场景、动作等语义信息。而文本模态虽然数据量相对较小，但对准确性要求很高，需要稳定的通信环境和适当的时间资源来确保文字语义的精准传递。通过合理的资源分配，可以根据不同模态的特性，为其提供合适的带宽、功率、计算资源和时间资源等，满足它们各自的需求。

（2）保障多模态语义信息的质量和准确性

在多模态语义通信中，语义信息的质量和准确性至关重要。如果资源分配不合理，可能会导致信息的丢失、失真或延迟。例如，在远程医疗场景中，医学图像（如X光、CT等）和医生与患者的语音交流是重要的多模态信息。若计算资源不足，可能无法对医学图像进行高质量、高时效性的处理，影响医生对病情的判断；如果音频传输的功率或带宽不够，语音可能会出现杂音或中断，干扰医生对患者症状描述的理解。合理的资源分配能够保障各个模态的语义信息以高质量的状态进行传输和处理，从而使接收端能够准确地理解多模态语义，做出正确的决策。

（3）提高资源利用效率

通信资源是有限的，包括频谱带宽、功率、计算设备的运算能力和存储容量等。多模态语义通信资源分配能够避免资源的浪费，使有限的资源得到充分利用。例如，通过时分复用或频分复用等技术，可以在不同的时间或频段分配不同模态的信息传输，提高带宽的利用率。在计算资源方面，根据模态的重要性和处理的复杂程度合理分配处理器的运算能力和存储资源，可以避免某个模态过度占用资源，而其他模态资源不足的情况。这样可以在满足多模态语义通信需求的同时，最大化地发挥资源的价值。

（4）实现多模态语义融合的有效协同

多模态语义通信的优势在于能够将多种模态的信息进行融合，从而提供更丰富、全面的语义理解。然而，这种融合需要各个模态之间的有效协同，而资源分配是实现协同的关键因素之一。例如，在智能安防系统中，视频监控的图像信息和声音传感器的音频信息需要同时传输并进行融合分析，以判断是否存在安全威胁。通过合理分配带宽，确保图像和音频能够同步传输；分配计算资源，用于对两种模态信息进行同步处理和融合，如分析图像中的人物行为是否与音频中的异常声音相匹配。只有这样，才能充分发挥多模态语义融合的优势，提高系统的性能和准确性。

（5）适应复杂多变的通信环境和应用场景

通信环境是复杂多变的，可能会受到干扰、信号衰减等因素的影响。不同的应用场景对多模态语义通信也有不同的要求。例如，在移动环境下的多模态通信，如车联网或移动视频会议，由于用户的位置不断变化，无线信号的强度和信道质量也在变化。资源分配可以根据这些变化动态地调整，比如在信号好的地方增加视频的分辨率或帧率，在信号差的地方优先保证音频的清晰传输。对于不同的应用场景，如实时性要求高的远程手术指导和对数据准确性要求高的文档协作，资源分配可以根据具体需求进行定制，以适应各种复杂多变的情况，确保多模态语义通信的顺利进行。

在当今通信领域的不断演进中，资源分配方式始终是关键议题之一。传统的资源分配机制在处理数据传输时，有着其固有的模式。无论要执行的具体任务如何，在大多数传统的资源分配机制中，要传输的比特都被同等对待。相比之下，面向任务的语义通信将注意力转向传输数据的隐含含义，这带来了控制和减少传输数据量的可能性，为更高效的通信开辟了新路径。

面向任务的语义通信资源分配面临着诸多复杂且关键的挑战，因此，对多模态语义任务的无线资源分配方法以及面向语义通信的多维资源联合优化方法的研究变得尤为重要。通过合理的方法和技术手段，如各种无线资源分配方法的联合优化以及多维资源联合优化技术的应用，能够有效地应对这些挑战，满足不断增长的智能化通信需求。接下来将详细介绍多模态语义任务的无线资源分配方法和面向语义通信的多维资源联合优化技术。

4.2.2 面向任务的多模态语义通信的无线资源分配方法

人工智能与无线通信网络的深度融合已经成为6G时代的必然趋势，而智能设备的大量连接和无线数据流量的爆炸式增长使得频谱稀缺问题日益严峻。语义通信作为一种新兴的通信范式应运而生，它能够提取目标AI任务所需的有用信息并去除冗余，从而显著减少传输数据量和传输延迟。然而，语义通信在资源分配方面面临诸多挑战，包括如何根据语义信息的重要性进行资源分配，以及如何在不同的任务需求和信道条件下实现高效的资源管理等问题。

在实际应用中，多模态数据的传输需求日益增长。不同模态的数据具有不同的特点和语义表示方式，例如图像数据的语义信息可能体现在像素值、颜色、纹理、形状等特征中，而文本数据的语义则与词汇、语法、语义结构等相关。在多模态语义任务中，如何同时处理和传输多种模态的数据，并确保它们在语义层面的一致性和连贯性，是一个亟待解决的问题。不仅如此，不同模态的数据对资源的需求和传输要求也各不相同，例如图像传输可能需要较大的带宽和较低的延迟，而文本传输则可能更注重准确性和可靠性。

大多数现有的资源分配方法主要以最大化能量效率或系统容量为优化目标，将用户上传的内容同等对待，忽视了传输数据背后的具体语义信息。这种方式导致无线资源的竞争激烈，无法有效满足语义通信的需求。一些研究考虑用户感知和满意度的无线传输设计以体验质量（QoE）为优化标准，这能表征用户对语义通信的需求。但在机器对机器通信场景中，该标准可能并非最优。故在不同的场景下，所适用的资源分配方法是不同的。此外，传统的AI任务通信模式通常将所有原始数据传输到边缘服务器或者云服务器进行处理，未充分考虑数据中不同部分对任务执行的贡献差异，从而造成资源的浪费。因此，迫切需要开发更高效、更合适的资源分配方案，以任务为导向，将有限的通信资源分配给具有更丰富语义信息的数据。

面向任务的多模态语义通信无线资源分配过程大致为系统模型建立、无线资源分配目标设定、约束条件考虑、资源分配算法设计、性能评估与优化等几个阶段。

(1) 建立系统模型

系统模型建立首先要明确任务类型，多模态语义任务涉及多种数据模态，每种模态的数据都有其独特的特征和处理要求。对于语音数据，需要考虑语音的频率、幅度等特征；对于图像数据，则要考虑像素分布、颜色空间等因素。

接下来，需要构建传输网络模型。这包括确定网络的拓扑结构，如星形、网状或混合架构。同时，还要考虑网络中的节点类型，如基站、用户设备等，以及它们之间的连接方式和通信链路特性。例如，在5G网络中，基站与用户设备之间的毫米波通信链路具有高带宽但易受遮挡的特点。还要考虑信道模型，包括路径损耗、衰落等因素，这些因素会影响无线信号的传输质量。例如，在城市环境中，建筑物的遮挡会导致信号的阴影衰落。最后，需要确定资源类型和范围。

（2）无线资源分配目标设定

无线资源分配目标设定旨在最优化系统的某个多模态语义信息传输性能指标，比如语义频谱效率、语义服务质量、任务传输效率等。这取决于具体的应用场景和需求。一些常见的新型多模态语义信息传输衡量指标可参考4.1节。

（3）约束条件考虑

根据语义任务的不同，所需要考虑的约束条件也不同，简单可分为以下几个方面。

① 模态间的关系约束：不同模态信息之间可能存在语义关联和同步要求。例如，在视频通话场景中，语音和图像需要保持同步，这就对无线资源分配提出了约束要求，以确保相关信息能够同时到达接收端且保持正确的时间关系。

② 无线资源限制约束：考虑无线系统的可用带宽、发射功率限制等。这些限制决定了可用于分配的资源总量。

③ 服务质量（QoS）约束：包括对每种模态信息传输的可靠性要求、延迟要求等。不同模态可能有不同的QoS要求，需要在资源分配中予以满足。

（4）资源分配算法设计

根据不同任务或者不同场景的特点，可以选择不同的优化指标，进而进行不同资源分配算法设计。资源分配的典型算法有很多种类型，如基于传统的优化算法，包括凸优化算法、动态规划算法等；再比如启发式算法，包括遗传算法、粒子群算法等。若在现有算法的基础上进行算法设计，需要对其进行调整以适应多模态语义任务的特点。例如，在算法的目标函数和约束条件中考虑不同模态的权重和特性。算法实现步骤一般包括初始化资源分配方案，然后根据算法的迭代规则逐步调整分配方案，直到满足收敛条件，即目标函数值不再有明显变化或达到最大迭代次数。一些常见的算法如下。

基于优化理论的算法：例如线性规划算法，当资源分配问题可以用线性目标函数和线性约束条件来表示时，可以使用线性规划来求解最优的资源分配方案。以最小化总功率消耗为例，目标函数可以是所有设备发射功率的总和，约束条件可以包括频谱限制、QoS要求等。

机器学习算法：例如强化学习算法，智能体（可以是网络中的资源分配控制器）

通过与环境（通信网络）交互，根据奖励信号（如系统性能指标的提升）来学习最优的资源分配策略。

深度学习算法也可以用于资源分配，通过对大量的网络状态和资源分配案例进行学习，预测最优的资源分配方案。

（5）性能评估与优化

资源分配可以选择合适的性能评估指标来衡量资源分配方案的优劣，如系统的总速率、平均延迟、可靠性等。根据评估结果对资源分配方案进行优化调整。如果性能未达到预期，可以调整算法参数、重新考虑约束条件或选择其他算法进行尝试。

本节接下来将从语义压缩比和无线资源分配联合优化、语义信息提取和无线资源分配联合优化、传输语义符号数量和信道资源分配联合优化等几个方面，给出一些具体的资源分配方案。

4.2.2.1　语义压缩比和无线资源分配联合优化

语义压缩是对提取的语义特征进行压缩以减少发送数据量的操作[84]。语义压缩的目的是更高效地利用通信资源。它有两个主要的好处[82]：第一，它大大减少了传输的数据量，减少了对通信资源的需求和传输延迟；第二，它减少了后续的计算资源需求。在传统的通信方式中，数据往往以比特为单位进行传输，而较少考虑数据的实际语义价值。语义压缩则不同，它聚焦于数据所蕴含的语义信息，通过减少那些对完成任务不太重要的数据量，从而在不影响任务关键语义传达的前提下，节省带宽等通信资源。例如，在一个智能监控系统中，如果任务是检测是否有人员非法闯入，那么对于监控画面中一些固定的背景建筑、植被等没有发生变化的信息，就可以通过语义压缩适当减少其传输量，将更多的无线资源用于传输可能出现的人员等关键语义信息。现有语义压缩方法可以大致分为以下两种类型。

（1）基于贡献度的语义压缩

基于贡献度的语义压缩其核心是利用数据对正确执行任务的贡献度取决于用户的具体意图这一思想。以车辆检测为例，在一幅包含车辆的图像中，除“vehicle”以外的背景和对象通常不被重点关注，因为它们对于车辆检测这个任务来说重要性较低。所以可以通过将要提取的数据划分为几个部分，然后测量每个部分对任务的贡献，进而确定发送优先级。当任务时延敏感度高且带宽资源有限时，可以丢弃贡献较小的数据以缓解通信压力。

其数据划分方式有两种。一是以语义编码器提取的特征作为数据划分的最小单位。在任务结果计算中，每个语义特征的权重值代表相应的贡献[85]。例如，在图像语义分析中，通过卷积神经网络等语义编码器提取出车辆的轮廓、颜色等特征，这些特征在判断车辆类型、状态等任务中有不同的贡献权重。二是将原始数据分成几个数据块，然后选择重要的语义区域进行传输[86]。这需要设计额外的学习模型，例如深度强化学习、深度神经网络、卷积神经网络和自我注意网络等，来指导数据块的选择。比如在医学影像分析中，对于一张 X 光片，可以将其划分为不同的区域块，通过学习模型选择包含病变特征可能性高的区域优先传输。

（2）基于码率控制的语义压缩

传统的具有固定码率的语义传输方案在不同的信道状态中不能充分扩展[87][88]。在实际通信中，信噪比（SINR）[89]是动态变化的。当 SINR 较差时，需要更高的码率来保证任务性能；当 SINR 较高时，则可以使用相对较低的码率来接近任务性能的上限。

与基于贡献度的语义压缩不同，码率的控制是对语义特征的整体压缩[68]。在不区分重要性和贡献的情况下，神经网络提取的所有语义特征都有平等的机会被发送。例如在语音识别任务中，对提取的语音语义特征进行整体压缩，根据信道的 SINR 情况调整码率，而不是优先考虑某些语音特征的重要性。这种方式在一定程度上简化了压缩过程，但在资源分配上可能不如基于贡献度的方式灵活和精准。

语义压缩比是指压缩后的数据大小与原始数据大小的比值。在通信领域，较高的语义压缩比意味着可以在相同的带宽下传输更多语义信息，但过度压缩可能会导致语义损失，影响接收端对信息的理解。例如，在文本信息传输中，语义压缩可以通过去除一些冗余词汇、利用同义词替换等方式来实现。但如果压缩过度，可能会使文本变得晦涩难懂。无线资源分配的目的是合理地将频率、时间、空间、功率等有限的资源分配给不同的用户或业务，以提高系统的容量、频谱效率和用户体验。

单独优化语义压缩比或者无线资源分配都有其局限性。如果只关注语义压缩比，可能会因为过度压缩导致信息质量下降，而只考虑无线资源分配可能无法充分利用数据的语义特性来提高传输效率。联合优化可以在保证信息质量的同时，最大化无线资源的利用效率。

本节将从不同的角度给出几种典型的语义压缩比和无线资源分配联合优化方法。

（1）语义压缩比、发射功率和带宽的联合优化

在实际应用中，如物联网场景下多用户在对延迟敏感的系统中进行语义通信时，如何确定合适的语义压缩比以平衡任务性能和数据传输，以及如何为多设备合理分配无线通信资源（包括带宽和发射功率）以满足不同智能任务需求，是亟待解决的关

键问题。因为较高的压缩比节省信道资源，但会导致语义失真，而较低的压缩比需要更多的资源，并可能由于延迟约束而导致传输失败。为了解决这个问题，需要优化压缩比和资源分配，以最大限度地提高任务成功概率。本小节将给出一种典型的语义压缩比、发射功率和带宽的联合优化方法，该方法来自文献［82］［90］，其具体实现过程如下。

① 系统模型建立　本节所建立的面向任务的语义通信模型如图 4-1 所示，包含发送端、物理信道和接收端三个主要部分。发送端包括从源数据中提取语义特征的语义编码器、根据语义重要性压缩语义以减少传输数据量的语义压缩模型和生成符号以方便后续传输的信道编码器。接收端由用于符号检测的信道解码器和具有相对于所述任务的语义概念输出的语义解码器组成。如在图像分类任务中解码器是分类器，在目标检测任务中解码器是探测器等。

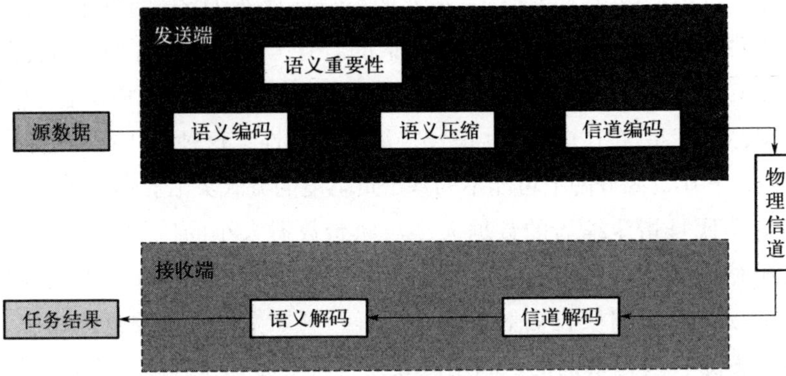

图 4-1　面向任务的语义通信系统模型

对于不同模态的数据，发送端利用神经网络从源数据提取语义信息。以图像数据为例，提取出来的语义信息是一系列的特征。随后，根据语义重要性对提取的数据进行压缩，该过程即语义压缩。语义压缩可以进一步从语义层面去除数据冗余。压缩后的语义信息通过信道编码器进行编码以生成用于传输的符号，编码后的符号通过物理信道传输。接收端接收后通过信道解码器对接收的符号进行解码以恢复语义。语义接收端将恢复的语义输入到语义解码器完成智能任务。

本节所使用的传输模型是一个由一组 U 个用户和一个边缘服务器组成的多用户语义通信传输系统，如图 4-2 所示。以物联网场景为例，在这个系统中，用户首先在本地收集数据，然后对原始数据进行语义提取，并在本地进行压缩，之后将压缩后的语义信息上传到边缘服务器。边缘服务器会根据信道状态信息以及语义压缩的先验知识来分配信道资源，最后执行智能计算，并将任务结果返回给用户。该系统模型可以应用于各种具有资源约束的通信场景。且该系统中的用户和边缘服务器都配备了一定的知识库，这些知识库有助于语义的提取和压缩，并且不同的应用可能会有不同的知识库。

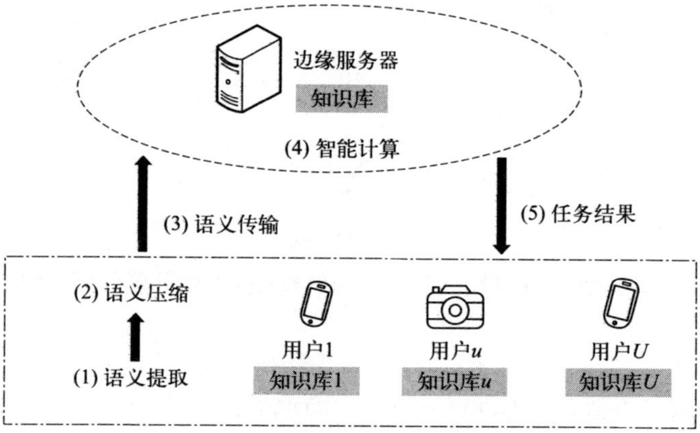

图 4-2　面向任务的多用户语义通信传输模型

② 问题建模　问题建模包括建立目标函数和约束条件。

该模型的目标函数旨在联合优化所有用户的语义压缩比和资源分配，以最大化总有效语义信息准确率，即

$$\max_{B,P,o}\sum_{i=1}^{U}\gamma_i \tag{4-12}$$

在任务导向语义通信中需要考虑传输和智能任务性能，该模型使用有效语义信息准确率这一指标。对于用户 i 的分类任务，有效分类准确率为 $\gamma_i = P(t_i \leqslant t_0)\times\eta(o_i)$，其中 $\eta(o_i)$，是语义压缩比和图像分类任务的准确率之间的关系函数，通过曲线拟合得到，不同神经网络的参数不同。$P(t_i \leqslant t_0)$ 为用户 i 成功传输概率。该指标具体参见 4.1 节。

在进行问题建模时，需要考虑各种约束条件。针对该模型提出的优化问题，需要包含以下约束条件。

带宽约束：包括最小带宽约束 $B_i \geqslant B_{\min}$ 和总带宽约束 $\sum_{i=1}^{U}B_i \leqslant B_{\max}$。其中，$B_{\min}$ 为分配给用户的最小带宽，$B_{\max}$ 为所有用户的最大总带宽。

功率约束：包括最小发射功率约束 $P_i \geqslant P_{\min}$ 和总发射功率约束 $\sum_{i=1}^{U}P_i \leqslant P_{\max}$。其中，$P_{\min}$ 为分配给用户的最小发射功率，$P_{\max}$ 为所有用户的最大总发射功率。

语义压缩比约束：$0 < o_i < 1$，表示语义压缩比在 0 ～ 1 之间。

满足上述约束条件的最大化优化问题可表示为

$$
\begin{aligned}
&\max_{B,P,o}\sum_{i=1}^{U}\gamma_i \\
&\text{s.t. } B_i \geqslant B_{\min} \\
&\sum_{i=1}^{U} B_i \leqslant B_{\max} \\
&P_i \geqslant P_{\min} \\
&\sum_{i=1}^{U} P_i \leqslant P_{\max} \\
&0 < o_i < 1
\end{aligned}
\tag{4-13}
$$

③ 资源分配算法设计　针对上述问题，联合压缩比和资源分配（CRRA）进行算法设计，具体如下。

利用 Q 函数的近似形式 $Q(x) \approx \frac{1}{2}\mathrm{e}^{-\frac{x^2}{2}}$，将问题简化为

$$
\max_{\boldsymbol{B},\boldsymbol{P},\boldsymbol{o}}\sum_{i=1}^{U} g_i \times \eta(o_i) \tag{4-14}
$$

由于问题非凸，可先将其分为两个子问题，然后迭代求解这两个子问题。首先固定资源分配，计算每个用户的最优压缩比。然后根据得到的压缩比，并求解资源分配问题。迭代求解这两个子问题，直到得到收敛解。

给定带宽和功率分配，令 $h(o_i) = g_i \times \eta(o_i)$，可将问题简化为

$$
\begin{aligned}
&\max_{o}\sum_{i=1}^{U} h(o_i) \\
&\text{s.t. } 0 < o_i < 1
\end{aligned}
\tag{4-15}
$$

由于每个用户的最优语义压缩比在带宽和功率分配固定时是独立的，故问题可进一步转变为通过优化语义压缩来最大化每个用户的有效准确性，而不需要考虑累积和。对于单个用户，问题可表述为

$$
\begin{aligned}
&\max_{o_i} h(o_i) \\
&\text{s.t. } 0 < o_i < 1
\end{aligned}
\tag{4-16}
$$

其压缩单元是特征图，采用一维枚举法可得到最优语义压缩比。

得到最优语义压缩比后，进行最优资源分配，优化语义通信系统的带宽和功率。给定 o_i，则 $\eta(o_i)$ 为常数，资源分配问题可重新表述为

$$
\begin{aligned}
&\min_{\boldsymbol{B},\boldsymbol{P}} \sum_{i=1}^{U} -\alpha_i \times g_i \\
&\text{s.t. } B_i \geqslant B_{\min} \\
&\sum_{i=1}^{U} B_i \leqslant B_{\max} \\
&P_i \geqslant P_{\min} \\
&\sum_{i=1}^{U} P_i \leqslant P_{\max}
\end{aligned}
\tag{4-17}
$$

上述优化问题为非凸问题，需要通过引入松弛变量 $\boldsymbol{f}=[f_1,f_2,\cdots,f_U]$，$\boldsymbol{y}=[y_1,y_2,\cdots,y_U]$，$\boldsymbol{x}=[x_1,x_2,\cdots,x_U]$，$\boldsymbol{m}=[m_1,m_2,\cdots,m_U]$，将非凸问题转化为凸优化问题，引入松弛变量后问题可表述为

$$
\begin{aligned}
&\min_{B,P,f,y,x,m,q} \sum_{i=1}^{U} -\alpha_i \times f_i \\
&\text{s.t. } f_i \leqslant \mathrm{e}^{y_i}, i=1,2,\cdots,U \\
&y_i \leqslant -\frac{1}{2}x_i^2, i=1,2,\cdots,U \\
&x_i \geqslant \frac{N_0 B_i m_i}{\delta P_i} \\
&m_i \geqslant 2^{q_i}-1 \\
&q_i \geqslant \frac{d_0(1-\sigma)}{B_i t_i} \\
&B_i \geqslant B_{\min} \\
&\sum_{i=1}^{U} B_i \leqslant B_{\max} \\
&P_i \geqslant P_{\min} \\
&\sum_{i=1}^{U} P_i \leqslant P_{\max}
\end{aligned}
\tag{4-18}
$$

然后可利用连续凸逼近等方法处理约束，使其全部转化为凸约束，最后通过对偶方法有效求解[91]。

该算法即迭代求解上述两个子问题，直到获得收敛解。具体描述为首先初始化语义压缩比 o、资源分配 B 和 P。然后重复以下步骤：在固定资源分配 B 和 P 的情况下，用枚举法优化语义压缩比 o；在固定语义压缩比的情况下，通过求解最优化问题得到最优资源分配 B 和 P，直到目标值收敛，即可得到最优结果。

上述这种典型的语义压缩比、发射功率和带宽的联合优化方法，以最大化总有

效语义信息准确率为目标建立目标函数，联合优化语义压缩比、无线带宽和功率资源分配得到资源分配最优解。与传统的资源分配方案不同，所给方案考虑了后续的AI任务，注重语义传输的性能。在平均有效语义信息准确率方面表现良好，尤其适用于在低带宽和低发射功率区域，能更好地适应语义通信场景需求。

（2）深度强化学习驱动的动态资源分配

现有的语义通信资源分配方法大多集中在短期网络性能的优化上。但是，有些方案需要最大限度地提高长期系统收益，那么此时短期收益的损失可能会促进整个网络获得更高的长期收益。近年来，纯数据驱动的深度强化学习（DRL）已成为解决复杂资源管理问题的有力工具[92-94]。通过有效地学习环境的动态变化，DRL可以提供基于预训练的策略网络实现长期回报最大化的资源分配策略。其中，深度确定性策略梯度（deep deterministic policy gradient，DDPG）[95]是一种无模型、脱策略的算法，且收敛速度快。与基于价值的深度Q网络算法[96]相比，DDPG在连续动作空间上运行，直接输出最优分配策略，无需遍历每个动作策略的价值函数，避免了因朴素离散化而导致的量化误差过大或计算复杂度飙升的问题[97]。本小节将给出一种典型的引入DRL来解决TOSCN中的资源分配问题的方法，该方法来自文献［81］，它是一种使任务导向的语义通信网络能够实现长期最佳性能的资源管理机制，允许语义信息更丰富的数据优先占用有限的通信资源，实现了一段时间内任务的最大传输效率。该方法的具体实现过程如下。

① 系统模型建立　以图像分类任务为例，一个用于图像分类任务的语义通信系统如图4-3所示，系统包括发射器、无线信道和接收器。

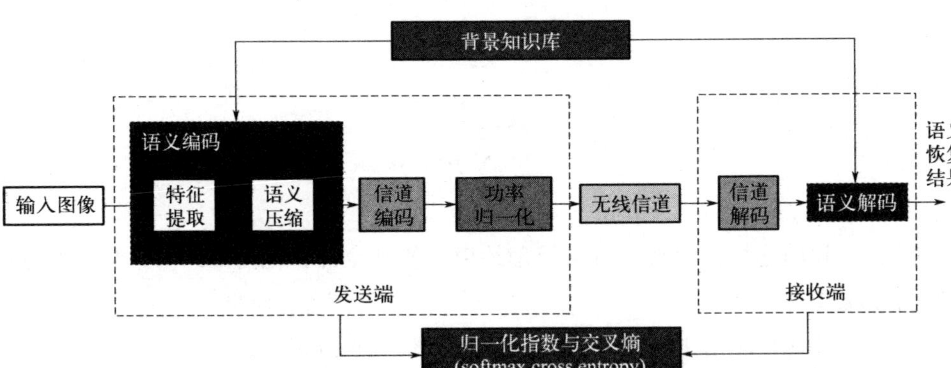

图4-3　图像分类任务的语义通信系统

发送端包含语义编码器和信道编码器。语义编码器执行图像特征提取和语义压缩操作，其中特征提取器由包含 18 层深度残差网络（ResNet18）的卷积层组成[98]。特征提取器通过卷积神经网络对输入图像进行隐式语义编码，提取出的语义信息以特征图的形式表示[99]。每个特征图对任务正确执行的贡献不同，这反映了语义信息与目标任务之间的关系。其重要性可通过神经网络的模型权重表示。特征图相对于类标签的权重可通过使用全局平均池化和梯度反向传播计算。重要性高的特征图包含了原始图像中的大部分语义信息。语义压缩操作根据重要性对特征图进行筛选，丢弃贡献较低的特征图，以减少数据量。信道编码器将压缩的数据映射为适合通过无线通道传输的符号。为了满足发射功率限制，实际发送到物理通道的数据需要进一步进行功率归一化。

接收端包括信道解码器和语义解码器，边缘服务器的信道解码器对接收信号进行解码，语义解码器可由全连接（FC）层组成的图像分类器充当，将信道解码器输出的数据转换为一系列概率值，并根据最大概率值推断出图像分类的结果。为了最大限度地减少语义误差，使用 softmax 交叉熵（cross-entropy，CE）来表征输入图像和输出的真实标签之间的概率分布差异。

图像分类任务的最终推理结果受语义压缩比和信道状态的影响。图像分类准确率随通道状态的变化目前没有具体的数学表达式，但是将物理通道建模为不可训练的全连接层可以模拟不同的通道状态。而语义压缩比与各种通道状态下任务性能之间的数学关系可以通过曲线拟合方法从预训练模型中获取。将这些先验知识存储在发送端和接收端共享的背景知识库中，用于指导后续的资源分配决策。

该方法所使用的无线资源分配模型包含多个智能设备和一个边缘服务器，智能设备执行图像分类等任务。在神经网络模型中，FC 层的参数数量占大多数，因此，将 FC 层部署到边缘服务器形成分布式语义通信网络，通信过程分为四个步骤。

a. 智能设备基于背景知识库（BKB）对捕获的图像进行特征提取、语义压缩和信道编码，生成数据包；

b. 数据包上传至边缘服务器；

c. 边缘服务器根据训练模型进行智能处理和计算；

d. 边缘服务器将 AI 任务的推理结果反馈给相应设备。

② 问题建模　长期的优化目标考虑了系统的动态变化和资源的可持续利用，避免了短期优化可能带来的资源浪费或性能下降。该资源分配问题以最大化长期任务传输效率为目标，即

$$\max_{B_t^{i,j},P_t^{i,j},\eta_t^{i,j}} \sum_{t=1}^{T} v_t \tag{4-19}$$

该目标函数旨在通过优化带宽、功率和语义压缩比等资源分配变量，在一段时间内实现任务传输效率的最大化。其中 v_t 是时隙 t 的任务传输效率。对该性能指标的描述具体见 4.1 节。

该优化问题的约束条件具体包括以下几个方面。

a. 资源约束。

带宽约束：$\sum_{j=1}^{J}\sum_{i=1}^{n_j}B_t^{i,j} \leqslant B_{\max}, \forall t$，确保在每个时隙内分配给所有设备的总带宽不超过系统的最大带宽限制，以保证系统的稳定性和公平性。

功率约束：$\sum_{j=1}^{J}\sum_{i=1}^{n_j}P_t^{i,j} \leqslant P_{\max}, \forall t$，限制每个时隙内所有设备的总发射功率，防止功率过大对其他设备造成干扰，并满足设备的功率限制要求。

b. 语义压缩比约束：$0 < \eta_t^{i,j} < 1, \forall i, j, t$，保证语义压缩比在合理范围内，既能够有效减少数据量，又不会过度损失语义信息，确保任务的可执行性。

c. 任务性能约束：$A_t^{i,j} \geqslant A_{\min}, \forall i, j, t$，要求每个设备在每个时隙的预测分类准确率不低于最低阈值，以保证任务的准确性和可靠性，满足应用的基本需求。

故满足上述约束条件的最大化优化问题可表示为：

$$
\begin{gathered}
\max_{B_t^{i,j}, P_t^{i,j}, \eta_t^{i,j}} \sum_{t=1}^{T} v_t \\
\text{s.t.} \sum_{j=1}^{J}\sum_{i=1}^{n_j} B_t^{i,j} \leqslant B_{\max}, \forall t \\
\sum_{j=1}^{J}\sum_{i=1}^{n_j} P_t^{i,j} \leqslant P_{\max}, \forall t \\
B_t^{i,j} \geqslant 0, \forall i, j, t \\
P_t^{i,j} \geqslant 0, \forall i, j, t \\
A_t^{i,j} \geqslant A_{\min}, \forall i, j, t \\
0 < \eta_t^{i,j} < 1, \forall i, j, t
\end{gathered}
\tag{4-20}
$$

③ 资源分配方案　针对上述优化问题，设计基于深度强化学习的动态资源分配算法。采用 DDPG 框架得到优化问题的合理解。

一个标准的 DRL 设置涉及观察离散时隙的嘈杂环境的代理。DDPG 代理与动态环境交互获得动态环境的状态，然后将其输入到动作网络中，得到每个用户发送数据的带宽和功率分配策略以及压缩方案。在执行策略后，智能体将从环境中获取反馈，并评估策略的价值，以优化神经网络的参数。

DDPG 由演员网络（actor network）和评论家网络（critic network）以及它们各自的目标网络（target actor network 和 target critic network）组成。演员网络根据当前状态 s_t 和行为噪声 N_t 选择动作 a_t（包括带宽、功率分配和语义压缩比），其中行为噪声在训练阶段添加，用于增加探索性。评论家网络则用于评估动作 a_t 的价值，估计执行动作后的期望总折扣未来奖励。

DDPG 网络训练过程包括经验回放和网络参数更新。经验回放是将智能体与环境交互产生的转换 (s_t,a_t,r_t,s_{t+1}) 存储在经验回放缓冲区 R 中，在训练时进行随机采样，打破转换之间的时间相关性，提高训练的稳定性。网络参数更新是评论家网络通过最小化损失函数更新参数，演员网络通过应用链式法则对采样的性能目标函数求导，并使用梯度下降法更新参数。目标网络的参数通过软更新方式缓慢更新，以保持学习的稳定性。训练 DDPG 框架的最终目标是寻求最佳行动网络以最大化衡量行动网络影响力的指标。

为了训练 DDPG 代理，构建了具有时变信道状态、目标任务对应的背景知识、缓冲区占用率和基站可用无线资源总量的模拟物理环境。具体的状态、动作和奖励函数定义如下。

状态空间：$s_t=\{n_1,\cdots,n_J,h_t^1,\cdots,h_t^D,\hat{v}_t^1,\cdots,\hat{v}_t^D\}$，其中 n_j 为执行任务 j 的设备数量，h_t^i 为设备 i 到时隙的信道增益，$\hat{v}_t^i$ 为时隙 t 开始时设备缓冲区的队列长度。这些状态变量反映了通信环境、任务分配和设备缓冲区占用情况等信息，为智能体的决策提供了必要的依据。

动作空间：$a_t=\{\eta_t^1,\cdots,\eta_t^D,B_t^1,\cdots,B_t^D,P_t^1,\cdots,P_t^D\}$，即智能体直接为每个用户确定语义压缩比、带宽比例和功率比例。输出的连续值通过一些操作（如计算丢弃特征图数量、分配实际带宽和功率）转换为实际可执行的动作，并通过 softmax 函数等方式满足约束条件。

奖励函数根据任务传输效率定义，若满足任务性能约束 $(A_t^u \geqslant A_{\min},\forall u)$，即时奖励为当前时隙的任务传输效率 v_t；若不满足约束，则给予惩罚 $(A_t^u - A_{\min})$。这种奖励设计促使智能体在优化资源分配时兼顾任务准确性和数据传输量，以实现长期任务传输效率的最大化。

状态归一化处理解决强化学习中输入数据分布影响激活函数输出的问题，其对观察到的状态进行批量归一化处理。引入缩放因子 φ_D（等于设备数量的最大值）和

φ_v（等于缓冲区最大长度 v_{max}）来缩小状态变量的变化范围，使数据更有效地利用激活函数的敏感部分，提高神经网络的训练效果。

该算法实现可具体描述为：初始化 DDPG 框架中的四个神经网络（演员网络、目标演员网络、评论家网络和目标评论家网络）的参数。对于每个训练回合：进行重置任务分配和用户分布；归一化初始状态 s_1；对于每个时隙 t 都首先通过当前演员网络和行为噪声获取资源分配策略，执行动作 a_t,，计算即时奖励 $r(s_t,a_t)$，并观察下一个状态 s_{t+1}。然后归一化下一个状态 s_{t+1}。如果经验回放缓冲区未满，将转换 (s_t,a_t,r_t,s_{t+1}) 缓存到缓冲区；否则，随机替换缓冲区中的一个转换。接着从经验回放缓冲区中随机采样一批转换，计算目标动作值，更新评论家网络参数。最后更新演员网络参数，并软更新目标演员网络和目标评论家网络的参数。通过重复训练步骤，直到达到预定的训练回合数或满足收敛条件。

这种受无线资源约束的新型 DRL 驱动的动态资源分配方案是针对面向任务的语义通信网络设计的。与传统注重技术级指标的通信模式不同的是，该方案根据数据对正确执行 AI 任务的贡献为数据分配相应的优先级，并根据当前可用的无线资源控制实际传输的数据量。此外，制定了每个智能设备的语义特征压缩比、发射功率和带宽的联合优化目标，以最大限度地提高任务的长期传输效率。为了快速找到此问题的最佳解决方案，在模拟场景中训练了 DDPG 代理，其中智能设备具有不同的任务分配来执行动态资源管理。利用上述方法可以在资源有限的无线网络中，在不降低任务性能的同时显著增加用户成功传输的数据包数量。

（3）语义压缩比和发射功率、时隙划分因子的联合优化

射频能量归属（energy harvesting，EH）、认知无线电（cognitive radio，CR）和非正交多址接入（non-orthogonal multiple access，NOMA）的集成是下一代通信的一个有前途的解决方案[93，100]。本小节以 EH-CR-NOMA 网络系统架构为基础，探究 EH-CR-NOMA 网络的语义感知资源分配问题，给出一种语义压缩比和发射功率、时隙划分因子的联合优化方法，该方法来自文献［84］。

① 系统模型建立　EH-CR-NOMA 网络的系统架构如图 4-4 所示，该系统中有多个主用户（PUs）和一个次用户（SU），所有用户配备单天线并向同一基站上传数据，基站附带有边缘 / 云服务器。频谱通过时分多址在 PUs 之间共享，SU 在 NOMA 协议支持下传输语义特征并与 PU 共享频谱资源，同时收集 PUs 信号的能量，且下行能量收集和上行信息传输不能同时进行。SU 的每个时隙分为两个阶段[93]：第一阶段用于上传语义信息，第二阶段用于射频能量收集。在资源分配前，SU 向基站发送

请求消息告知目标任务，基站返回包含目标任务先验信息的知识库。SU 使用 PU 所在的频段后可根据预测的时变信道状态信息决定时隙划分因子，其中时隙划分因子表示用于表示数据传输时间的百分比。为了保证 PU 在不同时隙的通信质量，应适当控制 SU 的发射功率。此外，提取的特征信息的码率可以通过预训练的语义编码模型自适应地选择。传输数据包所需的最小符号数（图片或句子等）与用于实际传输的符号的比率称为语义压缩率。源数据的捕获和语义特征的提取与能量收集和信息传递无关。

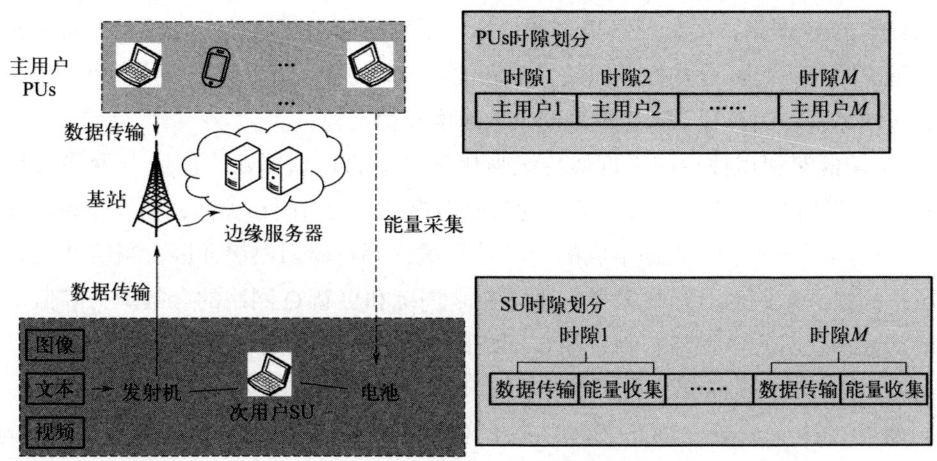

图 4-4　EH-CR-NOMA 网络的系统架构

② 问题建模　该资源分配问题以最大化 TOSC 的长期体验质量（QoE）为目标。QoE 模型由语义率和语义保真度两个评估指标组成。关于 QoE 这一衡量指标具体可见 4.1 节。该系统架构中语义率受 SU 的 SINR、时隙划分因子和语义压缩比影响，定义为每个时隙向传输介质发射的语义符号数量；语义保真度衡量在语义层面给定任务的源数据和解码输出之间的相似性，其具体表示因不同目标任务而异，如对于一些自动化任务可表示为平均分类准确率或检测精度，对于需要数据重建的任务则通过语义距离或峰值信噪比来衡量。由于不同单位，两个指标需归一化，并引入两个权重因子 λ 和 $1-\lambda$ 分别控制语义率和语义保真度的优化程度。

约束条件包括能量约束、功率约束和语义压缩比约束。

能量约束：SU 在时隙开始时消耗的能量不超过电池能量，当剩余电池电量低于保护阈值时，SU 将不占用信道传输信息而是收集能量。

功率约束：SU 的发射功率应适当控制，以确保不同时隙中 PUs 的通信质量。

语义压缩比约束：语义压缩比应在 0 ～ 1 之间。

③ 资源分配算法设计　由于资源分配问题中时隙划分因子和发射功率是连续变量，而语义压缩比是离散变量，采用基于两层深度强化学习（DRL）的资源分配方案[101]，设计包含深度确定性策略梯度（DDPG）和深度 Q 网络（deep Q network，DQN）框架的智能体。DDPG 框架用于时隙划分系数和发射功率控制，DQN 框架负责语义压缩比选择。

DDPG 是解决连续控制问题的典型框架之一，它采用经验回放记忆机制且基于演员 - 评论家（actor-critic）结构[100]。它由演员网络和评论家网络以及它们各自的副本（目标演员网络和目标评论家网络）组成。评论家相当于具有时间差分误差训练损失函数的 Q 网络，演员负责根据评论家的反馈更新策略参数。更新目标演员和目标评论家的参数是通过其各自原始参数和演员或评论家的最新参数的加权和来确定，这种缓慢更新方法有利于加速模型的收敛速度和稳定性。

DQN 框架利用神经网络近似传统强化学习中的 Q 值函数，包括 Q 网络和目标 Q 网络，训练损失函数为 TD 误差。为打破转换之间的时间相关性，引入经验回放缓冲区。在训练开始前，顺序生成的转换首先缓存到经验回放缓冲区，当缓冲区队列长度达到最大限制时，随机采样一批转换来训练和更新 Q 网络的参数。为降低训练的波动性，定期从 Q 网络复制目标 Q 网络的参数。智能体的输出代表不同动作的值，通过遍历操作选择对应最大值的动作。

两层 DRL 框架融合 DQN 和 DDPG 的优点，使资源分配策略保持在合理的维度。两层 DRL 框架的训练过程可概括为使用代理、模拟环境和体验重播池的 DRL 设置。同时构建具有时变信道状态的环境、特定于任务的背景知识库、电池能量和可用的无线资源。将 Agent 部署在 SU 上，根据当前时隙的具体环境状态，灵活确定时隙划分因子、上行传输功率和语义压缩比。所提出的两层资源分配方案的具体状态、行动和奖励功能定义如下。

a. 状态空间：是 SU 剩余电池能量和当前时隙开始时的信道增益的组合，包括占用当前时隙的 PU 与基站之间、PU 与 SU 之间以及 SU 与基站之间的信道增益。

b. 操作空间：特定的资源分配策略表示为两部分操作。第一部分包括 SU 的时隙划分因子和发射功率两个连续操作，第二部分是离散操作，即语义压缩比。所有操作都需要进行归一化。

对于该系统结构，首先需要将观察到的状态输入到 DDPG 资源分配单元中。DDPG 的行动网络通过模拟人类直觉并决定第一部分行动来提供长期利益。当有源 PU 对 SU 和基站都有极强的通道，而 SU 的剩余电池能量不足时，时隙划分因子和发射功率将调整为零。

而第二层中的 DQN 单元将观察到的状态和 DDPG 单元的操作作为输入。DQN

单元负责在给定信道状态、电池能量、时隙分频因子和发射功率的情况下，在单个时隙内获得最大 QoE。借助特定于任务的背景知识库，Q 网络选择最符合预期的语义压缩率。

c. 奖励：代理的行为是由奖励驱动的，执行资源分配动作的即时奖励定义为当前时隙产生的 QoE。奖励值越高，意味着智能任务的语义速率和语义保真度之间的权衡越好。如果 PU 的用户服务质量或目标任务的语义保真度未满足预定义要求，则会产生惩罚。

针对 EH-CR-NOMA 场景，解决面向任务的语义通信中的智能资源分配问题，需要综合考虑发射功率、时隙划分因子和语义压缩比等因素。传统资源分配机制不适用于其与目标智能任务紧密相连的资源分配需求，故该方案采用以用户意图和偏好为重点的体验质量作为评估指标，构建包含语义速率和语义保真度的 QoE 模型。该方案在优化长期 QoE 方面具有很大优势。值得注意的是，在 4.2.2.3 节给出了另一种不同的 QoE 模型，可见，针对不同的问题，可构建不同的 QoE 模型。

4.2.2.2 语义信息提取和无线资源分配联合优化

随着 6G 技术愿景的推进，无线控制系统（wireless control systems，WCS）因其在连接数十亿设备和实现无缝应用交付方面的潜在优势，受到了广泛关注。它相较于有线系统，具备灵活部署结构和长期可靠性等特点[102]。然而，在实际应用中，由于通信资源和计算能力的限制，WCS 在处理和交换大量数据时存在困难，这无法满足下一代无线网络中对超可靠低延迟通信（ultra-reliable and low-latency communications，URLLC）日益增长的需求。URLLC 要求在无线通信中实现极高的可靠性和极低的延迟，同时还可能涉及大量数据的传输。这对于传统的无线通信技术和系统架构来说是一个巨大的挑战，因为传统方式难以在保证可靠性和低延迟的同时，高效地处理大规模的数据流量。

传统无线通信主要关注传输准确性或保真度，往往不考虑内容的语义信息。这种方式在新兴的智能应用场景中逐渐暴露出局限性，因为这些应用通常需要根据任务需求对信息进行有针对性的处理和传输。而任务导向语义通信则强调根据应用驱动的要求对编码信号进行调整[103]，能够对大量数据进行压缩，并提取出与任务相关的语义信息。在无线控制系统中，语义通信具有显著的优势。通过提取任务导向的语义信息，可以大大减少需要传输的数据量，从而缓解网络传输和计算的负担。此外，语义通信结合知识共享机制，即使在信道条件不佳的情况下，也能够保证系统具有足够的语义解释能力，维持系统性能，这对于可靠性要求较高的无线控制系统应用至关重要。

在无线通信中，当多个目的地需要相同信息，例如关键任务命令或语义知识等，多播方式相较于单播能够提供更高效和可靠的性能。受此启发，速率分割多址接入（rate splitting multiple access，RSMA）技术[104-108]被提出。RSMA 将消息分为公共部分和私有部分，公共部分用于多播，私有部分用于单播特定设备。这种技术在语义通信场景中具有很大的应用潜力，因为它可以灵活地满足不同设备对信息的需求，同时提高信息传输的效率和可靠性。将 RSMA 与语义通信相结合，可以使无线控制系统更好地应对复杂的应用场景和多样化的设备需求。通过利用 RSMA 的消息分割策略，语义信息可以更有效地在系统中进行传输，满足不同设备对语义知识和特定任务信息的需求。

然而，尽管语义通信和 RSMA 技术在各自领域都有一定的研究基础，但在将两者结合应用于无线控制系统，并满足 URLLC 要求的研究中还存在许多挑战。例如，现有研究没有充分考虑严格的延迟和传输可靠性要求，或者没有深入探讨在无线资源有限的情况下，如何应对过载连接等实际问题。为了充分发挥语义通信和 RSMA 技术在无线控制系统中的优势，实现 URLLC 的目标，需要对语义信息提取和无线资源分配进行联合优化。通过联合优化，可以在保证语义信息准确提取的同时，合理分配无线资源，提高系统的整体性能。具体而言，就是要在满足各种约束条件（如重建准确性、服务质量要求、通信延迟和计算延迟等）的前提下，最大化加权语义信息传输速率。这种联合优化研究对于提升无线控制系统的性能，满足 URLLC 需求，以及推动无线通信技术在智能应用领域的发展具有重要的理论和实践意义。

本节接下来将给出一种任务导向语义通信使能的无线控制系统中的资源分配方法。该系统采用 RSMA 技术来支持知识库共享和语义信息传输。同时，探索将语义指标与传统通信指标相结合，以最大化语义通信中的信息传递率。该方法联合优化语义信息提取比率（即语义决策变量）和无线资源分配变量（即源因变量），并设计相应的资源分配策略。该方法来自文献［83］，其具体实现过程如下。

（1）系统模型建立

图 4-5 展示了一种基于语义通信的集中式启用 RSMA 的无线控制系统。它是一种下行链路集中式 WCS，其中中央控制（central control，CC）配备 N_t 个天线并采用速率拆分策略来服务 M 个设备。设备集合表示为 $\mathcal{M}$，并且每个设备都需要大量数据来完成其任务执行。由于无线资源有限和连接过载（即 $N_t \ll M$），CC 采用面向任务的语义通信和速率拆分技术来辅助语义信息提取和高可靠性传输。接下来将分别介绍其组成子模型。

① 无线控制系统的面向任务的语义通信　在无线控制系统的实际应用场景中，多个智能传感器分布在空间中，它们周期性地测量环境以及设备的状态信息，从而

产生大量的多模态数据[109]。例如在工业环境中，传感器通常会监测设备的温度、压力、运行状态等信息。控制中心作为数据处理和分发的核心，需要获取并存储这些来自传感器的数据，然后将其传递给各个设备，以实现诸如状态估计、碰撞避免以及智能算法训练等多种应用目的。

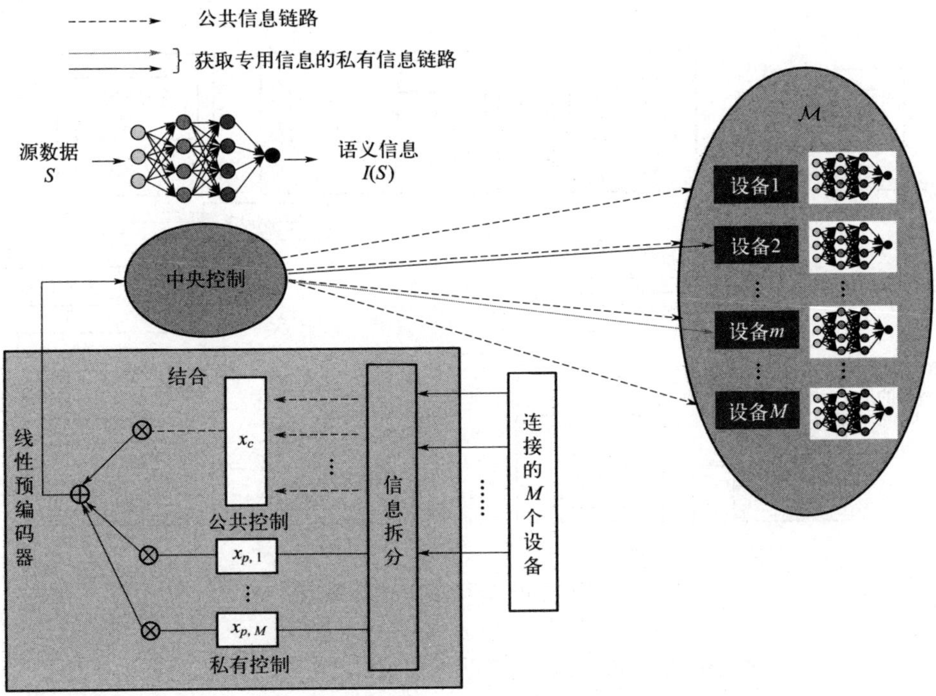

图 4-5　基于语义通信的集中式启用 RSMA 的无线控制系统

图 4-6 是 CC 和设备 m 之间语义通信的关键步骤。所给出的下行语义通信过程主要包含四个阶段：构建任务导向方向概率图（directional probability graph，DPG）、语义信息提取、语义导向决策、语义恢复与结果反馈。

构建任务导向方向概率图是整个语义通信的基础。通过训练存储的数据集，利用深度神经网络可以构建 DPG。DPG 由一组顶点和一组边组成，其中每个顶点代表一个语义实体，它能够定位与任务相关的信息，这些信息可以被信息提取系统从数据集中识别出来[110]。每个顶点由一个数据子序列组成，记为 v_i。边则是两个顶点之间的路径，代表着连接概率 $p_{i,j}$。通过训练数据集，两个顶点之间的概率 $p_{i,j}$ 可以通过卷积神经网络计算得出。以智能家居系统为例，对于“智能灯控”任务，相关的语义实体可能包括“房间”“灯光”“亮度”等，它们之间的连接概率反映了这些实体在该任务中的关联程度。该部分可以通过语义信息融合提高效率，保留概率高于预定义阈值的边。融合操作后用于公共知识共享的构建的DPG可以形式化为 $\mathrm{G}=(V;E)$，其中 V 是实体列表，E 是描述边连接概率的邻接矩阵。在工业WCS中，假设任务是预先确定且固定的，则训练好的DPG可以长时间保持不变。

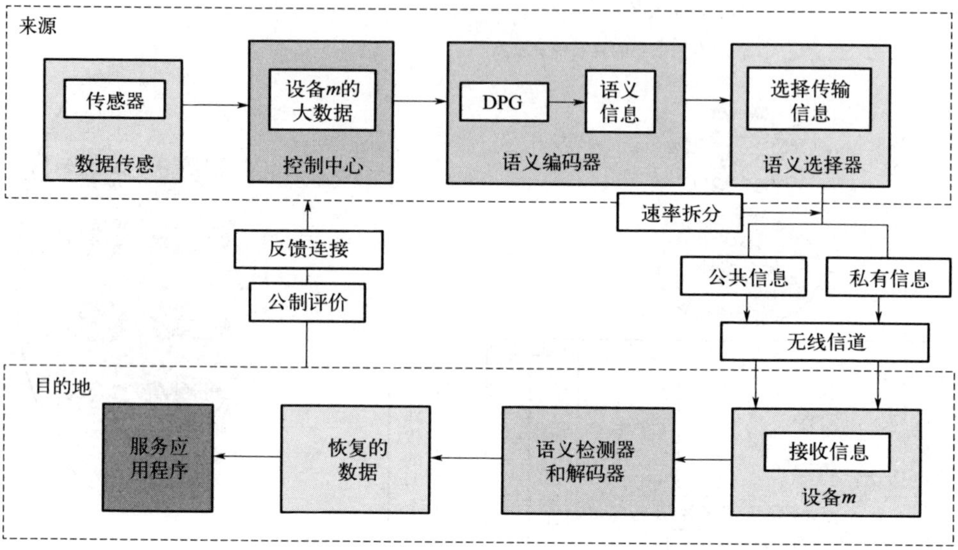

图 4-6　CC和设备 m 之间语义通信框架

语义信息提取是中央控制（CC）借助构建好的DPG从原始数据中提取语义信息，输出记为 $Z(L_m)$。例如，对于一段描述设备运行状态的原始数据，通过DPG可能提取出关键的语义信息，如“正常运行”“故障类型”等。

语义导向决策即为语义信息选择和无线资源分配的语义导向决策。在提取出语义信息后，需要从其中选择合适的数据大小为 $D(F_m)$ 的小尺寸语义子集 F_m 用于传输，并同时进行无线资源的分配。这需要综合考虑各种因素，如传输延迟要求、设备对信息的需求程度等。

语义恢复与结果反馈是当设备接收到传输的语义信息后，利用共享的DPG进行原始数据的恢复，恢复数据记为 $R(L_m)$。信息恢复所需的计算主要包括两部分。第一部分是利用局部知识和更新信息修改DPG，可建模为与 $D(F_m)$ 相关的线性函数。第二部分是设备实现数据恢复所需的计算周期量可以建模为 $\psi_m(L_m,F_m)$。由于更多的语义信息有助于信息恢复，故恢复阶段的计算随着 $D(F_m)$ 的增加而减少。最后对恢复结果进行相似性评估，并将结果反馈给CC，以便对整个语义通信过程进行优化和调整。

② RSMA 使能传输模型　在任务导向语义通信中，中央控制（CC）需要向多个设备传输任务导向语义信息，同时要保证所有设备能够高效获取诸如构建的 DPG 等公共知识，因此采用速率分割多址接入（RSMA）技术。CC 将发送给每个设备的消息分为两部分：公共部分和私有部分，分别对应所有类型设备的公共部分和单个高端设备的私有部分。公共部分在 CC 处收集并组合成一个公共消息 x_c，所有设备共享同一个码本[111]。私有部分则对设备进行单独编码为私有流。例如，对于一个包含多个机器人和执行器的工业控制系统，公共消息可能包含一些通用的控制指令和系统参数，而私有消息则针对每个机器人或执行器的特定任务和状态进行定制。

这样，CC 传输的信号可以表示为

$$x = w_c x_c + \sum_{i=1}^{M} w_{p,i} x_{p,i} \tag{4-21}$$

其中，w_c 表示公共消息的发射波束成形，$w_{p,m}$ 是设备 m 的私有消息的发射波束成形。定义从 CC 到设备的信道向量 $h_m \in C^{N_t \times 1}$，它可以分解为 $h_m = \sqrt{\alpha_m}\bar{h}_m$，其中 α_m 是考虑阴影和路径损耗的大规模信道增益，$\bar{h}_m$ 是服从 $\mathcal{CN}(0, I)$ 分布的小规模衰落。

设备接收到信号后，首先按照一定规则解码公共消息。对于第 m 个设备，解码公共消息的输出信号与干扰加噪声比（SINR）为 $\gamma_{c,m}$。

根据有限块长编码理论，在给定信道块长 n_m 和可用带宽 B 的情况下，设备 m 解码公共消息的可达速率为 $R_{c,m}$，这与依赖于 SINR 的信道色散参数以及 ε_c 是解码公共消息的目标错误概率有关。在解码公共消息后，设备再解码其私有消息，私有消息的可达速率为 $R_{p,m}$。

（2）问题建模

问题建模包括建立目标函数和约束条件。为了保证实时控制的可靠性，可将决策过程建模为一个优化问题，协调设计语义决策变量和源因变量。

该模型目标函数的建立旨在最大化加权和语义传输速率。若使目标函数综合考虑各个设备的语义信息传输需求，并通过加权的方式体现不同设备在整个系统中的重要性程度，可用数学表达式表示为

$$\sum_{m=1}^{M} u_m \frac{D(F_m)}{t_{d,m}} \tag{4-22}$$

其中，u_m 是用于表示设备优先级的权重。在一个工业控制系统中，对于关键的生产设备，其权重可能较高，以确保其能够获得足够的语义信息传输速率，从而保证生产过程的稳定运行。

在进行问题建模时，需要考虑各种约束条件。针对本节提出的问题，需要包含

以下约束条件。

① 语义通信信息传输的QoS约束 $\Gamma_{c,m} \leqslant r_{c,m}, \forall m$ 和 $\Gamma_{p,m} \leqslant R_{p,m}, \forall m$，分别是第 m 个设备对公共消息和私有消息的QoS要求。确保每个设备都能够可靠地解码信息，从而需要考虑个体消息和总速率的QoS约束。

$\Gamma_m^t \leqslant r_{c,m} + R_{p,m} + r_0, \forall m$，是第 m 个设备的总速率QoS要求。

$a_m(L_m, F_m) \geqslant A_m, \forall m$，语义恢复约束，保证语义通信的准确性和任务执行的成功。其中 A_m 是设备 m 的预定义最小信息质量（QoI）要求，$a_m(L_m, F_m)$ 是设备 m 恢复数据的语义准确性。

$\varepsilon_m \leqslant \varepsilon^{\text{th}}$ 和 $n_m \leqslant n^{\text{th}}$，误差概率约束和设备平面延迟约束。为满足URLLC的要求，数据传输需要满足特定的设备平面延迟 n^{th} 和整体错误概率 ε^{th}。

$t_{d,m}^{\text{up}} \leqslant t_{d,m}, \forall m$，语义信息传输时延约束。该约束保证语义信息能够及时传递给设备。对于设备 m，语义信息的传输时延为 $t_{se,m}$，公共语义知识的传输时延为 t_{com}，故传输时间的上界为 $t_{d,m}^{\text{up}} = \max\{t_{se,m}, t_{com}, \forall m\}$。$t_{d,m}$ 是设备的信息传输时延。

$\dfrac{\beta_m \psi_m(L_m, F_m)}{f_m} \leqslant T_{l,m}, \forall m$，计算约束。该约束保证设备在预定义的计算延迟 $T_{l,m}$ 内从 F_m 中获得恢复结果 L_m，其中 β_m 和 f_m 分别是设备的处理密度和计算能力。

② 速率分配约束 $r_0 + \sum_{m=1}^{M} r_{c,m} \leqslant R_{c,m}, \forall m$，该约束确保公共知识更新的速率分配 r_0 以及分配给各个设备的公共消息速率 $r_{c,m}$ 之和不能超过设备解码公共消息的可达速率 $R_{c,m}$。这是为了保证在整个系统中，公共消息的传输能够在信道容量允许的范围内进行，避免出现信息传输过载的情况。

③ 语义恢复约束 $A_m \leqslant a_m(L_m, F_m), \forall m$，该约束要求设备恢复数据的语义准确性 $a_m(L_m, F_m)$ 必须不低于预定义的最小信息质量要求 A_m，保证语义通信能够有效传达信息。只有满足这个约束，设备才能正确理解和处理接收到的语义信息，从而实现相应的任务。

④ 语义信息子集约束 $F_m \subseteq Z(L_m), \forall m$，该约束规定了选择传输的语义子集 F_m 必须是从设备提取的语义信息 $Z(L_m)$ 的子集。这可以确保传输的语义信息是从原始数据中合理提取出来的，不会出现传输无关或错误信息的情况。

⑤ 非负约束 $r_{c,m} \geqslant 0, t_{d,m} > 0, \forall m$，该约束保证速率分配和信息传输时延时间都是非负的，使其符合实际物理意义。

⑥ 块长度约束　$n_m \leqslant n^{\text{th}}, \forall m$，该约束限制设备的块长度 n_m 不能超过目标块长度 n^{th}，符合 URLLC 的要求以及信道编码的实际情况，确保数据能够在有限的块长内进行可靠传输。

⑦ 发射功率约束　$\| w_{\text{c}} \|^2 + \sum_{m=1}^{M} \| w_{\text{p},m} \|^2 \leqslant P_t$，该约束限制 CC 用于公共消息和私有消息发射波束成形的总功率不能超过最大发射功率 P_t。这在满足通信需求的同时，合理利用了发射功率资源，避免对其他系统造成干扰。

满足上述约束条件的最大化优化问题可表示为

$$
\begin{aligned}
&\max_{F,w,r_{\text{c}},t} \sum_{m=1}^{M} u_m \frac{D(F_m)}{t_{\text{d},m}} \\
&\text{s.t.}\, r_0 + \sum_{m=1}^{M} r_{\text{c},m} \leqslant R_{\text{c},m}, \forall m \\
&A_m \leqslant a_m(L_m, F_m), \forall m \\
&F_m \subseteq Z(L_m), \forall m \\
&r_{\text{c},m} \geqslant 0, t_{\text{d},m} > 0, \forall m \\
&n_m \leqslant n^{\text{th}}, \forall m \\
&\| w_{\text{c}} \|^2 + \sum_{m=1}^{M} \| w_{\text{p},m} \|^2 \leqslant P_t \\
&\Gamma_{\text{c},m} \leqslant r_{\text{c},m}, \forall m \\
&\Gamma_{\text{p},m} \leqslant R_{\text{p},m}, \forall m \\
&\Gamma_m^t \leqslant r_{\text{c},m} + R_{\text{p},m} + r_0, \forall m \\
&t_{\text{d},m}^{\text{up}} \leqslant t_{\text{d},m}, \forall m \\
&\frac{\beta_m \psi_m(L_m, F_m)}{f_m} \leqslant T_{l,m}, \forall m
\end{aligned}
\tag{4-23}
$$

值得注意的是，与速率相关的约束相对于波束成形矢量是非凸的，且变量 F_m 的可行值空间是离散的，故该问题是一个具有分数目标函数和非凸约束的离散问题。

（3）资源分配算法设计

针对上述优化问题，可进行资源分配算法设计，具体如下。

① 转换离散优化问题　为了方便处理，可引入松弛变量提取率 δ_m，将离散变量 F_m 转换为连续变量。定义

$$D(F_m) = \delta_m D(L_m) \tag{4-24}$$

其中，$\delta_m \in (0,1]$ 是连续变量，表示从原始大型数据 L_m 中提取语义信息 F_m 的提取率。该式中的 $\delta_m D(L_m)$ 等于发送语义信息 $D(F_m)$ 的数据大小，且具有连续变量 δ_m。

故在下文中，用变量 δ_{m} 来替换 $D(F_m)$。设备实现数据恢复所需的计算量 $\psi_m(L_m,F_m)$ 重新建模为关于 δ_m 的表达式 $\hat{\psi}_m(\delta,L_m)$，设备 m 处的语义信息传输速率重新公式化为关于 δ_m 的表达式 $\dfrac{\delta_m D(L_m)}{t_{\mathrm{d},m}}$。

根据准确性与提取率的趋势关系分析，更多的语义数据能够为恢复提供更多信息，准确性总是随着提取的语义信息和提取率的增加而增加。故当设备 m 处接收的语义信息的量超过某个阈值，设备 m 总是可以以高于 A_m 的精度恢复原始数据。可将精度约束 $A_m \leqslant a_m(L_m,F_m),\forall m$ 转换为：

$$\delta_m D(L_m) \geqslant D_{\mathrm{e},m}^{\min},\forall m \tag{4-25}$$

其中，$D_{\mathrm{e},m}^{\min}$ 是设备满足给定阈值 $\bar{a}_m(L_m,\delta_m)=A_m$ 所需的传输信息的最小数据大小。

经过转换，原问题可重新表述为一个新的优化问题：

$$\max_{\delta,w,r_{\mathrm{c}},t} \sum_{m=1}^{M} u_m \frac{\delta_m D(L_m)}{t_{\mathrm{d},m}} \tag{4-26}$$

其约束条件即为优化问题（4-23）中的约束进行相应转化后的约束。新优化问题也是非凸和非线性的，但通过这种转换可为后续的求解方法提供基础。

② 确立语义信息提取方案　利用固定的无线资源分配的波束成形 w、公共速率分配 r_{c} 和信息传输时间分配 t 能够优化语义信息提取方案 δ。故在固定无线资源分配下优化语义信息提取方案 δ，可通过求解以下凸优化问题得到最优解 δ^*：

$$\begin{gathered}
\max_{\delta} \sum_{m=1}^{M} u_m \frac{\delta_m D\left(L_m\right)}{t_{\mathrm{d},m}} \\
\text{s.t.}\, t_{\mathrm{d},m}^{\mathrm{up}} \leqslant t_{\mathrm{d},m},\forall m \\
\frac{\beta_m \hat{\psi}_m\left(\delta,L_m\right)}{f_m} \leqslant T_{l,m},\forall m \\
\frac{D_{\mathrm{e},m}^{\min}}{D\left(L_m\right)} \leqslant \delta_m \leqslant 1,\forall m
\end{gathered} \tag{4-27}$$

其中 $\hat{r}_m = r_{\mathrm{c},m} + R_{\mathrm{p},m}$，所有约束的目标函数都是凸函数，故该问题是一个凸优化问题，满足 Slater 条件，可以用内点法求解。其具体求解方法可参考文献［83］，在此不做赘述。

③ 确立无线资源分配　在固定提取方案（即 δ 固定）下，优化无线资源分配，包括波束成形 w、公共速率分配 r_{c} 和信息传输时间分配 t，可通过引入松弛变量 $r_{\mathrm{p}}=\{r_{\mathrm{p},m}=R_{\mathrm{p},m},\forall m\in M\}$，将原问题进一步转换为

$$
\begin{aligned}
&\max_{w,r_c,r_p,t}\sum_{m=1}^{M}u_m\frac{D(F_m)}{t_{d,m}}\\
&\text{s.t.}\, r_0+\sum_{m=1}^{M}r_{c,m}\leqslant R_{c,m},\forall m\\
&r_{p,m}\leqslant R_{p,m},\forall m\\
&n_m\leqslant n^{th},\forall m\\
&t_{d,m}^{up}\leqslant t_{d,m},\forall m\\
&\Gamma_{p,m}\leqslant r_{p,m},\Gamma_m^t\leqslant r_{c,m}+r_{p,m}+r_0,\forall m\\
&\Gamma_{c,m}\leqslant r_{c,m},\forall m\\
&r_{c,m}\geqslant 0,t_{d,m}>0,\forall m\\
&\|w_c\|^2+\sum_{m=1}^{M}\|w_{p,m}\|^2\leqslant P_t
\end{aligned}
\tag{4-28}
$$

该问题为非凸问题，对于非凸问题的处理方法是通过变换，将原问题近似为一个凸问题后用内点法高效求解。

④ 语义信息提取和无线资源分配联合优化　联合语义信息提取和无线资源分配算法基于问题分解技术，通过交替优化语义信息提取方案和无线资源分配来求解问题。在每次迭代中，首先更新语义信息提取方案，然后基于新的提取方案更新无线资源分配，反复迭代直至目标函数收敛或达到最大迭代次数。

算法在每次迭代中交替进行上述两个步骤。首先，利用上述语义信息提取方案更新的过程求解语义信息提取方案δ，得到δ^{l+1}，l表示迭代次数。然后，利用上述无线资源分配更新的过程求解无线资源分配，得到$\{w^{l+1},r_c^{l+1},t^{l+1}\}$。重复上述过程，直到目标函数收敛或者达到最大迭代次数。目标函数收敛即相邻两次迭代的目标函数值之差小于给定的阈值。

本小节以最大化加权和语义传输速率为目标，同时考虑多种约束条件，将决策过程建模为优化问题，为解决该问题的离散性、非凸性和非线性等难点，给出一种联合语义信息提取和无线资源分配算法，通过引入松弛变量将离散问题转化为连续问题，然后交替优化语义信息提取方案和无线资源分配，并最终求解子问题以得到最优解。这为与之类似的面向任务的语义通信资源优化问题提供了思路。此外，在该方案中，速率分割多址接入无线控制系统中的应用也是一大亮点，在不同场景下，RSMA 传输策略相比其他方案（如 SDMA、NOMA 等）在语义传输速率、计算成本等方面具有优势，能有效提高 WCS 的性能，为未来构建模型驱动的 AI 算法（如强化学习）提供有力支撑。

4.2.2.3　传输语义符号数量和信道资源分配联合优化

语义通信的性能往往取决于用户是否能够完成任务，它更加注重主观用户体验，而语义通信具有增强体验质量（QoE）[112]的固有优势，它同时考虑了客观服务质量（QoS）和主观用户体验[113]。为了满足用户对不同类型任务的需求，需要在多单元多任务网络中进行语义感知的资源分配。本节将给出一种多单元多任务网络中基于QoE度量的语义感知资源分配，该方法来自文献［80］，从传输语义符号的数量、信道分配和功率分配三个方面制定QoE感知的语义资源分配优化问题。其具体过程如下。

（1）系统模型建立

系统模型的建立考虑一个上行链路蜂窝网络，其中包含 B 个协作小区。每个小区设有一个基站，基站配备 N_r 根接收天线，同时小区内分布着一组单天线用户。假设这些基站通过高速低延迟的光纤回程链路[114]与中央控制器相连，以便进行信道状态信息和调度信息的交换，实现小区间的协作。网络中存在多种智能任务，包括单模态任务（如文本传输）和多模态任务（如视觉问答），用户和基站分别配备了任务特定的语义通信发射器和接收器。

为充分利用频谱资源，B 个协作小区共享同一信道集合 M，每个用户最多占用一个带宽为 W 的信道。在每个小区内，信道采用正交分配方式，以消除小区内干扰。在基站采用最大比合并（maximal ratio combining，MRC）检测，第 b 个基站处用户 $u \in \mathcal{U}^b$ 的接收信号与干扰加噪声比（SINR）可表示为 γ_u^b，与用户发射功率、用户 u 到第 b 个基站在信道 m 上的信道矩阵、相应的MRC检测矩阵、噪声功率谱密度以及用户 u 在信道上受到的来自相邻小区的干扰有关。

本节以单模态任务和双模态任务这两种类型的智能任务为例建立语义通信模型，读者可根据需要将该算法扩展到多个多模态智能任务的情况。

在实际网络部署中单模用户和双模用户对随机部署，并且第 b 小区具有 N_{Si}^b 单模用户和 N_{Bi}^b 双模用户对。为表述清楚，本节将单模用户或双模用户对视为用户组。第 b 个小区中所有用户组的索引集表示如下：$Q^b = \{1,2,\cdots,q,\cdots,|Q^b|\} = \left\{1,2,\cdots,N_{\mathrm{Bi}}^b,N_{\mathrm{Bi}}^b+1,\cdots,N_{\mathrm{Bi}}^b+N_{\mathrm{Si}}^b\right\}$。当 $q \leqslant N_{\mathrm{Bi}}^b$ 时，第 q 个用户组包含双用户对，并且当 $q \geqslant N_{\mathrm{Bi}}^b$ 时，第 q 个用户组包含单用户。对于单模态任务，以文本传输为例采用DeepSC[67]模型，用户生成的句子首先被映射为语义符号，然后通过DeepSC发射器直接在物理信道上传输，基站的DeepSC接收器负责恢复这些语义符号。使用语义相似度用于评估性能，它是传输的语义符号数量和SINR的函数[79]。对于第 b 个小区中第 q 个用户组（单模态用户，$q > N_{\mathrm{Bi}}^b$），其语义相似度可表示为 $\xi_q^b = f_{\mathrm{Si}}(k_u,\gamma_u^b)$，其中 k_u 是用户 u 平均传输的语义符号数量。对于多模态任务，以视觉问答为例，采用DeepSC-VQA[115]模型，该任务涉及两个用户分别进行文本和图像传输。两个用

户首先通过 DeepSC-VQA 发射器从文本和图像信息中提取语义符号，然后发送给基站。基站的 DeepSC-VQA 接收器将接收到的文本和图像语义符号进行融合，以预测答案。由于两个用户共同决定任务性能，该任务的答案准确率可建模为关于两个用户传输的语义符号数量和 SINR 的函数，即 $\xi_q^b = f_{\mathrm{Bi}}(k_{u_t}, k_{u_i}, \gamma_{u_t}^b, \gamma_{u_i}^b)$，其中 u_t 和 u_i 分别表示文本传输用户和图像传输用户。

(2) 问题建模

该资源分配问题的目标是最大化所有用户的整体 QoE，在信道分配、功率分配和传输的语义符号数量方面进行语义感知资源分配，故该目标函数可表述为

$$\max_{\{\{\alpha_{u,m}\},\{p_u\},\{k_u\}\}} \sum_{b\in\mathcal{B}} \sum_{q\in\mathcal{Q}^b} QoE_q^b \tag{4-29}$$

其中，QoE_q^b 是一种新的语义通信 QoE 模型，该模型基于两个客观指标语义准确性和语义率来制定 QoE，能够更好地反映用户的 QoE 需求。关于该模型的具体介绍见 4.1 节。

该优化问题的约束条件具体包括以下几个方面。

① 信道约束　$\alpha_{u,m} \in \{0,1\}, \forall u \in U^b, \forall m \in \mathcal{M}, \forall b \in \mathcal{B}$，该约束限制信道分配变量 $\alpha_{u,m}$ 的取值范围，表明信道要么分配给用户 u（$\alpha_{u,m}=1$），要么不分配（$\alpha_{u,m}=0$）。

$\sum_{u\in\mathcal{U}^b} \alpha_{u,m} \leqslant 1, \forall m \in \mathcal{M}, \forall b \in \mathcal{B}$，该约束确保每个小区内每个信道最多被一个用户占用，保证了信道分配的正交性，有助于消除小区内用户间的干扰。

$\sum_{m\in\mathcal{M}} \alpha_{u,m} \leqslant 1, \forall u \in \mathcal{U}^b, \forall b \in \mathcal{B}$，该约束限制每个用户最多占用一个信道，防止用户过度占用信道资源，保证资源分配的合理性和公平性。

$\sum_{u\in\mathcal{G}_q^b, q\leqslant N_{\mathrm{Bi}}^b} \alpha_{u,m} \in \{0,2\}, \forall m \in \mathcal{M}, \forall b \in \mathcal{B}$，该约束保证双模态用户对要么不分配信道，要么分配两个信道。因为对于双模态任务（如视觉问答任务），需要两个用户（如文本传输用户和图像传输用户）同时参与，如果只给其中一个用户分配信道，任务将无法正常执行，所以做出这样的约束。

② 传输语义符号数量约束　$k_u \in \mathcal{K}_u, \forall u \in \mathcal{U}^b, \forall b \in \mathcal{B}$，该约束指定了每个用户传输语义符号数量的范围，其中 $\mathcal{K}_u$ 根据用户执行的任务类型而有所不同，确保了传输的语义符号数量在合理范围内，避免资源浪费或任务执行失败。

③ 功率约束　$0 \leqslant p_u \leqslant P_{\max}, \forall u \in \mathcal{U}^b, \forall b \in \mathcal{B}$，该约束限制了用户的发射功率范围，防止用户发射功率过大对其他用户造成干扰，同时也考虑了设备的功率限制，

保证系统在合理的功率范围内运行。

④ 语义约束　$G_u^{\mathrm{R}}, G_u^{\mathrm{A}} \geqslant G_{\mathrm{th}}, \forall u \in \mathcal{U}^b, \forall b \in \mathcal{B}$，该约束限制了语义速率和语义准确率的最低得分要求，G_u^{R} 和 G_u^{A} 分别是语义速率和语义准确率的得分，确保用户在资源分配后能够达到一定的服务质量标准，满足用户对语义通信质量的基本需求。

满足上述约束条件的最大化优化问题可表示为

$$
\begin{aligned}
&\max_{\{\{\alpha_{u,m}\},\{p_u\},\{k_u\}\}} \sum_{b\in\mathcal{B}}\sum_{q\in\mathcal{Q}^b} QoE_q^b \\
&\text{s.t.}\alpha_{u,m} \in \{0,1\}, \forall u \in \mathcal{U}^b, \forall m \in \mathcal{M}, \forall b \in \mathcal{B} \\
&\sum_{u\in\mathcal{U}^b} \alpha_{u,m} \leqslant 1, \forall m \in \mathcal{M}, \forall b \in \mathcal{B} \\
&\sum_{m\in\mathcal{M}} \alpha_{u,m} \leqslant 1, \forall u \in \mathcal{U}^b, \forall b \in \mathcal{B} \\
&\sum_{u\in\mathcal{G}_q^b, q\leqslant N_{\mathrm{Bi}}^b} \alpha_{u,m} \in \{0,2\}, \forall m \in \mathcal{M}, \forall b \in \mathcal{B} \\
&k_u \in \mathcal{K}_u, \forall u \in \mathcal{U}^b, \forall b \in \mathcal{B} \\
&0 \leqslant p_u \leqslant P_{\max}, \forall u \in \mathcal{U}^b, \forall b \in \mathcal{B} \\
&G_u^{\mathrm{R}}, G_u^{\mathrm{A}} \geqslant G_{\mathrm{th}}, \forall u \in \mathcal{U}^b, \forall b \in \mathcal{B}
\end{aligned} \tag{4-30}
$$

（3）资源分配算法设计

针对上述优化问题，可进行资源分配算法设计，本节给出的是一种基于匹配理论的解决方案。简单来说可将该优化问题分解为两个独立的子问题，然后分别求解它们获得次优解。关于两个子问题：一是在给定信道分配和功率分配的情况下，利用穷举搜索方法优化传输语义符号的数量；二是信道分配与功率分配子问题，该子问题建模为多对一匹配博弈，采用低复杂度匹配算法进行求解。具体过程如下。

① 问题分解　原优化问题中的优化变量 $\{\alpha_{u,m}\}$ 和 $\{p_u\}$ 共同决定了接收信号与干扰加噪声比（SINR）γ_u^b，且目标函数可表示为关于 γ_u^b 和用户平均传输的语义符号数量 k_u 的函数。故给定 γ_u^b，可通过求解以下优化问题得到每个用户组 $\mathcal{G}_q^b$ 的最优 k_u：

$$
\begin{aligned}
&\max_{\{k_u\}, u\in\mathcal{G}_q^b} QoE_q^b \\
&\text{s.t.}k_u \in \mathcal{K}_u, \forall u \in \mathcal{U}^b, \forall b \in \mathcal{B} \\
&G_u^{\mathrm{R}}, G_u^{\mathrm{A}} \geqslant G_{\mathrm{th}}, \forall u \in \mathcal{U}^b, \forall b \in \mathcal{B}
\end{aligned} \tag{4-31}
$$

而信道分配和功率分配问题可描述为

$$
\begin{aligned}
&\max_{\{\{\alpha_{u,m}\},\{p_u\}\}} \sum_{b\in\mathcal{B}}\sum_{q\in\mathcal{Q}^b} QoE_q^b \\
&\text{s.t.}\alpha_{u,m}\in\{0,1\},\forall u\in\mathcal{U}^b,\forall m\in\mathcal{M},\forall b\in\mathcal{B} \\
&\sum_{u\in\mathcal{U}^b}\alpha_{u,m}\leqslant 1,\forall m\in\mathcal{M},\forall b\in\mathcal{B} \\
&\sum_{m\in\mathcal{M}}\alpha_{u,m}\leqslant 1,\forall u\in\mathcal{U}^b,\forall b\in\mathcal{B} \\
&\sum_{u\in\mathcal{G}_q^b,q\leqslant N_{\text{Bi}}^b}\alpha_{u,m}\in\{0,2\},\forall m\in\mathcal{M},\forall b\in\mathcal{B} \\
&0\leqslant p_u\leqslant P_{\max},\forall u\in\mathcal{U}^b,\forall b\in\mathcal{B}
\end{aligned}
\tag{4-32}
$$

② 问题求解　对于优化变量 $\{\alpha_{u,m}\}$ 和 $\{p_u\}$ 的每个选项，通过求解子优化问题（4-31）得到最优用户平均传输的语义符号数量 k_u 和相应的最大 QoE_q^b。由于求 QoE_q^b 中的 ξ_q^b 只能通过查找表方法获得，故可采用穷举搜索法求解，尽管复杂度较高，但由于 $|\mathcal{K}_u|$ 的限制，复杂度仍在可接受范围内。最后，利用得到的最大 QoE_q^b 求解子优化问题（4-32）以获得最终解决方案。关于求解优化子问题（4-32），可采用低复杂度的匹配算法来获得本部分的稳定匹配，该算法具体可参考文献［80］。

本小节针对多单元多任务网络中的语义感知的资源分配，制定了传输语义符号的数量和信道分配联合优化问题，即从传输语义符号的数量、信道分配和功率分配三个方面进行 QoE 感知的语义资源分配。该方法可以更精确满足用户对语义通信的性能需求，提高用户满意度。

4.2.3　面向语义通信的多维资源联合优化技术

随着移动互联网的发展，6G 通信技术需求日益凸显。传统通信基于香农理论，以准确传输符号为目标，未考虑语义信息传递和传输速率逼近极限。传统通信资源分配方案以优化比特传输速率为目标的设计，不适用于语义通信网络。现有语义通信资源分配方法相关研究虽取得了一定进展，但仍存在一些问题。例如，部分研究针对特定语义任务设计算法，未评估和优化通信效率；一些方案未从语义层面考虑资源分配；还有的未考虑计算资源对系统性能的限制，语义信息传输性能评估方法及指标也需进一步探索。

在多模态语义通信中，计算资源、通信资源和压缩比等多维资源之间存在着复杂的相互关系。计算资源的分配会影响语义信息的处理速度和准确性，通信资源的分配会影响语义信息的传输质量和实时性，而压缩比的选择则会影响数据量和资源需求。而且，在语义通信中，不同的任务和应用场景对资源的需求是多维度的。例如，对于实时视频会议应用，需要足够的通信带宽来保证视频和音频的流畅传输，同时也需要强大的计算资源进行视频编码、解码以及对语义信息的提取和处理。同时，为了在有限的带宽条件下提高传输效率，还需要通过合理的压缩来减少数据量。这些资源之间相互关联和影响，如果单独对某一种资源进行优化，可能无法达到整体性能的最优。因此，需要进行多维资源的联合优化，以实现多模态语义通信的整体性能最优。此外，由于目前语义通信系统的语义编解码器通常基于计算量较大的Transformer模型，考虑到计算资源的限制，本地设备可能无法执行语义编码和解码过程，多数语义感知资源优化方案并未考虑计算资源对语义通信系统性能的限制，因此有必要从实际角度考虑无线通信资源和计算资源的联合优化。

本节将以一种语义特征感知的多维联合资源优化架构为例，具体说明面向语义通信的多维资源联合优化的实现方法。该架构来自文献［116］，大致分为两部分：一是建立面向多任务多模态共存网络的语义特征感知资源优化模型，联合优化语义压缩、传输环境、通信资源和计算资源的多维资源配置；二是建立语义感知的任务卸载网络框架，将用户端侧的计算任务卸载到云端。基于所提框架和新型语义评价指标，得到该多维资源联合优化问题的求解思路。

（1）语义特征感知的网络性能优化问题建模

语义感知网络中存在不同的语义传输任务，包括单模态任务（如文本传输、图像传输、图像分类等）和多模态任务（如视觉问答、图文检索等）。这些任务对资源的需求和使用方式各不相同。针对多任务多模态共存的需求，网络性能优化需要综合考虑多方面因素，如语义压缩率、计算资源以及智能传输环境等。其中，不同的语义压缩率影响接收端的语义保真度和无线资源需求量。语义通信系统需要计算资源辅助语义特征提取及任务结果推演，且计算资源与传输资源相互制约。而智能传输环境（如智能反射面等）对网络传输性能有影响，需要与其他资源联合优化。语义特征感知的网络性能优化问题建模示意图如图4-7。具体过程如下。

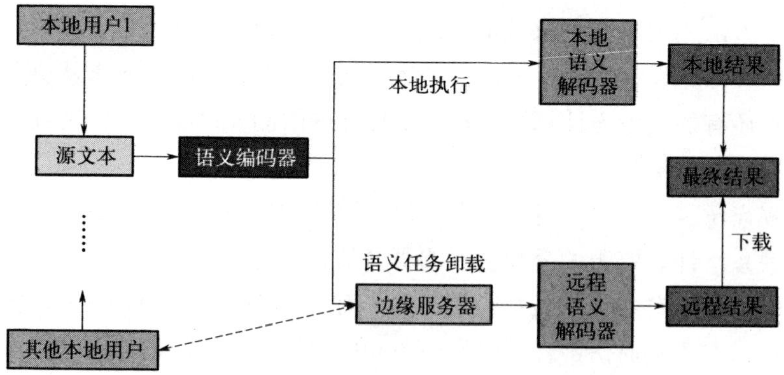

图4-7　语义特征感知的网络性能优化问题建模示意图

① 优化变量分析　该问题不仅需要考虑传统资源分配模型中考虑的无线传输资源相关变量，如功率、带宽等，还应将与语义通信系统性能相关的参数作为优化变量。具体包括以下几种。

a. 语义压缩率：不同的语义压缩率影响接收端语义保真度和任务性能，同时决定用户对无线资源的需求，需与无线传输资源联合优化。

b. 计算资源：语义通信需强大的计算能力辅助语义特征提取和任务结果推演，计算资源与传输资源相互制约，共同影响网络性能，应纳入优化考虑。

c. 智能传输环境：如智能反射面等对网络传输性能有影响，需结合语义压缩、无线资源及计算资源约束进行联合优化。

② 优化目标设定　基于构建的语义信息传输性能评估指标，优化目标是网络中所有用户的语义传输性能之和，用户语义传输性能受语义信息量、语义压缩率、智能环境参数、发送功率、带宽、计算资源等因素影响。目标函数可用数学表达式表示为

$$\max_{\{p_n,B_n,k_n,l_n,r_n\}}\sum_{i\in I}\sum_{n\in\mathcal{N}_i}\varphi_n \tag{4-33}$$

其中，I 表示语义感知网络中的任务集合，$\mathcal{N}_i$ 表示执行传输任务 i 的用户集合，φ_n 表示用户 n 的语义传输性能，不同任务往往采用的语义传输性能指标不同，现有的一些常见的语义性能指标可参考 4.1 节。该变量往往取决于用户的语义压缩率、智能传输环境、无线资源配置及计算资源配置等。B_n 表示给用户 n 分配的带宽资源，p_n 表示用户 n 的发射功率，k_n 表示用户 n 的语义压缩率，l_n 表示给用户 n 分配的边缘计算服务器的计算资源，r_n 表示用户 n 的智能环境参数。

在进行问题建模时，需要考虑各种约束条件，该问题所需考虑的约束具体如下。

无线资源约束：限制用户分配的频谱资源 $\sum_{i\in I}\sum_{n\in\mathcal{N}_i}B_n\leqslant B_{\max}$，如带宽或资源块数目。

用户能力约束：分别限制用户发射功率 $0<p_n\leqslant P_{\max}$ 和语义压缩率 $k_n\leqslant K_{n,\max}$。

智能传输环境约束：对应的传输环境参数约束 $f(r_n)\geqslant 0$，如智能反射面的信道环境需考虑幅度和相位优化范围；边缘计算服务器的可用计算资源 $\sum_{i\in I}\sum_{n\in\mathcal{N}_i}l_n\leqslant L_{\max}$，平衡其与传输资源，满足用户语义传输需求；保证任务性能不低于某一阈值 $\xi_n\leqslant\xi_{n,\mathrm{th}}$，对多模态任务，执行同一任务的用户应分配足够无线资源以保证任务执行。

故满足上述约束条件的最大化优化问题可表示为

$$
\begin{aligned}
&\max_{\{p_n,B_n,k_n,l_n,r_n\}} \sum_{i\in I}\sum_{n\in\mathcal{N}_i}\varphi_n \\
&\text{s.t.} \sum_{i\in I}\sum_{n\in\mathcal{N}_i} B_n \leqslant B_{\max} \\
&0 < p_n \leqslant P_{\max} \\
&k_n \leqslant K_{n,\max} \\
&\sum_{i\in I}\sum_{n\in\mathcal{N}_i} l_n \leqslant L_{\max} \\
&f(r_n) \geqslant 0 \\
&\xi_n \leqslant \xi_{n,\text{th}}
\end{aligned} \tag{4-34}
$$

（2）语义感知的任务卸载网络架构建立

边缘计算技术能够为计算能力较差的设备提供一种解决方案，即本地用户可以将计算任务卸载到边缘服务器上，由计算能力强大的边缘服务器来执行这些任务。利用边缘计算技术，语义感知的任务卸载系统可以将本地任务的高计算负载转换为低通信负载的语义信息，并将其卸载到具有低计算负载的边缘服务器上。如图 4-8 所示，语义任务卸载过程包括如下几个步骤：

① 本地用户利用语义编码器提取任务中包含的语义信息；

② 本地用户上传语义任务到边缘服务器；

③ 边缘服务器通过语义解码器解码任务信息并执行任务；

④ 本地用户从边缘服务器下载任务执行结果。

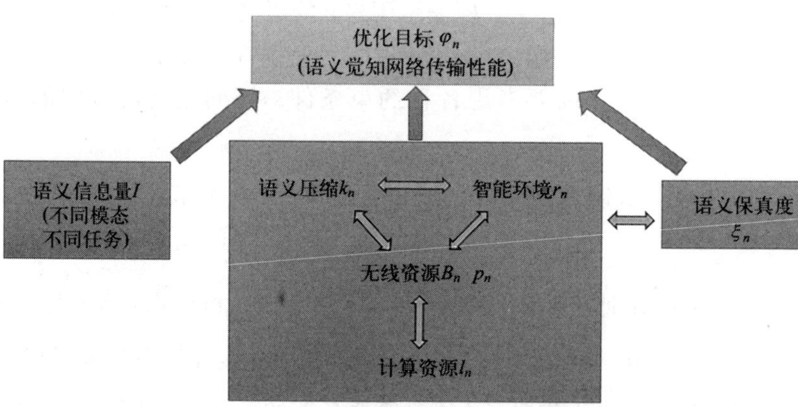

图 4-8 语义感知的任务卸载网络

（3）资源优化算法设计

当信道状态信息已知且时延容忍度较高时，多维资源优化问题可解耦为子问题，用传统凸优化或匹配算法求解。但语义感知网络复杂，存在多种语义通信系统，满足多样需求会导致算法复杂度高，无法满足低时延场景需求。因此考虑利用强化学习思想求解，通过联邦学习进行分布式训练，降低复杂度。

① 强化学习驱动的多维资源优化　由于优化变量较多且同时存在离散变量和连续变量，在设计强化学习算法时，利用基于值函数的方法对信道选择等离散变量进行优化，利用基于策略梯度的方法对功率等连续变量进行优化，从而减小动作空间的大小，降低神经网络训练的内存需求，提高收敛速度。每次训练中，基于这两个神经网络输出的结果，计算此次训练的回报，并通过梯度回传对神经网络进行优化，直至网络收敛，得到最优参数配置。

② 联邦学习驱动的低复杂度资源优化算法　当网络中用户数增加，采用集中式资源分配算法需重新设计神经网络结构，重新训练，会显著增加训练复杂度。联邦学习的思想可用于分布式训练，网络中的用户在本地进行计算能力内的小规模训练，将训练参数上传至中心服务器进行加权计算，再广播至各个网络中的用户。当有新用户加入时，仅需要进行几个训练周期的调整，便可为其分配合适的资源，满足其通信需求。

目前语义感知的资源优化方法大多着眼于系统级表现，主要聚焦在对整个通信系统的性能优化，例如通过调整语义压缩率、合理分配无线传输资源（如功率和带宽）以及优化智能传输环境等方式来提升系统的语义传输效率。然而，随着6G和物联网技术的飞速发展，未来的通信场景将变得更加复杂和多样化。在6G时代，网络将具备更高的传输速率、更低的延迟以及更强的连接能力，这将为语义通信带来新的机遇和挑战。物联网技术的广泛应用则会使得大量不同类型的设备接入网络，这些设备产生的数据具有多种模态，如文本、图像、音频等，并且不同用户对于数据的处理需求和资源偏好也各不相同。

因此，未来的资源分配技术需要向以用户为中心进行设计转变。这意味着需要充分考虑每个用户的特定需求，联合考虑用户的数据模态以及资源偏好。例如，对于一个从事图像识别任务的用户，可能需要更多的计算资源来处理图像数据，同时对传输图像的语义保真度有较高要求，那么资源分配技术就需要为其提供相应的计算资源支持，并优化语义压缩率以确保图像语义信息的准确传输；而对于一个主要进行文本信息处理的用户，则可能更关注文本的语义理解准确性和传输速度，资源分配就应侧重于提高文本语义的处理效率和优化相关的无线传输资源。

在此基础上，未来需要致力于设计分布式多模态、多任务的语义感知网络。这种网络架构能够更好地适应不同用户的多样化需求，将不同模态的数据在分布式的网络环境中进行高效处理和传输，通过合理的网络拓扑结构和资源分配策略，使得各个节点能够协同工作，实现对不同任务的高效支持，实现压缩 - 计算 - 传输多维资源的最优配置将成为关键目标。在这个过程中，需要精确地平衡语义压缩、计算资源分配和传输资源分配之间的关系。例如，在进行语义压缩时，要根据用户对语义保真度的要求以及计算资源和传输资源的限制，选择合适的压缩算法和压缩率；在分配计算资源时，要考虑不同任务对计算能力的需求以及计算资源的可用性，确保每个用户都能获得足够的计算能力来处理其数据；在分配传输资源时，要综合考虑数据的模态、任务的优先级以及网络的负载情况，以实现高效的传输。通过这种多维资源的最优配置，提高语义通信网络的性能，以满足未来复杂通信场景下用户的多样化需求。

章末小结

本章详细探讨了多模态语义通信中的资源管理问题。多模态语义通信在发展过程中，面临着传统通信传输衡量指标不适用的问题，为此研究者们提出了新型多模态语义信息传输衡量指标。这些指标与传统指标在关注点和应用场景上有所不同，它们不仅关注数据的传输速度，更注重语义信息的准确传输和高效利用，从而实现基于深度学习技术的数据预处理和更相关的信息传输。例如，系统消息吞吐量关注语义信息的有效传输，语义频谱效率衡量语义信息传输速率，语义服务质量从多维度评估通信服务，任务传输效率综合考虑任务执行的多个方面，有效语义信息准确率衡量数据传输和智能任务性能，语义传输速率关注单位时间内语义信息量的传输。同时，各指标相互关联，对其中一个指标的优化也有可能会影响其他指标，在设计和优化多模态语义通信系统时需综合考虑。

在资源分配方面，多模态语义通信资源涵盖无线通信、计算、存储和语义资源等，资源分配旨在满足多模态语义信息传输需求，提高资源利用效率，保障语义信息质量，实现多模态语义融合协同，适应复杂通信环境。其分配方式从传统向面向任务转变，以应对语义通信资源分配挑战。面向任务的多模态语义通信的无线资源分配方法包括系统模型建立、目标设定、约束条件考虑、算法设计和性能评估优化等步骤。具体的联合优化方法有语义压缩比和无线资源分配联合优化、语义信息提取和无线资源分配联合优化以及传输语义符号数量和信道资源分配联合优化。其中语义压缩比和无线资源分配联合优化是较为常见的资源分配方法，也是本章所重点介绍的。本章给出三种具体的优化方法，包括通过优化发射功率、带宽和语义压缩比来提高任务成功概率；采用深度强化学习驱动的动态资源分配方法，以最大化长期任务传输效率；语义压缩比和发射功率、时隙划分因子的联合优化，在特定网络架构中提升长期体验质量。

由于在多模态语义通信中，计算资源、通信资源和压缩比等多维资源之间存在着复杂的相互关系，因此，无线、计算、存储与语义资源的多维资源联合优化对实现多模态语义通信整体性能优化至关重要。本章以语义特征感知的多维联合资源优化架构为例，阐述了此类面向语义的多维资源联合优化技术。指出未来资源分配技术将更偏向以用户为中心进行转变，以适应日益复杂的通信场景。

综上，本章为多模态语义通信中的资源管理问题提供了较为全面的解决方案。通过引入新型衡量指标和优化资源分配方法，可以更有效地利用有限的通信资源，实现更高效、更准确的信息传输和处理。这些研究成果对于推动多模态语义通信技术的发展和应用具有重要意义。

6G
Ai
Ai

第 5 章

基于大模型的多模态语义通信系统

学习目标

- 了解多模态语义通信系统中的大模型部署与训练。
- 了解基于大模型的多模态语义通信架构。
- 了解基于大模型对多模态语义通信的优化改进。

大模型技术的迅猛发展显著提升了机器翻译、文本生成等任务的处理性能边界，其持续演进正驱动无线通信向智能化转型，催生以大模型为计算核心的多模态语义通信范式。多模态语义通信网络需融合多源异构数据，传统的云计算模式在实时响应、带宽利用和隐私保护方面面临严峻挑战。当前，无线通信系统中的大模型训练和部署方法与基于大模型的语义通信架构已成为研究焦点。本章将系统解析大模型在多模态语义通信系统中的训练与部署机制，并给出基于大模型的多模态语义通信系统的系统架构与相关实例。此外，还将介绍大模型在多模态语义通信中的应用。

5.1 多模态语义通信系统中的大模型训练与部署

随着通信技术向高速度、低延迟、高精准方向持续演进，多模态语义通信作为新兴范式应运而生。其中，以大语言模型和生成式人工智能为代表的大模型技术突破，成为通信技术更新的核心驱动力之一。大模型依托海量规模的参数配置、强大的上下文学习能力以及不断增强的多模态理解与生成能力，为多模态语义通信奠定了关键的技术基础。大模型不仅能够深度解析文本、图像、音频、视频等多模态数据的复杂语义，还可建模不同模态间的深层语义关联与转换逻辑。本质上，大模型赋予了语义通信系统处理多模态数据最核心的“理解”与“表达”能力，可高效处理语义通信中的不同模态的语义信息。依托于无线通信基础，大模型驱动的多模态语义通信融入了语义层级的处理与理解能力，使信息传递更高效、更智能。例如，在 6G 网络中，基于大模型的多模态语义通信能够深度集成通信、感知、计算与存储功能，全面提升系统性能，并有效应对多模态信息压缩、传输、干扰及噪声抑制等挑战。此外，大模型的引入使多模态语义通信系统在跨模态信息检索、资源优化配置以及跨模态信息对齐与融合等任务中也展现出显著优势，显著提升了无线通信系统的整体性能。

为提升无线通信系统中多模态语义通信性能，需将大模型有效嵌入语义通信框架，以实现对多模态信息的深层语义理解，并优化通信、计算和存储等资源的管理。然而，大模型通常包含数十亿乃至数千亿参数，其对算力和内存的高需求使通信系统面临巨大的计算压力与资源分配挑战。为应对大模型部署的挑战，需要借助高效的云 - 边 - 端协同架构部署方案、分布式训练技术来实现系统资源的优化管理。本节将围绕云 - 边 - 端协同架构下的模型部署、分布式模型训练与大模型算力适配和优化等方面，系统探讨无线通信系统中大模型的部署与训练方法。

5.1.1 云端架构下的模型部署

在众多大模型中，大语言模型（LLMs）凭借其在海量文本数据处理与理解方面的卓越能力，被广泛应用于文本生成、翻译、摘要、问答及分类等自然语言处理（NLP）任务中。正因如此，其所展现出的强大泛化与认知能力，为无线通信领域实现智能化和自主化网络提供了巨大潜力。通过融合无线通信领域的专业知识，LLMs 能够有效完成资源分配、频谱感知、协议理解等任务需求，辅助自动化部署与管理无线网络。其强大的逻辑推理与数学建模能力，可基于无线环境反馈生成决策指导，从而促进网络的动态适应。人工智能生成内容（artificial intelligence generated content，AIGC）技术利用 LLMs 的能力，自动生成和优化无线通信系统所需的内容，如网络配置方案、优化网络部署等。AIGC 的应用能显著提升网络自治水平，最终推动更高级别智能网络的实现。

多模态语义通信网络需处理海量异构数据，面临严峻的计算与资源分配挑战。应用于此类网络的大型语言模型和生成式人工智能，因其高复杂度与庞大规模，在训练过程中消耗巨量计算资源，且其推理任务难以在资源受限的终端高效执行。为确保用户在多模态语义通信中获得流畅的通信体验，大模型通常部署于云端，用户通过互联网远程访问。然而，这种方式常伴随显著的访问延迟，并使云服务器承受高并发负载压力。为应对此挑战，云 - 边 - 端协同架构应运而生：在云端部署大模型的同时，多模态语义通信网络可利用边缘节点与终端设备协同处理任务。该架构不仅能够高效分流本地计算负载、显著降低数据处理时延；还可以利用实时获取的数据对 AIGC 模型进行动态微调，从而针对用户提供更加个性化的服务。因此，采用云 - 边 - 端协同架构部署大模型并构建移动 AIGC 网络，可实现计算、存储与通信资源的集约化利用，最终建立低延迟、高个性化且保障用户隐私安全的多模态语义通信网络。

在云 - 边 - 端协同架构中，云端服务器拥有最充足的计算和存储资源，可承担需要大量资源的模型训练任务，为 AIGC 服务提供训练基础。在云 - 边 - 端协同架构部署模式下，用户可以通过互联网直接访问云服务器中的 AIGC 模型，以获得高效率的语义通信。然而，由于距离较远，服务响应延迟较高，且在面对频繁的大规模用户访问时，云服务面临显著的负载压力。据估算，目前最流行的 AIGC 服务的 ChatGPT 每日至少需要 350GB 的 RAM 和 VRAM 支持，如果使用 Nvidia A100 GPU 进行部署，每日电力成本高达 60 万美元，并且在完全依赖云计算资源时具有相当大的延迟[117]。为了减轻云计算的压力，可以将资源需求较少的任务委托给边缘端执行，即采用边缘计算模式。

在引入边缘计算的云 - 边 - 端协同架构下，边缘计算通过协调海量终端设备与边缘服务器，在数据源头实现多模态数据的实时处理与分析，为语义通信提供低时延、窄带宽的跨模态融合能力。边缘服务器凭借其可观的计算存储资源，一方面可与云端协同实施分布式模型训练，另一方面则基于云端预训练大模型，应用迁移学习与模型剪枝技术压缩模型规模，实现轻量化模型在边缘侧的高效部署。边缘服务器的引入使得 AIGC 服务可直接由边缘设备执行，显著降低响应时延并缓解云端访问压力。此外，边缘服务器能依据用户请求动态加载个性化数据，实时微调模型以生成更契合用户需求的内容。针对高负载请求，系统触发跨层资源调度机制：边缘节点优先优化本地资源分配，并向云端申请增量计算支持。终端设备虽受限于算力无法承担复杂计算，但承担着多模态数据采集与传输的核心职能：其收集的原始文本、图像和音频数据可输送至边缘层用于模型个性化优化，或经脱敏后上传至云端进行全局模型训练；在隐私敏感或高时延容忍场景中，终端亦可直接执行经边缘优化的轻量级模型推理。该架构通过智能任务分配与资源调度机制，在保障服务质量的同时，实现多模态语义通信的个性化低时延服务、用户隐私保护，以及全局资源效率与系统可靠性的协同优化。

因此，在部署基于云 - 边 - 端协同架构的 AIGC 服务时，必须在准确性和资源消耗之间取得良好的平衡。针对此需求，NetGPT[118] 在边缘和云端部署不同规模的 LLMs，实现云 - 边缘 - 终端协作。例如，NetGPT 将 67 亿个参数的开源大语言模型 LLaMA-7B 部署在云端，将 1 亿个参数的基于 GPT -2 的模型部署在边缘并进行微调，用于执行提示扩展任务。该任务基于通信消息中获取的用户位置信息，将用户提交的简洁文本提示扩展为包含用户位置信息的复合提示。随后，将原始提示和复合提示传递到云端进行推理，从而根据用户的位置生成个性化的答案。

图 5-1 展示了 NetGPT 的云 - 边 - 端协同生成框架，该框架由终端层、边缘层和云端层构成。终端层负责接收用户意图，并将来自手机、PC、IoT 等多形态终端的自然语言请求，生成不超过 12 个字节的原始提示（即用户请求）。终端层设备仅执行基础文本处理，显著降低了资源开销。部署于终端设备的大模型直接在终端设备生成原始请求，有效避免了将个人隐私数据暴露至云端，从而增强了隐私保护。同时，限制原始提示的规模优化了带宽占用，进一步节省了通信资源。

在边缘层中，NetGPT 通过部署轻量化的本地 GPT-2-base 模型对终端层的原始提示进行场景化提示增强，将时间和位置数据进行时空矩阵编码处理，得到时空结合的强化需求提示，其编码过程如下：

$$M = \left[D_t \otimes 1_{H \times W} \right] \oplus \left[S \otimes 1_T \right] \tag{5-1}$$

其中，$D_t \in R^{T \times V}$ 表示时间序列数据矩阵，T 为时间步长（如历史数据月份数），V 为动态变量数（如气温、海温）。$S \in R^{H \times W \times C}$ 为静态位置数据张量，$H \times W$ 表示空间网格尺寸，C 为静态通道数（如陆地掩模）。$\otimes$ 表示外积运算，用于扩展数据至时空维度。$\oplus$ 为通道维度拼接，将动态的时间信息和静态的位置信息相结合输出统一时空矩阵 M。$1_{H \times W}$ 为全 1 矩阵，用于维度广播（通过自动扩展较小数组的维度，使其与较大数组的形状兼容，从而实现逐元素操作，而无需显式复制数据）。$D_t \otimes 1_{H \times W}$ 将每个时间步长的变量值复制到整个空间网格，生成动态时空特征图。$S \otimes 1_T$ 将静态位置数据复制到每个时间步长中，确保空间属性在时间维度的一致性。

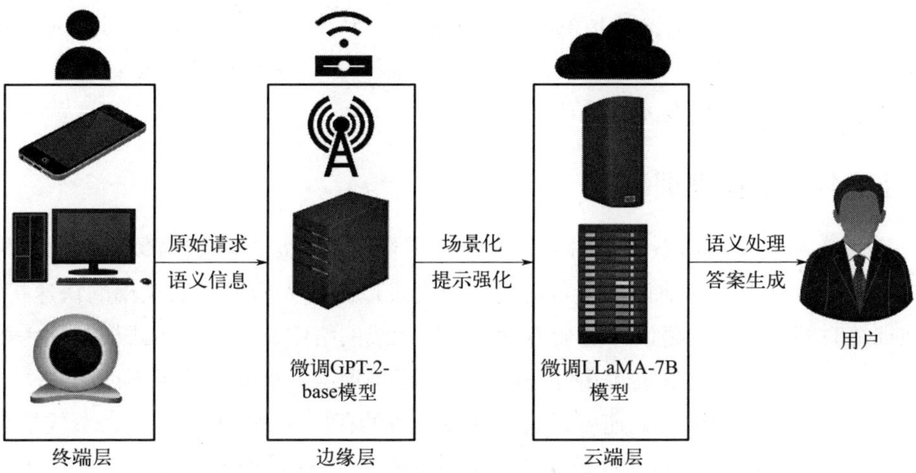

图 5-1　NetGPT 模型框图

在云端层中，微调 LLaMA-7B 模型对边缘层的需求信息进行深度语义处理，完成对用户请求的答案生成。NetGPT 同时也将大部分资源分配给云端层，以便云端模型可以对用户需求产生及时且准确的应答。

针对边缘设备难以并行加载多类大规模预训练模型并执行推理的资源瓶颈，可采用来自文献［119］提出的一种联合模型缓存与推理的框架：边缘服务器根据用户需求动态分配内存与计算资源，并决策是否将任务卸载至云端，从而在满足边缘资源约束的前提下响应 AIGC 服务请求，同时显著降低服务成本、时延及精度损失。在同类资源受限场景中，传统深度强化学习（deep reinforcement learning，DRL）方案虽具备任务卸载能力，但受限于数据效率低、延迟敏感度不足、适用性弱等缺陷，严重制约 LLMs 性能表现。对于上述问题，可采用文献［120］设计的一种云边协同主动推理框架。该框架通过环境状态建模、动作空间定义及奖励驱动机制重构 LLMs

推理与资源分配流程。相较于主流 DRL 方法，该框架在数据利用率、环境适应性及推理性能方面展现出显著优势，且能稳定应对动态任务负载与延迟约束的波动。此类资源分配创新机制，为资源受限环境下维持多模态语义通信的服务质量提供了新范式。

基于上述云 - 边 - 端协同架构部署策略，AIGC 服务可以更接近用户需求，从而减少延迟，提高响应速度，并根据用户的具体需求和上下文提供更加个性化的服务。同时，该架构可根据资源的可用性和用户需求灵活调整模型的使用策略，进而优化资源利用率，降低成本，提高了系统可扩展性和可靠性，从而进一步提高用户体验性。对于多模态通信系统，这种云 - 边 - 端的协同计算模式，实现了从传统通信的“数据传输”到多模态语义通信的“语义流通”的转变。云 - 边 - 端协同架构中的资源动态调度技术和语义压缩技术有效地降低了多模态语义通信的传输延迟，显著提高了通信网络的智能性与系统性边界。

5.1.2　分布式模型训练

在多模态语义通信系统中引入大模型，需要对其大量的参数与数据进行高强度处理与训练。然而，当前训练设备的增长速度难以匹配大模型参数规模的快速扩展，导致训练时间延长、策略设计复杂等挑战。在无线网络中，使用分布式模型训练可使位于不同位置的多个设备协同并行进行大规模模型训练，从而显著提高训练效率。

考虑到模型规模的增长速度远超于计算设备的存储能力，LLMs 的大参数量在训练过程中引入了相当大的计算负担。分布式训练作为有效缓解手段，通过在多个计算设备上划分和分配训练任务，实现设备之间的协同训练，缓解计算负担。这种训练方法大致可以分为两种类型：数据并行和模型并行，其中模型并行又可细分为管道并行和张量并行。这三种并行方法之间的差异及其在大语言模型训练中的应用示例如图 5-2 所示。

图 5-2 所示的分布式训练框架结合了数据并行与模型并行策略：数据并行将训练数据划分为小批量，由不同计算设备并行处理不同批次数据并通过梯度聚合更新全局模型参数，此范式要求设备持有完整模型副本且通信集中于反向传播阶段的梯度传输；模型并行则基于模型结构进行划分，具体分为两类：管道并行（层间并行）和张量并行（层内并行）。管道并行按层级分割模型并分配至不同设备，设备在完成自身计算阶段后向后续设备传递中间结果，该方法可降低通信开销但会引入设备空闲等待的气泡时间。张量并行将单层内的张量切分为多块并由不同设备独立计算，该方案需在每层正向 / 反向传播中频繁交换计算结果，导致高频次大体积通信。针对超大规模语言模型，高效训练通常需组合多种并行策略。这要求更灵活的架构设计，以降低工程实现的复杂度，并提升通信效率。

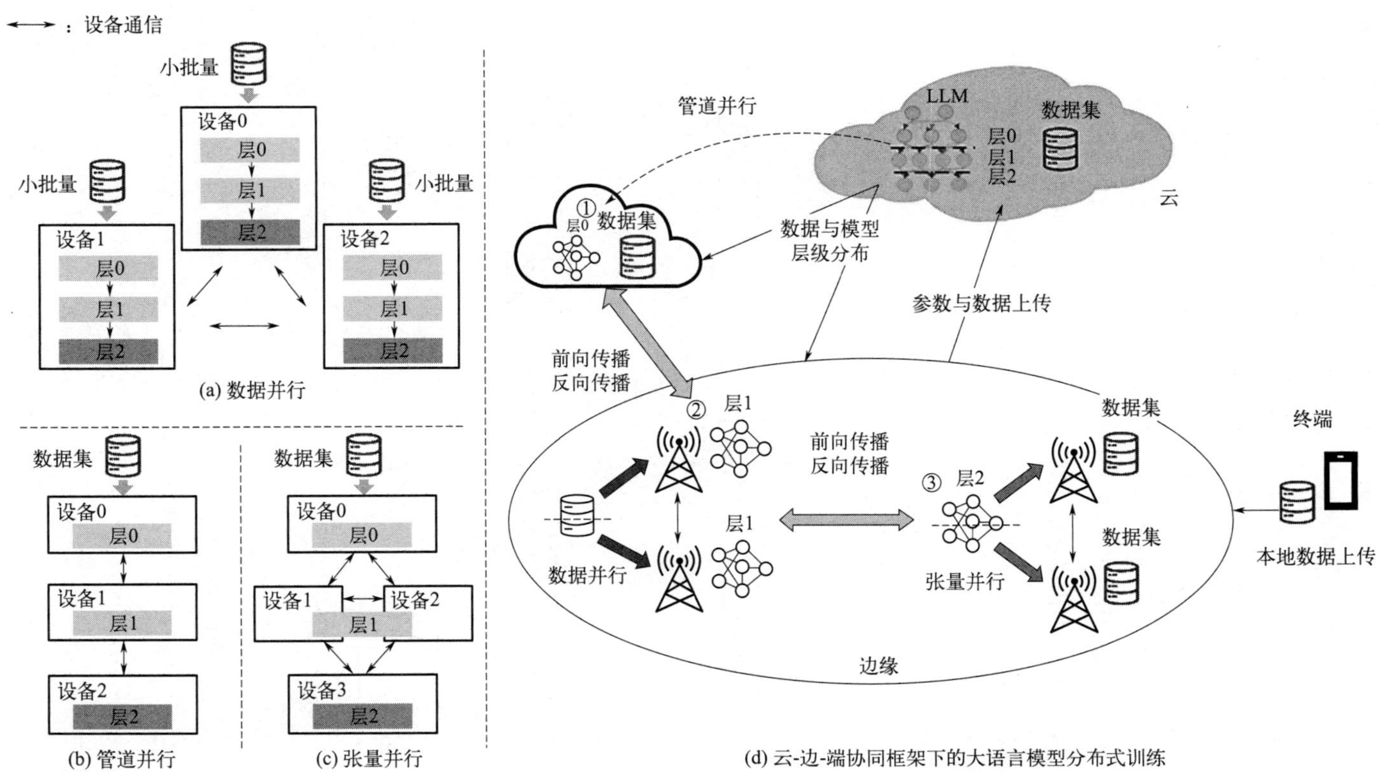

图 5-2 分布式训练的三种并行策略和云 - 边 - 端协同框架下的大语言模型分布式训练框架

在云 - 边 - 端协同框架下的大语言模型分布式训练中，各层级分工如下：终端设备负责采集并上传本地数据；云端依托强大算力，承担大规模模型的预训练任务，并将成果下发；边缘设备则利用本地数据对模型进行微调，以实现任务的专门化。这一架构既通过边缘侧实现了单任务的深度优化，又通过云端保障了跨任务与跨节点的知识共享与多任务学习能力。图 5-2 所示的云 - 边 - 端协同工作确保了边缘服务的高效性与灵活性，又可为用户提供定制化服务。综上所述，分布式训练通过数据并行、模型并行等技术提高了训练的效率和模型的性能，云 - 边 - 端协同框架则进一步扩展了分布式训练的应用范围，使分布式训练更加灵活和高效。

本节以文献［121］提出的 M-GSC 架构为例，介绍一种针对多用户动态环境的多模态语义通信，采用云 - 边 - 端协同架构以及分布式训练模型的方式对不同用户的任务提供个性化服务响应的方法。其整体架构如图 5-3 所示，M-GSC 由任务分解与标准化层、自适应资源管理层和端边协同执行层构成，协同支持多模态语义系统基于任务需求实现高效的模型分布式训练。

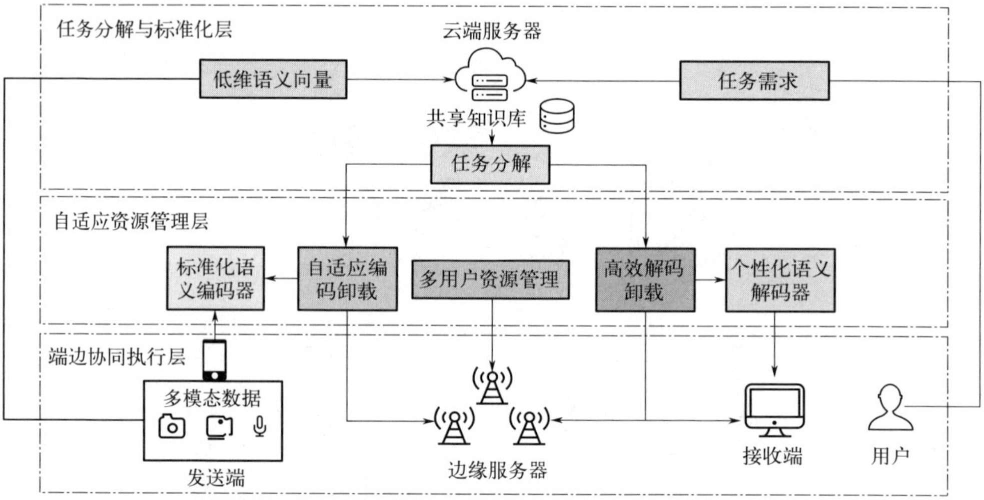

图 5-3　M-GSC 框架

在端边协同执行层中，发送端终端设备仅执行简单的语义信息采集与上传操作。例如，在智慧农业场景中，传感器仅需上传“病虫害位置坐标”等低维语义向量。边缘服务器则负责多用户任务调度，根据用户需求调用相应模型进行多模态语义处理，并将处理结果下发至接收端终端。接收端终端随后调用其轻量化模型完成最终内容生成。

在任务分解与标准化层中，云端服务器基于发送端提供的多模态数据及用户任务需求信息进行任务分解。其核心依托于基于大模型的共享知识库（LLM-based shared knowledge base，SKB），通过思维链（chain-of-thought，CoT）机制将复杂任务拆解为子任务序列。例如，在智慧农业作物检测场景中，该任务可被分解为土壤湿度分析、病虫害识别和生长预测等子任务。同时，云端服务器会对接收到的语义信息进行动态最优表示选择，即根据具体任务需求自适应地选取最合适的语义表示形式（例如，目标检测任务采用边界框表示）。此外，云端服务器还负责将不同模态的语义信息进行跨模态处理，以实现跨设备的语义互通。

在自适应资源管理层中，MGSC 创新性地提出语义编解码解耦与动态卸载策略，以实现多模态语义通信的个性化服务与高效资源分配。语义编解码解耦由标准化语义编码器和个性化语义解码器构成：标准化语义编码器采用轻量级基础模型（如 YOLO 目标检测器、SAM 分割器）仅输出标准化语义表示；个性化语义解码器则采用基于扩散模型的解码器，根据用户需求生成高保真内容。动态卸载策略包含自适应编码卸载、高效解码卸载及多用户资源管理。自适应编码卸载采用强化学习决策机制，综合设备算力、信道状态和任务复杂度动态分配任务（即低算力任务由终端执行，高算力任务卸载至边缘服务器）。高效解码卸载将扩散模型推理过程按时间步分割，协调边缘服务器与终端设备分工执行各自计算阶段。多用户资源管理则利用大语言模型提取多用户语义信息中的冗余部分进行压缩传输，从而显著提升通信资源利用率。

分布式训练面临的网络带宽瓶颈是通信效率优化研究的核心推动力。在低带宽、高波动的非专用网络环境下，如何突破严峻的通信成本约束，是一个亟须解决的关键问题。梯度量化虽然可以有效地压缩通信流量，但面临两方面挑战：一是收敛稳定性问题，训练初期过早量化会导致模型发散，需精准定位量化介入临界点；二是性能和时延之间的权衡问题，需在保持模型精度的同时兼顾训练时间的消耗。针对静态量化策略及重复调参的局限，可参见文献［122］提出的动态量化调整方法，其能够通过实时感知网络状态与训练进程动态决策量化时机，在保障精度的前提下实现低带宽环境持续训练。该方案首先构建了大模型训练的数学模型，将量化策略的选择问题转化为一个动态损失函数优化问题。在此基础上，通过联合优化带宽利用率与训练时长，设计了一种自适应机制。该机制能够全周期动态调整量化策略，从而在不稳定的网络环境下实现近似最优的时间成本。

在基于大模型的多模态语义通信架构中，终端设备有限的计算能力与存储容量严重制约了 LLMs 和 AIGC 应用的部署。结构复杂、参数庞大的通用人工智能模型（特别是 LLMs）在与通信技术结合时，其训练和实时推理过程对资源的高需求构成显著挑战。尽管依赖云计算可缓解终端资源不足的问题，但会引入高延迟、高带宽开销及隐私泄露风险。为此，研究者正探索利用单一大语言模型处理通信领域多项任务的方案。典型如文献［123］借助现有 LLMs（如 GPT、LLaMA）结合提示工程和检索增强生成（RAG）技术，实现无线通信中的功率分配、频谱感知及网络协议理解等任务。具体流程包括输入场景参数（如子载波数、信道增益、噪声功率）及任务描述至 LLMs；LLMs 分解任务、逐步分析后生成 MATLAB 代码；最终通过 MATLAB 解释器执行代码获得功率分配方案［见图 5-4（a）］。

为进一步缓解部署与推理过程中的资源瓶颈，研究探索将计算流程在云、边、端三层架构间合理分配。其中，模型拆分（split learning，SL）通过分解大模型结构实现计算负载分配，但存在训练效率低、部署困难等问题；联邦学习（FL）虽能在保护用户隐私的前提下联合训练 LLMs，但其框架内微调仍面临诸多挑战。对于上述问题，可采用文献［124］提出的 FS-LLM 框架，如图 5-4（b）所示，其集成多数据集、微调算法及评估指标，以极低计算与带宽资源实现 LLMs 在受限设备上的部署，显著提升模型性能（相较于纯本地训练）。此外，构建多智能体 LLMs 网络，利用边缘设备协同增强终端 AIGC 服务质量，亦是未来重要的研究方向。

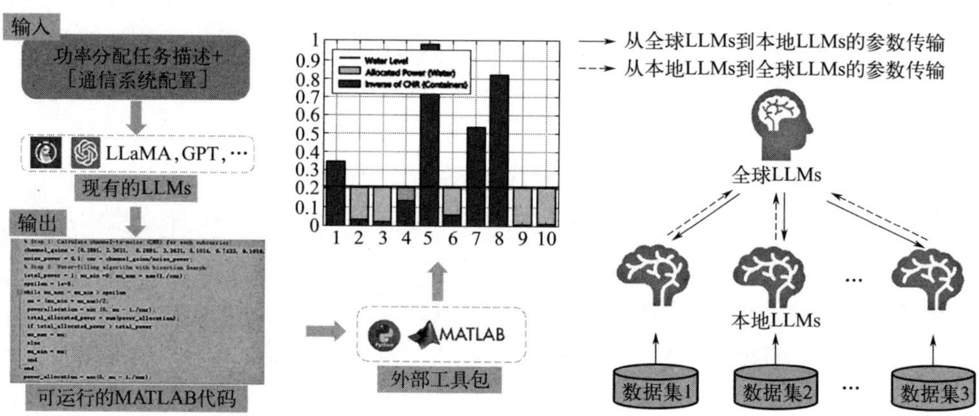

(a) 用于功率分配的LLMs　　(b) FS-LLM

图 5-4　用于功率分配的 LLMs 案例和 FS-LLM 框架

此外，考虑到边缘网络通信资源受限场景，文献［125］提出功率 - 速率 - 卸载联合优化方案，通过求解非凸优化问题最小化总时延，从而提升云边协同任务效率。该方案对资源密集型 AIGC 服务尤为关键，可平衡有限传输容量与海量服务数据矛盾，优化任务交付质量。然而，用户多源请求易导致资源浪费。在带宽受限且存在任务中断约束的网络环境中，若简单地将请求集中地导向最高质量的 AIGC 服务提供者（AI generated content service provider），极大可能引发大模型过载。同时，用户可能会因为大模型回答内容不符合预期而反复请求评估内容质量，加剧网络负载。对于上述问题，可考虑文献［126］构建的DRL驱动的ASP动态选择框架：该框架基于softmax处理策略网络输出向量生成ASP选择概率，智能分配用户任务；同时引入质量感知奖励与拥塞惩罚机制，通过实时评估生成内容质量，为带宽等资源精准分配提供调控依据。在边缘设备协同方面，可采用文献［127］提出的协作式分布式AIGC框架，该架构可充分释放系统潜力以提升整体效能。具体地，该框架下的边缘服务器在训练阶段基于海量数据生成高质量内容，动态聚合用户请求并计算资源需求，通过识别任务相似性进行用户分组并定制共享去噪模块；在推理阶段同组用户执行共享去噪步骤后，边缘服务器将去噪输出分发至各设备独立完成个性化生成，同步实现资源节约、隐私维护与生成灵活性的三重优化。

端到端语义通信（end-to-end semantic communication，ESC）依靠深度学习神经网络，通过提取并传输数据的语义信息来提高通信效率。但是，端到端语义通信在训练百万个神经参数时需要大量数据，而由于隐私问题、监管准则和网络拥塞等原因，难以将用户或者终端设备生成的大量数据上传到中央服务器。一种新型的分布式学习框架——UDSem[128]被提出，以解决端到端语义通信中数据上传受限问题。UDSem框架受联邦学习启发，旨在以低成本和快速收敛的速度协作训练端到端语义通信系统。在该框架下，每个设备通过基于本地数据独立计算梯度来参与全局参数更新。与流行的联邦学习和分割学习不同，UDSem引入了一种新颖的训练方案，将ESC系统分割为多个部分，然后分别训练这些模块，减少了每个客户端上传到中央服务器的神经参数数量。UDSem框架对于文本和图像的ESC系统都是通用的，每个模块都可以根据系统要求灵活组装，其中的语义编码器、解码器和分类器可以根据需要定制，大大提高了该框架的适用性。

综上所述，云-边-端协同架构与分布式训练能有效应对AIGC及大语言模型面临的高部署成本、数据稀疏与训练复杂等核心挑战。具体而言，云-边-端架构通过全局资源的协同调度，显著优化了多模态语义通信中模型的训练与推理效率，实现了时延的降低与效能的提升。同时，分布式训练固有的数据隔离机制，为多模态数据构建了坚实的隐私保护屏障。二者共同作用，为整个系统提供了资源、性能与安全三位一体的强化保障。

5.1.3 大模型算力适配和优化

随着多模态语义通信系统中大模型规模的急剧增长，其训练与推理过程对算力资源的需求呈指数级上升。在异构算力平台（如云端GPU、边缘端FPGA、终端NPU）共存的现实条件下，如何在保证模型性能的同时实现高效、低能耗的算力适配，成为多模态语义通信系统落地的关键问题。本小节将重点介绍针对大模型的算力优化与轻量化技术，包括参数高效微调、提示学习、模型压缩与自适应算力调度。

在多模态语义通信场景中，算力适配的核心挑战是在语义理解准确率、能耗与通信时延之间取得最优平衡。如图 5-5 所示，研究人员主要从三个层面开展优化。

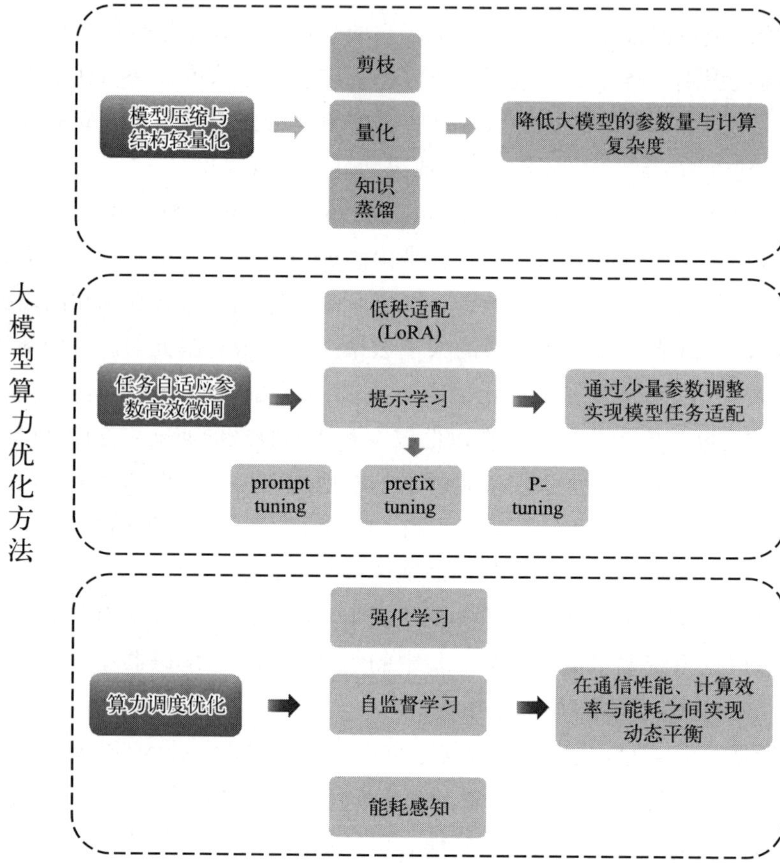

图 5-5　多模态语义通信场景下大模型算力优化方法示意图

① 模型压缩与结构轻量化：通过剪枝、量化和知识蒸馏等技术，从根本上降低大模型的参数量与计算复杂度，实现模型体积的压缩。

② 任务自适应参数高效微调：利用参数高效微调（PEFT）中低秩适配、提示学习（prompt learning）等方法，在固定大模型核心知识的前提下，以极少的训练参数实现特定任务或模态的快速适配。

③ 算力调度优化：结合强化学习（reinforcement learning，RL）、自监督学习

（self-supervised learning，SSL）与能耗感知（energy-aware）机制，根据实时网络条件（如带宽、信道质量）和节点计算能力，动态分配和协同模型推理任务，实现算力与通信的联合优化。

（1）模型压缩与结构轻量化

模型压缩是算力优化的首要手段，旨在保持核心语义精度的同时，降低模型参数量与推理复杂度，为边缘部署奠定基础。主要有以下几种方法。

① 剪枝（pruning）[129，130]：通过删除模型中冗余或对精度贡献度较低的参数或连接，以减少模型计算量。常见方法包括结构化剪枝（删除整个神经元或层）和非结构化剪枝（删除单个权重），可大幅减少模型的浮点运算次数（FLOPs）。

② 量化（quantization）：将模型参数和/或激活值从高精度的浮点格式（如FP32）压缩为低比特整数（如INT8、INT4甚至INT2），在保证语义准确性的同时显著降低存储带宽、内存占用与计算能耗。这是目前边缘推理中最有效的加速手段之一。

③ 知识蒸馏（knowledge distillation，KD）：通过高冗余的教师模型（如云端的大型预训练模型）向轻量学生模型传递核心语义知识和软目标概率分布，实现“小模型高性能”。知识蒸馏是模型压缩后保持和恢复语义保真度、使其适应边缘部署的重要手段。知识蒸馏在大语言模型（LLMs）时代已发生范式转变：传统知识蒸馏[131]主要关注模型架构压缩或简单复制教师模型的输出行为；而现代知识蒸馏[132]则侧重于知识的启发与高阶能力的迁移。LLMs的知识蒸馏不再局限于复制模型输出的Logits（软标签），而是将更抽象、更丰富的认知能力和知识进行迁移。

（2）任务自适应参数高效微调

在资源受限且多任务并存的环境中，完全微调大规模模型是不可行且低效的。因此，参数高效微调（PEFT）成为资源适配的首选方法，实现了“大模型知识保留+小参数适配”。

低秩适配（low-rank adaptation，LoRA）[133]的方法原理是冻结原始预训练模型的全部参数，仅在Transformer层的权重矩阵旁注入两个低秩矩阵进行训练。这使得训练和推理时需要更新或传输的参数量大幅减少，从而使算力消耗大幅减少，特别适合在边缘节点高效适配新的领域或新任务。

但是由于LLMs的体量巨大，即使LoRA等微调方法只需要传输0.1%～1%的参数，仍然会导致相当大的通信开销，严重阻碍训练效率。例如，当使用LoRA微调ChatGPT-3（总共175B参数）时，每轮将传输大约1B参数。此外，互联网链路带宽的不对称性，即上传速度通常慢于下载速度，进一步加剧了通信瓶颈，对联邦

LLMs 微调的可扩展性和实用性提出了严峻挑战。为了进一步减少需要训练和传输的参数量，同时避免修改主模型结构，研究者转向了基于提示向量的方法。

提示学习（prompt learning）是一个宏观的 PEFT 范式，它通过精心设计或自动学习可训练的连续提示向量来驱动大模型执行特定任务。在多模态通信中，这种方法能够巧妙地引导模型，使其在不改变主体知识的情况下，快速理解跨模态语义对齐与任务泛化的需求，极大地提升了在边缘终端进行任务切换的灵活性和算力利用效率。在提示学习范式下，主要的技术实现路径如下。

① prompt tuning[134]：这是提示学习的最初实现之一，通过在输入序列前添加额外的可训练 Token 来适配下游任务，而预训练语言模型的参数保持不变。prompt tuning 参数量极小，特别适用于任务复杂度较低或数据量较少的下游任务。

② prefix tuning[135]：为了捕捉更复杂的上下文信息，prefix tuning 采取了更深入的策略，它在每层 Transformer 结构的输入前都添加一组可训练的 Token。这意味着模型在处理输入序列的每一层时，都会包含这些额外的提示向量，从而增强模型对复杂语义和上下文的捕捉能力。

③ P-tuning[136]：作为 prompt tuning 的一种变体，其核心思想是在输入序列的特定位置插入额外的可训练 prompt token，使模型能够更好地理解下游任务的需求，特别是那些需要在输入序列中捕捉特定位置信息的任务。P-tuning 通常允许将提示向量嵌入到更深层的 Transformer 模块中，从而用更少的提示参数达到比传统 prompt tuning 更好的性能。

总而言之，本小节介绍的各类参数高效微调方法为边缘设备带来了极大的灵活性和效率。例如，自动驾驶车载端可仅加载 LoRA 模块以快速适应特定道路场景；智能医疗设备可利用提示学习在不同病种数据上实现任务切换，而无需重新训练整模型。

（3）算力调度优化

在多模态语义通信系统中，信息处理流程通常跨越终端传感器、边缘节点与云端服务器，形成“端 - 边 - 云”协同计算体系。该体系中的算力、存储与通信带宽资源呈现显著的异构与动态分布特性，不同节点间的性能差异与任务负载波动，使得算力资源的自适应调度与优化成为保障系统高效、低延迟与高可靠运行的关键问题。

传统的算力调度策略多依赖静态配置或启发式规则，难以在复杂环境中实现实时的动态优化。近年来，强化学习[137]被引入算力调度领域，以实现智能化、数据驱动的资源管理。在多模态语义通信场景中，RL 智能体可实时感知信道状态、节点算力负载及任务优先级，通过交互学习最优调度策略，从而在保证语义精度的前提下最小化系统综合代价函数（如时延、能耗与模型误差）。例如，因果强化学习（causal RL）通过识别信道质量、计算延迟等因素间的因果依赖关系，避免传统强化学习中混杂变量带来的偏差，从而实现更精确、更具可迁移性的算力调度决策。该类方法可在系统运行过程中持续学习，实现“边推理、边优化”的闭环式算力分配。

除强化学习外，自监督学习[138]也逐渐成为算力优化的重要辅助机制。SSL无需人工标注，即可通过历史任务数据挖掘算力节点的性能特征与资源模式，学习“任务计算图 - 能耗 - 时延”的隐式映射关系。通过这种自适应建模方式，系统能够提前预测不同任务在不同节点上的性能表现，从而实现任务级的预调度与跨任务迁移优化。例如，当系统检测到网络带宽波动或任务高峰到来时，SSL模块可依据历史分布自动调整模型分配方案，实现预测式算力规划。

在此基础上，进一步引入能耗感知（energy-aware）调度机制[139]，可在性能与功耗之间实现动态平衡。具体而言，边缘节点在低负载或非关键时段可进入“低功耗推理模式”，仅保持核心语义路径激活；而在高负载或关键任务时刻，系统可自动扩展算力资源池，协同云端节点完成高精度语义推理。

通过强化学习、自监督学习与能耗感知机制的联合优化，系统可实现算力、通信与能效的多维协同调度，为多模态语义通信在复杂动态环境中的实时高效运行提供技术支撑。

未来的多模态语义通信将进入“智能算力协同”阶段。模型压缩、提示学习与动态调度技术将进一步与边缘智能和6G网络深度融合，实现算力、通信与模型协同优化的闭环。

5.2 基于大模型的多模态语义通信架构

传统通信系统采用“信源 - 编码器 - 信道 - 解码器 - 信宿”的架构，专为传输文本、图像等单一类型数据而设计。然而，这类系统虽能胜任简单数据的传输，却无法满足当前对多样化、高效率通信的迫切需求。为此，基于大模型的多模态语义通信系统随之发展起来，其核心创新在于将大模型技术融入传统架构，从而实现对多模态信息的深度语义理解与跨模态融合。本节将通过介绍其系统架构与具体实例，论证大模型的引入对提升多模态语义通信效率与准确性的关键作用。

5.2.1 基于大模型的多模态语义通信系统概述

多模态语义通信系统的核心在于跨模态语义信息处理与传输能力，需同步解析并融合文本、图像、语音等多源信息以实现深层语义交互。如图5-6所示，基于大模型型的多模态语义通信框架在收发端深度融合 LLMs 与 AIGC 技术，有效增强了多模态语义通信系统的抗干扰能力，实现高质量高效率的语义通信。

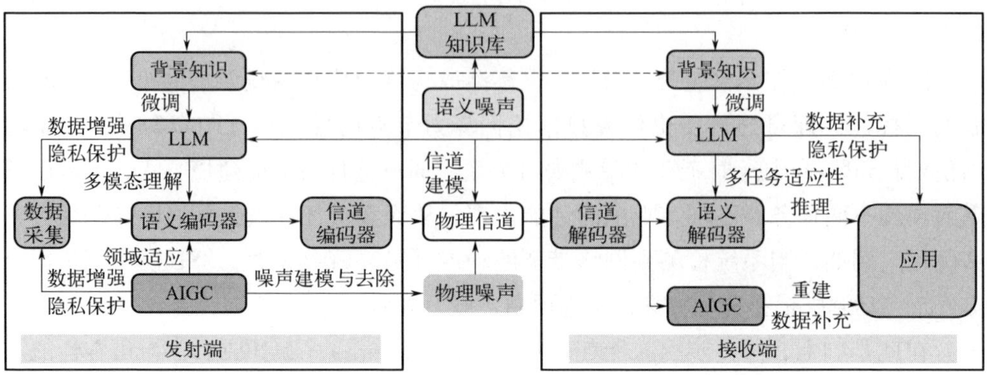

图 5-6　基于大模型的多模态语义通信系统框架

在基于大模型的多模态语义通信系统中，发射端的处理流程如下：首先，采集原始多模态信息，并借助大语言模型与 AIGC 技术实现隐私保护与数据增强，确保信息的安全与完整。继而，语义编码器在大语言模型的赋能下，完成对信息的深度语义理解与高效压缩，以提升编码性能。之后，信道编码器将根据物理信道特性，利用 AIGC 技术对抗噪声，生成鲁棒性强的传输信号。由此可见，大模型能够驱动发射端实现智能化升级，全面优化其语义与多模态数据处理能力。

针对多模态语义通信系统传输过程中物理信道环境错综复杂（如存在多径效应、噪声干扰、时变特性等）的特点，系统进一步引入大模型驱动精细化信道建模，旨在模拟真实传输条件下各类信道干扰的统计特性和动态变化。基于建模结果，多模态语义通信系统动态调整传输策略与参数（如调制编码方案、功率分配、资源调度等），显著增强在复杂信道环境下的抗干扰能力，从而保障多模态语义数据传输的高准确性与可靠性。

在接收端，系统首先通过信道解码器检测并纠正信号传输过程中产生的误码信号，以最大程度还原发射端信道编码器输出的原始信号序列。随后，语义解码器将恢复的序列重构为接收端可理解的语义表示。此过程中，系统仍凭借调用大语言模型知识库提供的背景知识辅助重建与理解受损语义信息，同时结合 AIGC 技术对缺失内容进行智能补充，从而显著提升语义解码的准确性与信息还原度。最终，经处理的多模态语义信息被输送至应用层供终端用户使用，完成端到端的语义通信闭环。

综上所述，基于大模型的多模态语义通信系统通过深度融合 LLMs 与 AIGC 技术，显著增强了多模态语义通信系统处理多源异构数据及执行跨模态任务的能力。

5.2.2 基于大模型的多模态语义通信系统实例

传统的基于深度学习的语义通信（如 DeepSC）采用随机初始化的 Transformer，虽具备一定的端到端语义表达能力，但存在泛化性差、依赖任务特定数据、难以适应动态信道和跨场景迁移等问题。其词级分词器无法处理未登录词，且忽略词语形态关联，限制了系统语义建模效果。本小节给出一个基于大语言模型的语义通信模型实例，由文献［140］提出，其利用大语言模型作为语义通信的编解码器，以提高语义通信的语义处理能力，能够有效突破上述通信的局限性。如图 5-7 所示，该基于大语言模型的语义通信模型主要由语义编码器、信道编解码器和语义解码器组成。

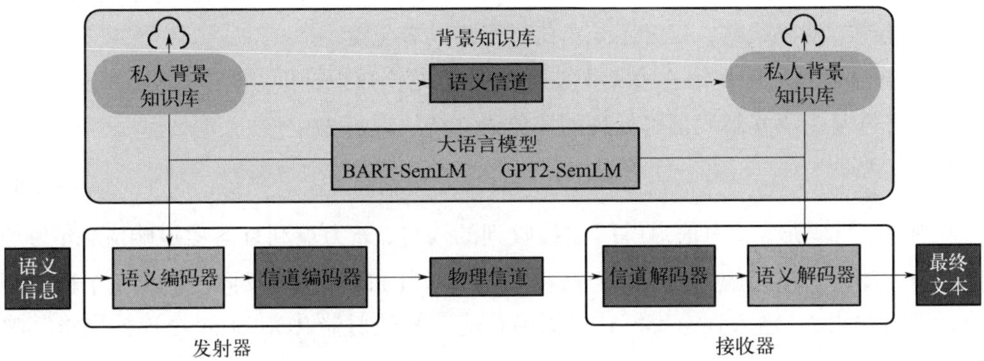

图 5-7 基于 LLM 语义通信模型框图

其中，语义编码器利用大语言模型主干网络提取文本深层语义特征，采用 BPE 和 WordPiece 算法，将文本转化成可共享的语义单元（如“communication”→［“com”，“mun”，“ication”］），有效解决未登录词问题，增强语义建模能力。语义编码器的嵌入层将语义单元映射为词向量，再通过大语言模型主干网络将词向量压缩为语义特征图。语义特征图通过梯度驱动压缩计算特征重要性 ξ，其计算公式为

$$\xi_l = \sum_{i=1}^{N} \lambda_i \xi_l^i \tag{5-2}$$

其中，ξ_l^i 表示第 l 层语义特征图中第 i 个神经元的梯度激活值，用于衡量该神经元对最终语义重建的贡献度。λ_i 表示可学习的权重参数，由任务数据驱动自适应优化。因此，ξ_l 表示第 l 特征层中所有神经元的梯度激活值进行的加权融合，表示该层整体语义的重要性。

完成重要性权重计算后，再通过速率适配器将语义特征图转化为低冗余传输集

合 M，其计算公式为

$$M=\left\{I_j|\text{rank}(I_j)\ll V'\right\} \tag{5-3}$$

其中，I_j 为第 j 个语义特征向量（对应子词单元的表征）；$\text{rank}(I_j)$ 为按特征重要性 ξ_l 对 I_j 从高到低排序。集合 M 用于筛选重要排名前 V' 的特征，确保只传输关键语义。V' 为动态调整的特征保留阈值，由信道容量 C 决定。V' 的表达式为

$$V'=\lfloor C\cdot L\rfloor \tag{5-4}$$

其中，L 为特征总长度。可根据信道质量进行语义特征筛选传输，确保在低信噪比情况下，语义通信系统不会丢失关键语义。

信道编码器接收来自语义编码器输出的集合 M 后，将其转化为物理信号，并根据信噪比调节编码策略，提升系统对信道噪声的容忍度。

信道解码器利用大语言模型中蕴含的语义先验知识辅助解码，将物理层接收的失真信号恢复为语义解码器可处理的抽象语义特征表示 M'：

$$M'=C_x^{-1}(y) \tag{5-5}$$

其中，$y=hx+n$ 为信道解码器接收到的信号，h 为瑞利衰落信道响应，n 为加性高斯白噪声。信道解码器采用可微神经网络 $C_x^{-1}(\cdot)$ 确保梯度反向传播至整个通信链路，即将输出 M' 输入到速率解映射器中，速率解映射器 $\text{RD}(\cdot)$ 通过全连接层将其映射为 LLM 可处理的语义表示 I：

$$I=\text{RD}(M') \tag{5-6}$$

最后语义解码器基于大语言模型的语义理解与推理能力对语义表示 I 进行解码，生成最终文本输出 S：

$$S=\text{LLM}_{\text{decoder}}(I) \tag{5-7}$$

此外，图 5-7 所示模型还支持两种基于大语言模型的编解码架构，BART-SemLM 和 GPT2-SemLM。其中，在 BART-SemLM 架构的编解码方案中，编码器负责提取文本语义特征，解码器则用于重建文本；为降低计算复杂度，该方案省略了跨注意力层。而在 GPT2-SemLM 架构中，其编解码方案完全冻结了 GPT2 的模型参数，直接将其作为现成的语义编解码器使用，旨在验证其在语义通信场景下的零样本能力。

此外，针对多模态语义通信中异构性数据跨模型对齐难、语义一致性难保障问题，本小节给出一种通过构建大模型赋能的语义通信框架 LAM-MSC[40]，其能够完成对多模态数据的语义对齐和个性化服务。如图 5-8 所示，LAM-MSC 由三大模块组成：多模态对齐模块、个性化知识库模块和生成式信道估计模块。

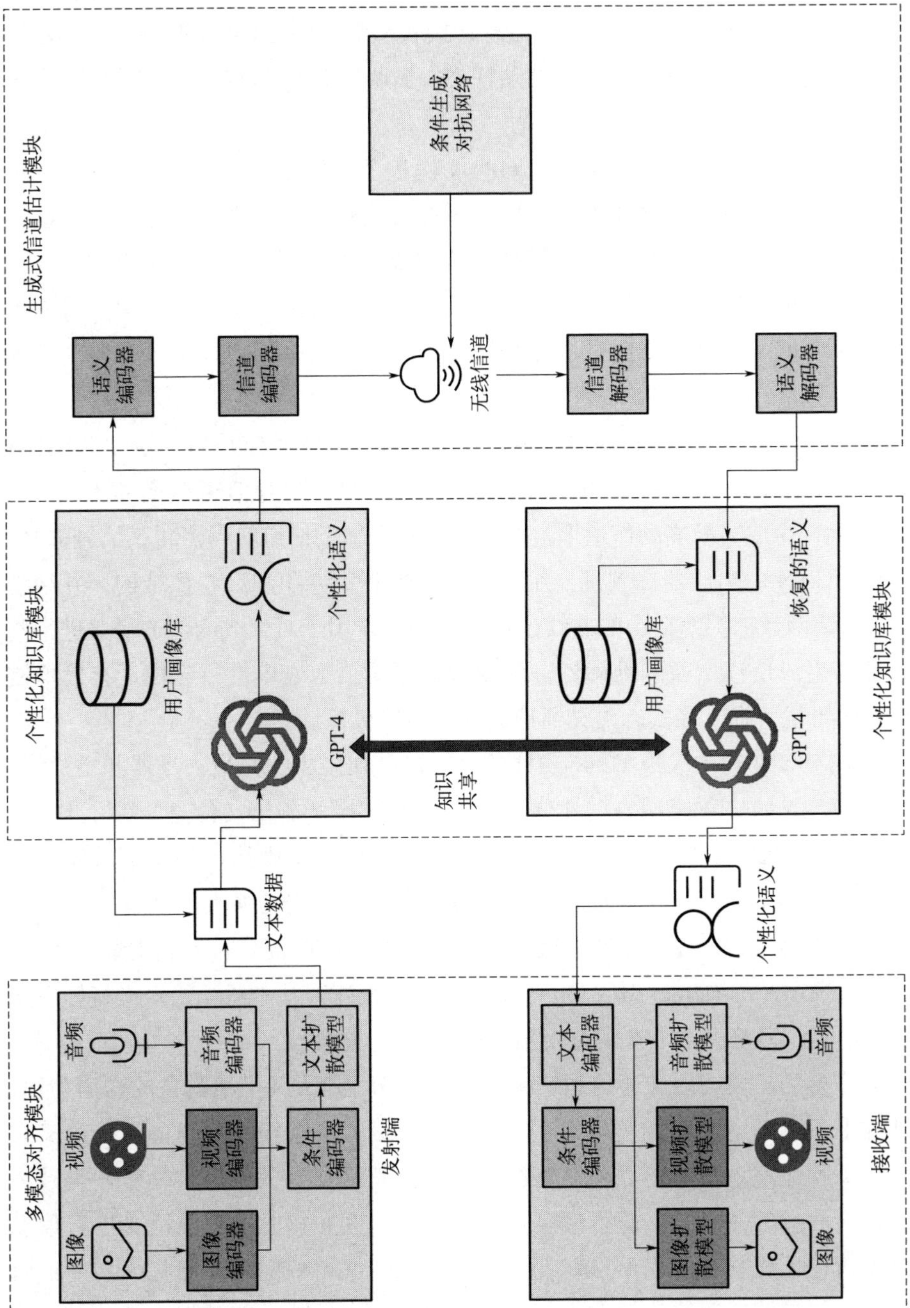

图 5-8 LAM-MSC 框架

在多模态对齐模块中，LAM-MSC 基于微软开源多模态大模型 CoDi，实现跨模态语义转换。具体地，在发送端多模态对齐模块将图像、音频和视频统一转换为文本模态，从而提高信息密度，减少冗余信息；接收端则使用 CoDi 模型将发送端转换的文本模态恢复为原始模态，实现端到端模态一致性。该机制有效解决了多模态语义通信中模态差异带来的表示不统一问题。

在个性化知识库模块中，系统基于 GPT-4 构建个性化提示库，用于构建用户个人画像。在发送端，该模块接收来自多模态对齐模块转换后的文本模态信息，结合用户画像利用 GPT-4 压缩核心语义，提高通信系统的资源利用率。在接收端中，个性化知识库模块再根据用户自身画像将压缩后的语义信息进行个性化重建，将文本模态转换成原始模态。该模块通过构建个性化提示库来消除语义歧义，并实现多模态语义通信系统的个性化服务。

生成式信道估计（generative channel estimation，GCE）模块利用条件生成对抗网络（conditional generative adversarial network，CGAN）对信道衰落进行建模。GCE 利用 CGAN 生成高精度的信道增益估计值，从而辅助信道解码器纠正信号失真。该模块中的 CGAN 由生成器和判别器组成：生成器利用卷积和反卷积结构，并结合 leakyReLU 激活函数捕捉信道中的非线性特征；判别器用于对生成的信道增益进行判别优化，监督生成信道增益的准确性。该模块通过对信道衰落进行建模，有效抑制无线信道中的干扰，提升多模态语义通信的语义传输鲁棒性。

与 LAM-MSC 架构中大模型的应用类似，AIGC 在接收端充当去噪器和重建器，通过生成式模型（如扩散模型）迭代修复因信道噪声损坏的语义信息。除了 LAM-MSC 模型中所示的对信道噪声处理方式外，在文献［141］中给出基于扩散模型的 AIGC 架构，其将信道噪声转化为扩散过程的一部分，利用其强大的去噪能力有效消除了无线信道引入的干扰，在低信噪比条件下仍能保持可接受的生成质量。此外，该系统引入了预训练的 stable diffusion 模型，使接收端能够基于压缩的语义特征重建高质量图像内容，显著提升了在带宽受限条件下的视觉质量。

基于大模型的多模态语义通信系统，其核心在于利用大模型所具备的通用知识、深层推理与上下文理解能力，实现对文本、图像、语音等多模态信息的统一语义表征与跨模态关联。该系统不再局限于传统通信中对符号比特的可靠传输，而是致力于在发送端对信息的“意义”进行深度提取与压缩，并在接收端依据语义进行信息重建乃至创造性生成。这一根本性转变，能够依据语义价值与任务目标，智能地协同通信、计算与存储资源，从而在带宽受限环境下实现通信效能的根本性突破，为通信系统中复杂应用提供不可或缺的语义级信息交互基石。

5.3 基于大模型的多模态语义通信应用

凭借 LLMs 与 AIGC 的协同融合，多模态语义通信系统获得了强大的语义理解与内容生成能力。该融合技术不仅重塑了信息处理与传输的流程，更致力于解决模态融合与抗干扰能力等核心难题，进而实现通信效率与语义保真度的大幅提升。本节将从通信场景生成、信源 / 信宿端数据生成及安全与隐私保护这三个维度全面阐述 LLMs 与 AIGC 技术所带来的系统级增强与优化。

5.3.1 基于大模型的通信场景生成

多模态语义通信的实际应用易受环境因素干扰。为此，需对其建立参数化模型，以针对性地优化通信质量并提升系统鲁棒性。基于此，通信场景生成技术利用 LLMs 与 AIGC，模拟并生成融合了真实信道特性的海量环境数据，从而为开发高环境适应性、高鲁棒性的语义编解码策略提供关键支撑。

本小节以交通场景为例展示 LLMs 在信道和场景生成的潜力，图 5-9 展示了 LLMs 在自动驾驶系统中通道建模和场景生成的作用。在给定特定任务的文本提示的条件下，LLMs 通过利用其生成能力和广泛的知识，实现不同信道环境的建模与交通场景生成。这些场景包括但不限于车辆对车辆（vehicle to vehicle，V2V）、车辆对基础设施（vehicle to infrastructure，V2I）、车辆对网络（vehicle to network，V2N）的通信。其中，V2V 通信技术允许车辆之间共享速度、位置和行驶方向等信息，从而提高驾驶安全性和交通效率；V2I 技术则允许车辆与交通信号灯、路侧传感器等基础设施进行通信，以获取实时交通信号和道路状况；V2N 技术则将车辆连接到更广泛的网络，以提供实时交通信息、天气预报和路线建议等。LLMs 通过模拟这些通信场景，可帮助自动驾驶系统更好地理解和响应复杂多变的交通环境。在图 5-9 中，LLMs 可以生成包含骑车者位置和速度的数据，或模拟不同的车道信息和天气条件，从而建立更真实的信道模型，为自动驾驶系统提供更加丰富和真实的训练场景。此外，LLMs 还能够通过提示优化器对生成的场景进行微调，以确保场景的真实性和有效性。例如，通过调整场景中的车辆密度或交通流量，LLMs 可以模拟不同的交通状况，实现自动驾驶系统在各种条件下的训练和测试。

面对复杂动态环境中信道失真与通信场景多样性的严峻挑战，生成式人工智能与大语言模型凭借其强大的学习、生成与泛化能力，正成为突破传统建模方法局限、构建高鲁棒性、高安全性智能通信系统的关键驱动力。本小节将从信道建模和通信场景建模两方面，介绍 AIGC 与 LLMs 在多模态语义通信中的具体应用。

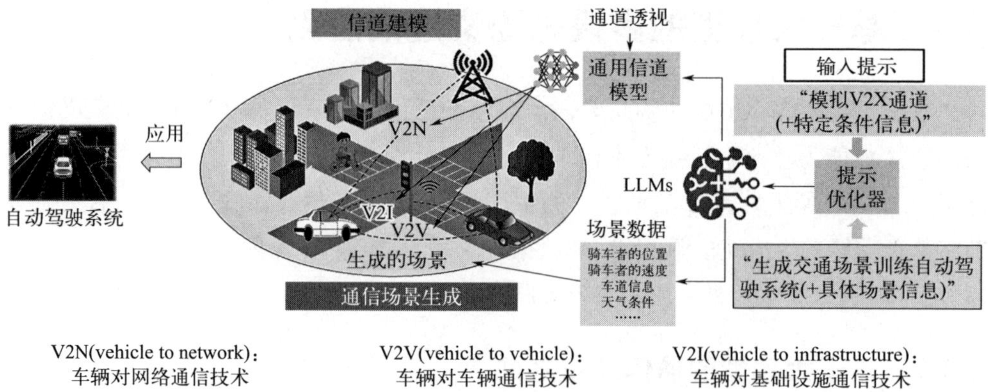

图 5-9　LLMs 进行通道建模和场景生成（以流量场景为例）

（1）信道建模

在无线通信过程中，发射器信号在传输至接收器过程中，常常受到噪声干扰、衰落、多径效应等多种信道因素的影响，导致接收信号失真和信息丢失。为了恢复受干扰的信号并实现语义信息的精准恢复，需要对信道进行数学建模，以补偿信道效应。然而，传统的统计方法（如最小均方误差算法），以及简单的神经网络［如残差网络（residual network，ResNet）］，在高动态或复杂的信道场景中往往存在表达能力受限、泛化性差等问题，难以准确地建立信道模型。

在应对复杂信道建模难题方面，生成模型与 Transformer 架构优势显著。可采用条件生成对抗网络进行信道效应模拟[142]，具体方法是将发射信号与接收导频作为条件输入，以此绕开传统深度神经网络中因信道函数未知造成的梯度反向传播障碍，最终实现端到端的数据驱动建模。而基于 Transformer 架构[143]能够突破 RNN 顺序预测的误差累积缺陷，并行预测多帧瞬时信道状态，并利用注意力机制自适应学习历史信道相关性以提升预测精度。进一步地，还可考虑引入融合三维卷积网络（3D-CNN）与 CGAN 进行创新。其中，3D-CNN 用于提取连续时隙的时间相关性，swin transformer 则作为生成器的主干网络以提升特征表征能力。具体可见文献［144］，此框架显著改善了快速时变信道场景下的估计精度。

Transformer 凭借卓越的时间相关性学习能力，结合通用人工智能（GAI）模型的强大生成拟合特性，能有效应对高速信道的复杂时变依赖问题，显著提升信道建模精度。相较之下，传统深度学习模型因强数据依赖性面临严峻泛化挑战：当训练数据与应用环境失配时性能急剧退化，需针对不同信道重复训练。而大语言模型展现的少样本学习与跨任务泛化优势为此提供突破路径：通过将信道条件转化为提示信息输入模型，使大语言模型基于提示工程动态适配多场景信道建模。该机制实现了模型参数与信道条件的结构性解耦，赋予了系统灵活适应能力。基于提示的GAI通用信道建模方法，可在免重训练前提下精准适配多样化信道环境，为通信系统设计提供高鲁棒性工具。

然而，需要注意的是，GAI生成内容仍存在一定不确定性，在要求高可靠性的信道建模任务中可能会带来潜在的安全风险。为应对这一挑战，一方面可通过提示调优技术提升提示的精准度，使其能更准确地表达用户需求，从而引导模型生成质量更高、更可靠的结果。另一方面，可通过优化模型结构或引入强化学习等特定训练技术，有效抑制模型的“幻觉”现象，减少虚假信息的产生。

（2）通信场景建模

在基于多模态语义通信的智能系统的现实部署中，鲁棒性和安全性是衡量智能系统在现实世界部署可行性的关键指标。鲁棒性指的是系统在面对异常输入或操作条件变化时，仍能保持正常运行的能力；而安全性则涉及系统在遭受恶意攻击或错误操作时，能够保护用户数据和隐私不受侵害。为了提高深度学习模型的鲁棒性，一种常见的方法是通过对抗性攻击来提高模型对输入扰动的敏感性，即通过向模型输入经过设计的扰动数据来增强模型对这些扰动的抵抗能力。这种方法虽然在特定情况下有效，但它主要针对的是已知的极端情况，并不能全面反映模型在各种复杂环境下的性能。

在基于多模态语义通信的智能系统的场景生成任务中，传统的深度学习模型往往因为参数数量有限和架构设计的限制，难以模拟真实、复杂且多样性的场景。这些场景的多样性和真实性对于训练和测试智能系统，尤其是自动驾驶系统，是至关重要的。LLMs的出现为这一问题提供了新的解决方案，LLMs通过其庞大的参数集和复杂的网络结构能够理解和生成复杂的语义信息。将LLMs强大的文本生成能力运用于自动驾驶场景生成中，可生成多样性和逼真的驾驶场景，保证自动驾驶系统能够在各种复杂和不可预测的环境中做出正确的决策。对于如何克服传统深度学习模型对生成安全关键场景的限制，可采用文献［145］提出的因果自适应滤波器（causal adaptive filter，CausalAF），这是一种基于流的生成框架。CausalAF通过整合因果关系作为先验知识，显著提高了安全关键场景的生成效率和性能。CausalAF的核心优势在于能够学习场景中对象如何导致危险情况的因果关系，而不是简单地从数据中学习相关性。通过使用因果关系作为情景生成的先验，CausalAF可以在资源有限的情况下，更高效地生成合理的安全关键场景。此外，CausalAF还采用了新颖的因果掩蔽操作，鼓励生成模型遵循生成对象之间的因果关系，而不是仅仅从观测数据中搜索样本。在实际应用中，CausalAF可以通过LLMs的强大理解能力来改进对复杂模糊因果关系的学习能力。此外，受生物智能中基因进化过程的启发，文献［146］提出的一种可控的交通场景生成算法也值得研究。它将自我、车辆、交通状况、其他交通参与者等交通场景的影响因素设置为基因型；将混乱程度、交通密度、风险因素等场景属性设置为后续可控场景生成的表达类型。基于生物进化原理的交通场景生成方法，常因所依赖的普通概率模型复杂度低，而导致生成能力受限、数据多样性不足。相比之下，大语言模型能深入理解交通场景的复杂内在关系，并完成多种仿真任务，从而为自动驾驶生成更丰富、更有效的场景数据。

总的来说，CausalAF 和 LLMs 结合为自动驾驶场景的生成提供了新范式，不仅能够提高场景生成的效率和多样性，还能够增强场景的真实性和复杂性，为自动驾驶系统的测试和评估提供强有力的支持。

通过使用大模型对多模态语义通信场景进行建模，提高了多模态语义通信系统的鲁棒性和安全性，也保证了使用多模态语义通信的智能系统在现实应用中的可行性，为用户提供个性化的服务。基于大模型的通信场景生成可为多模态语义通信进行针对性的场景生成，可推动通信技术向更高效、智能和灵活的方向发展。

5.3.2 基于大模型的信源与信宿端数据增强

在多模态语义通信的实际端到端场景中，数据丢失与损坏是常见问题，主要由收发端次优的编解码策略导致，致使接收端难以准确恢复信息。该问题主要表现为两方面：其一，人工采集数据成本高昂，训练数据不足制约模型性能提升；其二，传输过程中通信数据易受干扰而失真或丢失。为解决此问题，如图 5-10 所示，可在信源端与信宿端引入 AIGC 技术进行数据增强。这既能丰富数据集以缓解源信道联合编码等深度学习模型的数据匮乏问题，也能基于部分接收数据修复受损信息。

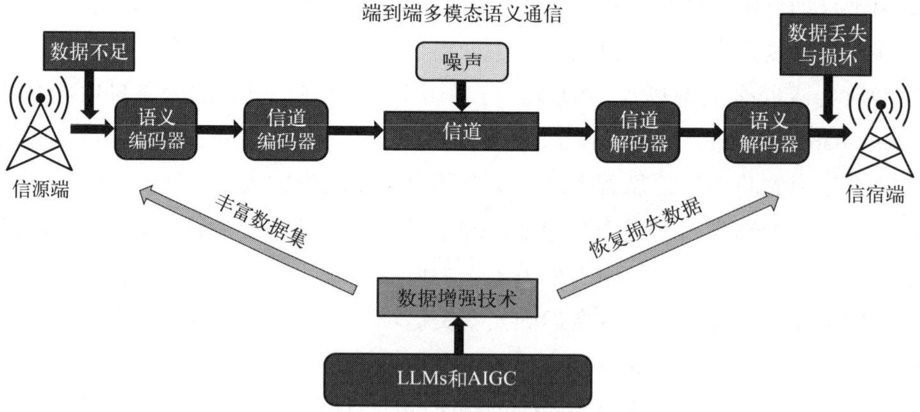

图 5-10 数据增强技术应用框架

数据增强是深度学习中常用的数据处理技术，通过对原始数据进行变换、扩展或校正来生成新训练样本。相比普通深度学习模型，大语言模型凭借其海量参数可存储丰富知识，并依托大规模语料库预训练获得强大的语义感知能力，能基于先验知识生成多样化数据。利用生成式人工智能技术进行数据增强，既可丰富数据集内容、缓解类别不平衡问题，又能通过扩展数据规模抑制模型过拟合，从而提升模型准确性与鲁棒性。根据生成数据的模态构成和语义维度，数据增强技术可以分为以下两类。

（1）单峰数据量扩展

传统数据增强通常针对单模态数据的结构化特性，通过增加源域与目标域训练样本的规模与多样性提升模型性能。近年来，基于大语言模型的文本数据增强技术取得显著进展：GPT3Mix 借鉴图像领域的 MixUp 凸组合思想，利用 GPT-3 等 LLMs 的生成能力混合原始样本生成语义连贯的合成文本；AugGPT 则通过 ChatGPT 的深度语言理解，在交互式提示引导下将少样本输入改写为多组语义相似的变体，有效缓解领域数据稀缺问题。在指令微调场景中，高质量指令对的质量直接影响 LLMs 性能，但人工构建成本高昂。对此，CoachLM[147] 创新性地提出指令数据集自动优化方案：通过学习人类专家修订模式动态提升样本质量（高质量样本比例从 17.7% 提升至 78.9%），取代传统低质量样本丢弃策略以保持数据集复杂度。实验表明经 CoachLM 优化的指令集可使 LLMs 指令遵循能力平均提升 29.9%，超越参数量级翻倍的基准模型。针对大语言模型在低资源机器翻译中面临的高部署成本、平行语料匮乏及监督信号缺失等问题，可采用文献［148］提出的一种跨语言搜索方法。该方法通过对抗性与相似性双路径生成领域对齐语料：对抗路径采用词汇级对抗控制，生成面向目标领域的单语数据；相似路径则基于回译相似度得分，维持句子的跨语言对齐。二者协同构建的高质量平行语料库，能显著提升低资源翻译性能。该方法的另一优势在于与现有搜索方案兼容，不仅能提升推理生成质量，还能通过对抗性路径满足个性化需求。上述技术作为 LLMs 文本增强的创新性探索途径，在各类文本分类任务中展现出卓越的性能提升。

在图像领域，使用自动增强或生成模型进行数据增强是目前的主流方法。例如 Autoaugment[149] 通过强化学习来搜索不同的增强子策略的组合，如图像的裁剪和平移，这些传统的增强操作被视为独立的子策略。Autoaugment 能够自动从数据分布中学习并确定最合适的增强策略，从而提高数据的多样性和质量。在深度生成模型方面，生成对抗网络是一种代表性的技术，它包括一个生成器和判别器。生成器负责从噪声中以无监督的方式从噪声中生成图像，而判别器则对抗性地评价生成结果的真实性。这种生成器和判别器之间的对抗过程，推动了生成图像质量的不断提升。对于 LLMs，它通过训练获得大量知识。这些知识可以通过知识转移的方式，赋能给小型 GAI 模型，从而提高这些模型在通信网络中数据增强任务的性能。这意味着，LLMs 的高维度知识和模型识别能力可以被转移到特定的任务中，提高数据增强的质量，进而优化通信网络的性能。

除使用自动增强或利用模型进行数据增强方法，还有基于提示的视觉上下文语义探索（prompt-based visual contextual semantic exploration，PoSE）的创新方法[150]。传统的搜索方法依赖于收集的数据或预定义的规则，在可拓展性和适用性方面存在局限性，并且基于预训练的语言模型侧重于文本模态的方法会因感知噪声而影响决策。而 PoSE 利用视觉 - 语言模型（visual-linguistic models，VLMs）中的先验知识来抑制感知噪声，通过设计独特的使用存在逻辑提示来减少目标对象在观察环境中的误识别。PoSE 通过设计使用存在逻辑的提示来推理目标对象的存在，从而降低误识别率，提高通信的可靠性。并且在该搜索方法中引入了一种独特的探索地图，将目标位置转换为探索坐标，以便于智能体进行有效的探索，并利用预训练的 VLMs 帮助智能体根据观察到的上下文推断目标的存在。PoSE 的语义探索策略相较于专注于文本模态的预训练语言模型探索方法提供了性能上的增强，提高了有效性和通用性，并通过结合语义分割模型来提高目标对象的定位精度，从而减少感知噪声。

（2）跨模态数据补充

跨模态数据增强技术在多模态语义通信中扮演着至关重要的角色。这种技术通过整合不同模态之间的互补信息，能够显著提升模型对数据的理解和生成能力。跨模态数据增强方法不受传统刚性数据结构的限制，允许利用通信节点中数据量充足的模态来补充或恢复受噪声干扰或部分丢失的数据。此外，LLMs 作为文本生成语言模型的成功案例，为多模态数据生成的普遍应用奠定了坚实的基础。当与各种模态的 AIGC 模型结合使用时，LLMs 可以根据指定文本提示生成不同模态所需的数据，从而实现数据的高效补充和恢复。这种方法不仅增强了模型的鲁棒性，还提高了多模态通信系统的整体性能和可靠性。

以文献［151］提出的一个用于成对数据增强的框架为例，它用于生成具有相同语义的图像 - 文本数据，以进行跨模态检索任务。该框架通过随机替换句子中的标记来构建增强的文本，并使用图像生成模型 StyleGAN v2[152]来构建增强的图像。鉴于 StyleGAN v2 的潜在代码具有实现语义分离的能力，作者提出将文本投影到该潜在空间中，并引入一个潜在空间对齐模块，将图像潜在代码与相应的文本特征对齐。在生成过程中，首先构造一个增强的文本，将其传递给潜在空间对齐模块以输出潜在代码，最后提供给 StyleGAN v2 生成增强的图像。对于图像 - 文本配对增强，简洁混合方法 MixGen[153] 通过线性插值融合两张图像的像素，并连接对应文本生成新样本。然而，其图像混合参数泛化性受限，难以适应不同数据集。未来可结合大语言模型优化混合策略以提升适应性。

考虑到原始数据存在的不可用或不可共享的情况，例如，视频数据的使用可能有版权要求，可考虑对数据进行进一步增强，如文献［154］提出的一种在特征空间中的视频 - 文本配对增强方法。该视频 - 文本配对增强方法包含两个核心步骤：第一步，根据文本描述提取动作和对象，以定义具有相似内容的语义类别；第二步，从同一类别中选取两个语义相似的样本，对其嵌入表示进行线性插值，从而合成新的视频与文本数据。该技术的优势在于其作用于潜在表征，因此具备良好的跨模态扩展能力。此外，这意味着只需要共享预先提取的特征，并且此过程可以离线计算，表明了这需要更少的资源。LLMs 对语义的理解能力可以帮助这些基于特征的跨模态增强策略改善语义对齐。通过这种方式，LLMs 可以帮助恢复损坏的多模态数据。

数据增强技术通过扩充和多样化训练数据集，增强模型的泛化能力和鲁棒性，优化多模态信息融合性能，降低了通信过程中因数据不足或数据丢失对多模态语义通信的影响，从而提升多模态语义通信的效率和准确性。

5.3.3 基于大模型的安全与隐私保护

随着无线通信与人工智能（AI）的深度融合，海量用户数据的收集与传输在训练和更新 AI 模型时引发严重的隐私泄露与数据安全风险。例如，不安全应用可能将个人数据泄露至未知 AI 系统，攻击者可通过模型输出反推训练数据等手段窃取敏感信息；尤其在以大规模模型为核心的多模态语义通信中，模型训练与数据处理过程的隐私泄露及数据污染问题更为突出。此外，多模态系统进行跨模态数据融合时面临跨模态扰动威胁，如图像嵌入人眼不可见的对抗噪声或文本插入同音异义扰动，导致模型输出错误。为应对上述挑战，可借助 LLMs 与 AIGC 技术构建自适应威胁检测与防控机制，主动识别并排除多模态通信中的潜在风险。

多模态语义通信面临双重安全挑战：一是传统加密方案难以应对其复杂场景；二是其云 - 边 - 端协同架构增加了敏感数据的泄露风险。为应对这些挑战，端到端加密与 LLMs 的协同方案应运而生。该方案在数据分析后执行加密或密钥生成，能有效保障数据在整个通信生命周期中的安全与隐私。例如，文献［155］创新地将 Transformer 模型转换为同态加密函数工作流，仅用户私钥可解密云计算结果，实现隐私无损的云端服务；文献［156］利用 Transformer 动态选择本地记录的高置信度标记，并通过欺骗性表示打断标记与原文之间的映射，有效防止数据重构。

除了大模型在获取数据时导致的用户隐私泄露，在多模态语义通信中，接收信息也存在被截获或篡改风险，进而引发严重安全隐私问题。例如攻击者可将传输向量篡改为相似向量，导致接收端输出失真且难以检测。对此，可采用零知识证明技术记录语义数据转换轨迹，使发送方能向接收方验证陈述的真实性而不泄露敏感信息；同时结合区块链技术监控语义数据突变，确保从边缘设备到云服务器的全程通信中语义向量真实性与不可篡改性[157]。为防止传输过程隐私泄露，可利用基于VQGAN的自回归变形器[158]，通过合成高质量图像剥离原始图像/视频的身份信息。或者构建对抗训练框架[159]：采用类GAN原理交替训练发射器、接收器与攻击者，使收发端能抵御高强度攻击者同时保持数据传输精度，建立通用化反窃听语义加密通信体系。

随着用户隐私关注度持续提升，传统基于集中式服务器的训练方法因需传输用户数据而面临严峻隐私泄露风险。分布式训练与云-边-端协同架构在多模态语义通信大模型中的应用，推动联邦学习（FL）[160]成为替代传统通信系统的革新方案：边缘设备利用本地数据训练模型后，仅将模型参数上传至远程服务器进行全局聚合更新。此外，分割学习（SL）通过设备间共享中间特征而非原始数据，实现边缘设备与服务器的分布式协作训练，规避模型参数共享风险。为强化隐私保护，可进一步集成LLMs优化深度学习框架，实现复杂数据的安全转换与隐私-效率协同优化。

联邦学习虽在隐私保护取得进展，但仍面临收敛效率低与持续学习中的知识遗忘挑战。Transformer对异构数据分布变化具有强鲁棒性，可缓解新设备训练导致的知识遗忘并加速联邦学习收敛。针对跨设备异构性引发的隐私风险，文献[161]提出个性化Transformer框架：利用本地自注意力层生成客户专属向量、共享其余参数，实现超网络投影矩阵的本地参数映射。除了Transformer优化路径，还可采用联邦大语言模型架构[162]：通过联邦预训练（多客户端协作设计大语言模型架构）、联邦微调（适配器微调等参数融合技术）与联邦提示工程（上传提示替代原始数据传输）三级协同机制，在零原始数据传输前提下达成隐私-效能平衡。若要赋能计算受限客户端参与大模型训练，可考虑文献[163]提出的FedBERT框架：在联邦学习架构下实现分布式预训练，客户端仅用本地数据微调模型头部与嵌入层，中央服务器聚合梯度更新Transformer层，在RoBERTa/GPT-2测试中既阻断跨客户端信息共享又保持卓越性能。针对联邦学习中LLMs泄露隐私问题，可融合提示微调与模型分割聚合技术[164]，通过降低数据交换频率避免原始数据泄露（无需重训练大语言模型），实验证明其对含毒数据的后门攻击具有高拦截率。此外，还有一种利用公共数据增强的隐私训练范式[165]值得研究。该范式首先利用大规模公共数据与LLMs，通过知识蒸馏技术优化部署于私有设备上的本地模型；进而采用公共标记器并基于公私数据相似性进行采样，显著提升了模型收敛速度。这项工作为破解隐私与效用的权衡问题提供了新路径。

相较于传统人工智能，基于大语言模型和生成式人工智能技术赋能的多模态语义通信系统在数据采集、信息传输和隐私保护三大核心环节展现出显著性能优势。在内容生成方面，大语言模型和生成式人工智能技术能够生成真实可靠的通信数据，有效弥补恶劣通信环境下的信息缺失，保障通信准确性，并可用于高效的信道建模与通信场景生成，避免资源与时间的浪费。在信息传输方面，得益于海量数据训练所积累的丰富背景知识，大语言模型能显著增强语义编解码器的深层语义理解能力，基于此的信息压缩技术可有效降低通信时延与带宽消耗，同时提升系统对复杂不稳定通信环境的适应能力。在隐私保护方面，大语言模型和生成式人工智能技术可应用于生成密钥并对传输信息进行端到端加密；此外，将其与联邦学习、分割学习等分布式学习方案结合，不仅能更有效地保护用户隐私（避免原始数据集中），还可提升模型训练效率。

基于大模型的多模态语义通信系统从根本上超越了传统通信的比特传输范式，转向以语义为核心的智能通信。依赖于大语言模型和生成式人工智能技术在多模态语义通信系统中的应用，在发射端可进行多模态语义信息的提取与增强，实现通信系统对深度语义的理解、跨模态融合与对齐以及对原始数据的增强与隐私保护，输出富含语义信息的语义特征向量。在通信系统的编码器端，凭借大语言模型的知识库，完成对语义特征向量的高效编码。基于大模型的多模态语义通信系统利用生成式模型模拟和对抗各种信道损伤与噪声，使系统具备强大的抗干扰能力和环境适应性。在解码器端，根据接收到的语义特征向量，大语言模型利用其内置的庞大世界知识，智能地重建或生成符合原意的信息，将信息传输至接收端。借助云 - 边 - 端协同架构与分布式训练的应用，实现多模态语义通信系统的资源优化，提高传输效率，保障隐私安全。并且利用大语言模型和生成式人工智能技术的端到端加密的隐私保护，解决传统加密方式难以解决的语义泄露风险。

综上所述，基于大模型的多模态语义通信系统在资源、性能和安全三方面取得了更优平衡，通过智能资源调度和内在的语义安全机制，实现系统整体效能的最大化。

章末小结

本章重点介绍了基于大模型的多模态语义通信系统，阐述了大模型在通信系统中的训练与部署方式，以及大模型为多模态语义通信系统带来的改进和优化，为理解大模型与多模态语义通信之间的相互辅助关系提供理论与具体案例。

首先，本章介绍了无线通信系统的发展方向，引出了多模态语义通信作为当今解决通信技术难题的解决方案。之后阐述了无线通信与多模态语义通信之间的联系，而多模态语义通信的性质说明了大模型应用于无线通信系统的必要性。通过大模型的分布式训练与云端架构下的模型部署方式为无线通信解决系统资源分配问题。

其次，针对多模态语义通信架构，介绍了大模型如何应用于多模态语义通信架构中，以及大模型为多模态语义通信系统带来的优化升级。并通过具体实例来说明大模型的引用有效地提高了多模态语义通信系统对多模态数据处理能力，以及多模态语义通信系统的安全性。

最后，从通信场景生成、数据补充和安全隐私保护三方面举例，来说明大模型对多模态语义系统的实用性、准确性和安全性等方面带来的提升。

本章通过案例与理论分析介绍了大模型在多模态语义通信中的应用及其为多模态语义通信技术的发展带来的进步。虽然目前仍有很多挑战需要克服，但是随着大模型和多模态语义通信技术的不断进步，基于大模型的多模态语义通信技术将会为用户提供更高效、更安全、更个性化的服务。

AI

6G
Ai
Ai

第 6 章

多模态语义通信的应用场景

学习目标

- 学习多模态语义通信在航空无人机、自动驾驶、卫星系统等几个关键领域以及其他前沿领域的应用场景。

作为未来通信技术的重要发展方向，多模态语义通信以节点的智能化为基础，赋予了通信节点类似人类的理解与感知能力，实现达意传输，极大促进了人 - 机 - 物之间的高效交互。多模态语义通信作为一种新兴技术，正逐步渗透到各个领域，其融合图像、文本、语音等多种模态信息，通过深度学习和自然语言处理等技术，实现更加精准、高效的信息传递与理解。本章将深入探讨多模态语义通信在航空无人机、自动驾驶、卫星系统等几个关键领域以及其他前沿领域的应用场景。

6.1 航空无人机场景下的图像分类

随着无人机技术的蓬勃发展和多模态语义通信技术的进步，多模态语义通信在航空无人机领域展现出巨大的应用潜力。面向图像分类任务的智能处理与传输技术作为各种多媒体人工智能应用的基础，在航空无人机领域扮演着重要角色。本节将详细介绍多模态语义通信在航空无人机场景下的图像分类任务中的应用。

6.1.1 概述

航空无人机（unmanned aerial vehicles，UAVs）图像分类是指利用计算机视觉和模式识别技术，对无人机在空中拍摄的高分辨率图像进行分析和处理，将图像中的地物目标或特定对象按照其特征属性（如纹理、颜色、形状等）归类到不同的类别中。航空无人机图像分类在农业、林业、环境监测、城市规划、交通管理等多个领域具有广泛的应用价值。在航空无人机图像分类任务中，航空图像的传输对整个过程至关重要。

无人机搭载的高性能相机往往能够捕获到地面目标极为精细的细节，这对于许多应用来说至关重要，如农业中的作物病害检测、城市规划中的建筑细节分析以及环境监测中的植被覆盖评估等。高分辨率图像提供了丰富的信息，使得后续的分析和处理更加准确和深入。然而，高分辨率也意味着图像数据量的急剧增加，无人机在执行任务时，尤其是在大范围区域进行连续拍摄时，会生成海量的图像数据。这些数据不仅占用大量的存储空间，而且对处理速度和计算能力提出了极高的要求。如何高效地存储、传输和处理这些数据，成为无人机图像应用中的一个重要挑战。无人机可以在各种复杂多变的环境中飞行，包括繁华的城市中心、宁静的乡村田野、广袤的海洋表面以及茂密的森林深处等。每种环境都有其独有的特征和挑战，不同环境下的高度、天气状况等都不同，这也使得无人机在进行高清图像传输与分类时面临着诸多挑战。

物联网的快速发展，使得航空系统能够通过云计算和边缘计算的协作，扩展其计算和存储能力，尤其是在执行基于深度学习（deep learning，DL）的任务时。由于无人机的存储和计算能力有限，它们通常需要将智能分析任务委托给后端的移动边缘计算（mobile edge computing，MEC）服务器处理。随着移动边缘设备数量的迅猛增长，以及这些设备计算能力的显著提升，越来越多的计算任务正从云端转移到边缘[166]。MEC 主要服务于物联网（IoT）的多个场景，包括车联网（internet of vehicles，IoV）、工业物联网（industrial internet of things，IIoT）以及无人机应用，这些场景对通信的可靠性和传输时延有着极高的要求。在移动网络的覆盖范围内，无人机可以通过与基站（base station，BS）的通信为周边用户提供服务。图像传输是 UAVs 执行的基本任务之一，它们能够捕捉高空环境中的高分辨率图像。然而，由于飞行区域不断变化，加之无线信道条件的不稳定性，UAVs 在进行高清图像传输时面临着诸多挑战。比如计算能力有限，无法满足 AI 任务的要求；电池容量有限，导致任务处理器性能下降；如何提高信息采集质量，高效支持智能任务。因此，针对航空图像的传输策略及其可靠性的研究尤为重要，这不仅关系到无人机应用的效率，也直接影响到整个移动边缘计算网络的性能。

任务导向的语义通信技术可以为上述问题提供良好的解决方案。这种技术专注于传输图像的语义信息，而非全部数据，从而在大幅减少数据量的同时，保持甚至提升接收端执行特定智能任务的性能，如图像分类、目标检测或语义分割等。本节重点介绍多模态语义通信技术在针对场景图像分类任务的航空图像传输中的应用。

6.1.2 相关基础理论

图像分类是计算机视觉领域的一项基础任务，旨在通过自动化的特征学习和模式识别，将输入图像准确地映射到预定义的语义类别，近年来在深度学习技术的推动下取得了突破性进展。在智能安防领域，监控系统中的图像分类技术能够自动识别各类场景中的异常行为。在医疗影像分析领域，图像分类技术可以帮助医生发现病变区域，从而进行更加准确的疾病诊断，提高临床效率。自动驾驶领域中的图像分类技术可以帮助驾驶员对复杂的道路环境进行判断，从而确保自动驾驶系统的安全性和可靠性。在遥感影像分析领域，图像分类技术通过分析从航空或卫星平台获取的图像数据来对地表特征进行分类。近年来，深度神经网络（deep neural networks，DNNs），包括卷积神经网络（convolutional neural networks，CNNs）[167]和视觉注意力模型（vision transformers，ViTs）[168]的兴起，让图像分类的准确率大大提升。

在利用 DNNs 进行图像分类时，原始图像像素被视为最基础的特征。然而，这些原始像素对于模型来说并不具有明确的语义，它们只是图像的低级表示。随着网络层数的加深，模型能够学习到关于数据的高层次、抽象的表示[169]，如物体的整体结构甚至语义类别，它们具有丰富的语义信息，代表了数据中的关键信息和概念，即数据背后的真实含义和关联，从而使得模型能够进行有效的预测。当 DNNs 处理数据时，它们能够识别出数据中的关键特征和规律。这些特征和规律对于模型来说非常重要，因为它们是模型理解数据、并在进行分类或预测时做出准确判断的基础。

在计算机视觉和图像处理领域，强化学习是一项关键技术，它允许算法通过与环境的动态交互自主学习，如在视觉导航中指导机器人避开障碍物到达目的地，或在目标检测和跟踪中提高复杂背景下的识别和跟踪能力。通过设计合适的奖励机制，强化学习帮助算法在探索新策略和利用已知信息之间找到平衡。此外，它还能整合多模态数据，如视觉信息与深度信息，提升感知能力，并在零样本或少样本学习中快速适应新任务。强化学习方法具有多种类别，包括基于模型与无模型、策略优化与价值函数优化、蒙特卡洛与时序差分更新，以及在线学习与离线学习等。深度强化学习进一步结合了 DNNs，使得算法能够处理更高维度和复杂性的任务，为各种问题提供了灵活的解决方案。

其中策略梯度是强化学习中用于直接优化策略参数的方法，目的是最大化智能体遵循该策略所能获得的长期累积奖励。通过计算期望回报关于策略参数的梯度，并沿着这个梯度方向更新参数，策略梯度方法能够适应连续动作空间，并适用于复杂策略，比如那些由 DNNs 定义的策略。这种方法使得智能体能够在没有明确指导的情况下，通过与环境的交互自主学习最优行为。策略梯度公式如下：

$$\nabla_{\theta} J(\theta)=\mathbb{E}\left[\nabla_{\theta}\log\pi\left(A_t \middle| S_t;\theta\right)\right]\left[G_t-V^{\pi}\left(S_t\right)\right] \tag{6-1}$$

其中，$J(\theta)$ 是策略 π 的累积奖励的期望值；θ 是策略的参数；A_t 是在时间 t 采取的动作；S_t 是时间 t 的状态；G_t 是从时间 t 开始的期望回报；$V^{\pi}(S_t)$ 是在状态 S_t 下遵循策略 π 的状态价值。策略梯度方法在连续动作空间和复杂策略中具有非常重要的意义。

压缩感知（compressive sensing，CS）[170]是一种信号处理技术，它能从远少于奈奎斯特采样定理所要求的样本数中重构出稀疏或可压缩的信号，在降低采样率的同时保持信号的主要信息。CS 理论的优势在于它能够在保持信号质量的同时，减少存储和传输数据的需求，可以显著减少数据采集，这对于数据采集成本高昂或数据采集过程困难的应用场景（如医学成像、无线传感网络等）具有重要意义。近年来，基于深度学习的 CS 算法不断涌现。迭代收缩阈值算法（iterative shrinkage-thresholding algorithm，ISTA）将迭代更新步骤映射到 CNNs 中，解决了与非线性稀疏化变换相关的近端映射问题[171]。近似消息传递（approximate message passing，AMP）让采样矩阵参与联合训练，通过残差去噪的方式来消除图像中的块伪影[172]。CS 理论的核心思想是：如果一个信号在某个基（例如傅里叶基或小波基）下是稀疏的，即大部分分量的幅度为零或非常小，那么这个信号可以通过非均匀的、随机的或结构化的线性投影来有效地采样。这些投影构成了测量矩阵。通过这个测量矩阵，即使只有少量的投影值（远少于信号的总样本数），也可以通过优化算法重构出原始信号。对于高维图像信号，采样过程是分块进行的：

$$y_i = \Phi x_i \tag{6-2}$$

其中，$x_i \in \mathbb{R}^n$ 是像素域中第 i 个子块的向量形式。$y_i \in \mathbb{R}^m$ 是 x_i 的压缩信号。$\Phi \in \mathbb{R}^{m \times n} (m \ll n)$ 表示采样矩阵。CS 采样卷积核对应图像子块语义图像块的一个子集。

6.1.3　面向航空无人机图像分类的多模态语义通信架构

受限于存储空间和计算资源，AI 模型在前端无人机上的高性能推理相当困难，为扩展其计算和存储能力，通常将图像分类等智能分析任务委托给后端的移动边缘计算服务器处理。在 AI 辅助的边缘计算中，一个核心挑战是如何通过云边协同来高效地实现 AI 算法[173]。任务导向通信作为语义通信的一个分支，关注完成特定的通信任务，它在执行通信任务的同时能够理解终端任务的意图，从而根据终端设备上的任务来选择和提取相关的语义信息，确保传输的信息能够准确传达发送者的意图，以便在通信过程中指导发送者和接收者共同实现既定目标。这种方法注重提升图像处理的效率和准确性，能够有效提升图像数据在 AI 模型中的分析和处理效率，同时节省存储空间和带宽，这种特性使其非常适用于航空无人机应用场景。对于航空无人机图像分类任务，任务导向的通信模型以图像分类的准确性为目标来优化整个过程，包括图像的采集、传输、接收和分类。在这种任务导向的通信系统中，图像的传输和处理是一个紧密结合的整体，确保图像的特征能够在接收端被准确理解和使用，从而完成高效的图像分类任务。

当前，基于移动边缘计算（MEC）的图像传输框架主要关注两个方面：一是依据信道状态的波动进行图像编码，二是依据图像内容实现压缩。通信层面的博弈设计通过模拟动态无线衰落信道对传输语义信息的影响，来实现多用户任务的资源配置，并展现出优秀的抗干扰能力[174]。传统的信源信道联合编码（JSCC）方法[68, 175]通过将图像像素值直接映射到复数信道符号，通过反馈来共同优化编码器和解码器的设计，主要着眼于图像的重构质量。然而，这种方法并没有能够匹配后端的机器视觉任务。另一方面，一些研究致力于从图像的纹理结构中抽取语义概念，以此保留下游视觉任务中的语义信息[176-177]。压缩感知方法利用上下文像素间的全局相似性[178]或语义图像块的显著性[179]来实现压缩传输。这些技术通常将图像数据编码为比特流，并未与下游任务建立紧密的联系。为了提升无人机图像传输的效率和准确性，关键在于分析出对面向任务的有用像素。由于基于 CNN 的 AI 模型在图像理解上与人类存在差异，因此开发能够适应 AI 任务的传输框架尤为重要。

针对在有限计算资源和不稳定的无线信道条件下，图像的传输时延和接收端图像分类模型准确率之间的权衡问题，本节给出一种具体的基于航空图像分类模型的语义通信方案，该方案的总体框架如图 6-1 所示。该框架描述了一种针对图像分类任务的基于 MEC 的航空图像传输模型，本质上是一种基于图像分类任务的关联像素自适应传输方法。整个系统主要由前端采集设备和后端 MEC 服务器组成。其中语义提取网络和压缩感知采样模型主要部署在前端无人机上，而压缩感知重构网络和目标分类模型则部署在后端 MEC 服务器上。在传输过程中，采取了联合信道状态和图像内容感知的任务导向传输方案，在系统的分类精度和传输延迟之间实现平衡。

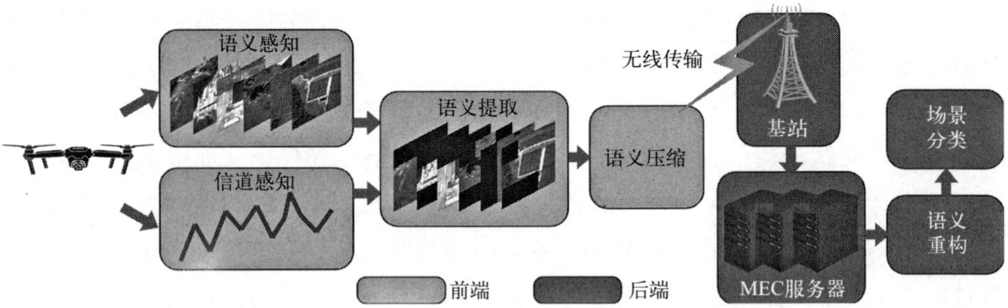

图 6-1　基于航空图像分类模型的语义通信总体框架

具体而言，如图 6-2 所示，该方法通过一个轻量级的前端感知模型，即策略网络感知信道状态和低分辨率（low resolution，LR）图像内容，依据输入低分辨率图像提取对后端目标分类模型最为关键的像素特征，在感知图像内容和信道状态的基础上，智能地选择携带语义信息的图像块进行采样。压缩数据通过无线信道传输时，延迟由数据量和信道速率决定。为了在传输时延和分类精度之间达到平衡，引入了基于策略梯度的 DRL 方法，在不同信道状态下选择与接收端分类模型具有强关联性的图像块，随后，通过基于块的深度压缩感知重构模型，在后端服务器上从压缩数据中恢复出经由语义提取网络压缩的图像块。通过在奖励函数中引入传输时延和分类目标，策略网络学习到在不同信道条件下的最优传输策略。系统根据目标分类模型的反馈来优化整个系统，以保证提出的方案能够灵活适用于各种目标模型。下文将对语义提取部分做详细阐述，这是模型的关键部分。

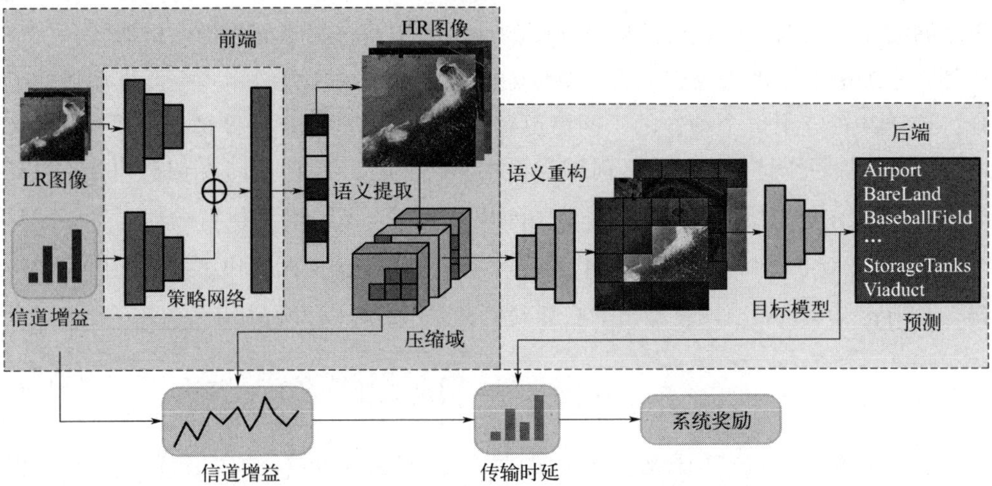

图 6-2　基于航空图像分类模型的语义通信的具体方案

在具体方案中，将语义图像块定义为对目标分类模型贡献最大的图像块集合，这些语义图像块与目标类别具有较大的关联性。语义提取模块主要包括一个策略网络，它通过对图像内容和信道增益的感知来提取相关联的语义图像块进行压缩。由于传感器上的计算资源有限，直接使用 HR 图像进行语义提取和传输会导致高能耗和延迟。借助压缩感知采样原理，前端传感器可以预先采集 LR 图像。作为联合感知的一个分支，LR 图像还可以提供 HR 图像的语义信息，引导模型找到关键像素区域。另一个信道感知模块能够提供信道增益的信息，使模型能够依据信道速率选择语义图像块。

语义提取的输出策略网络定义如下：

$$p=\text{sigmoid}\left(f_{\psi}\left(f_{\theta}(X^{lr})+f_{\phi}(g)\right)\right) \tag{6-3}$$

其中，X^{lr} 、g 分别表示输入的 LR 图像和信道增益。f_{θ} 是一个用于提取图像特征的 ResNet-18 模型，f_{ϕ} 是一个多层感知机（multi-layer perceptron，MLP），f_{ψ} 也是一个 MLP，主要用于根据图像内容和信道增益的联合决策。θ 、ϕ 、ψ 分别代表各模块相对应的参数。

不同类别的图像中携带语义信息的区域各不相同，导致强相关语义图像块之间的分布也不同。对于航空图像分类任务，主要的语义区域通常是不规则形状的。本节给出的传输方案是任务导向的，这意味着语义图像块的选择取决于 MEC 服务器中部署的目标模型。因为深度学习模型理解图像的方式与人类的理解方式之间存在差异，这使得利用人类感知来判断哪些语义图像块对机器更为重要变得困难。为了让策略网络在任何图像区域灵活地选择图像块，该模型将图像划分为网格形状，每个块都有一个决策层来决定它是否需要传输。它将高维动作分解为多个低维动作的组合。这样，对应于每个动作的子网络更容易收敛。假设 HR 图像被划分为 4×4 块，语义提取模块可以选择它们的任何组合。式（6-3）中，p 定义 16 个伯努利分布，其中 $p[i]$ 代表在每个维度 i 上成为语义图像块的概率。策略网络执行的动作可以在每个维度 $a[i] \sim \{0,1\}^{p[i]}$ 中采样，其中 $a[i]=1$ 表示第 i 个语义图像块被提取、压缩和传输，否则 $a[i]=0$。策略网络输出的联合概率密度函数可以表示为

$$\pi_{\theta,\phi,\psi}\left(a \mid X^{lr}, g\right)=\prod_{i=0}^{15} p[i]^{a[i]}\left(1-p[i]\right)^{1-a[i]} \tag{6-4}$$

然后，将策略网络选择语义图像块的过程建模为一个单步马尔可夫决策过程（Markov decision process，MDP）。通过基于策略梯度的强化学习[180]，针对不同信道状态下的每张图像求解最优语义图像块选择，关于策略梯度的强化学习原理参见 6.1.2 节内容。

本节只对该模型的语义提取模块进行详细阐述，完整模型还包括压缩感知与深度重构模型、图像传输信道模型。压缩感知原理可参见 6.1.2 节内容。其采样矩阵通过卷积核实现，压缩和重构步骤均通过端到端的 CNN 进行训练。由于多种因素，如多径效应、遮挡、大气衰减等，信号在传输过程中会经历衰减，故该系统所采用的图像传输的信道模型假设无人机与基站之间的信道遵循静止瑞利衰落分布，其通常用于描述无线通信中的上行链路信号衰减特性。

总的来说，基于航空图像分类模型的语义通信的具体方案是在信源端感知图像内容，分析不同像素特征与分类任务的关联性，通过深度强化学习对适配后端图像分类任务的图像块进行采样，然后根据不同的信道状态提取对后端任务模型贡献最大的图像块。通过非对称的语义编解码方案，保证前端图像内容的高效采样和后端 MEC 服务器上的语义解码，使得在压缩传输后图像的关键像素仍然得以保留，从而保证图像内容的重构质量和分类准确率，解决图像分类任务导向下任务完成效率和传输时延的权衡问题。在具体实施中，该模型在训练阶段利用深度强化学习在不同信道状态下学习和提取对后端分类器最有价值的语义图像块。在测试阶段，模型独立地压缩 HR 图像中最核心的语义图像块并进行传输。与传统的任务导向通信模型不同，该模型根据信道增益提取信道状态，在此基础上实现图像分类任务导向的语义

压缩传输。由于状态空间和动作空间不依赖于后端部署的图像分类模型，所提出的算法适用于任何目标模型。通过在奖励函数中引入传输延迟和分类精度，可实现两者之间的良好平衡。

现有基于图像分类的语义通信框架能够根据图像的显著性区域提取语义信息，但是难以选择与图像分类任务紧密关联的像素特征进行传输，尤其是在信道速率受限的条件下。传播较少的像素特征会造成接收端的预测偏差，传播过多的像素特征会造成过高的时延负载，因此需要在传输时延和分类准确率之间寻求平衡。如何在图像分类任务导向下实现信道条件和语义信息的联合感知，设计高效的图像语义提取和传输算法来减少所需的带宽和存储空间，在有限的网络资源下实现语义信息准确地传输对航空无人机图像分类研究至关重要。故在未来的研究中，以上问题应当成为重点考虑的方面，值得更加深入的研究。

6.2 自动驾驶场景下的跨域目标检测

在智慧交通与自动驾驶技术日新月异的今天，车辆不再仅仅是机械与电子的集合体，而是逐步演化为集感知、决策、控制于一体的智能系统。自动驾驶车辆需要实时、准确地识别周围环境中的行人、车辆、障碍物及交通标志等多类目标，以确保行驶的安全与高效。基于深度学习的任务导向多模态语义通信系统因其在图像和视频的高效传输和理解方面具有巨大潜力，在自动驾驶的场景下的跨域目标检测任务中发挥着极大的作用。本节将详细介绍多模态语义通信在自动驾驶场景下的跨域目标检测中的应用。

6.2.1 概述

自动驾驶是指利用先进的计算机技术和传感器设备，使汽车在不需要人类驾驶的情况下能够自动感知和判断周围环境，并采取合适的控制策略进行驾驶。自动驾驶系统通常由环境感知、决策规划、控制执行三大模块组成。其中，环境感知模块负责通过各类传感器（如摄像头、雷达、激光雷达等）收集周围环境信息，包括车辆周围的道路、行人、障碍物、交通标志等，并利用先进的算法进行信息处理与分析，提取出对自动驾驶决策有用的关键信息，如道路轮廓、障碍物位置、交通信号状态等，为后续的决策规划提供基础。决策规划模块负责将环境感知模块提供的静态和动态环境信息转化为具体的驾驶策略和路径规划，生成期望的路径和相应的控制量，为控制执行模块提供指令。控制执行模块负责根据决策规划模块的指令，通过控制汽车的方向盘转角、加速度等参数，实现车辆的精准控制。三大模块相互协作，实现了车辆从环境感知到决策规划再到控制执行的完整流程。

在自动驾驶场景中，目标检测是自动驾驶系统环境感知模块的重要技术组成部分，它直接关系到自动驾驶系统的安全性和可靠性。目标检测的主要任务是识别出车辆、行人、自行车、交通标志等关键对象，并获取它们的位置、大小、姿态等信息。在自动驾驶场景中，自动驾驶系统需要实时处理传感器数据，对周围环境进行快速感知和响应，故目标检测算法需要具有高效的计算能力和快速的处理速度，对实时性有较高的要求。此外，自动驾驶系统对目标检测的准确性要求极高，因为任何微小的误差都可能导致严重的交通事故。因此，自动驾驶系统通常配备多种传感器，如摄像头、激光雷达、毫米波雷达等。这些传感器提供了不同类型的数据输入，目标检测算法需要能够处理这些多模态数据，并进行有效的融合分析。

随着车联网和感知技术的迅速普及，对通信技术的要求同样也日益提高，自动驾驶汽车需要迅速且可靠地共享实时的环境感知数据，以适应复杂多变的交通环境，这需要耗费大量的带宽。在自动驾驶的场景下，车辆作为一个终端，要实时与边缘服务器之间传输大量的视觉信息，由于车辆和边缘服务器的计算能力不同，因此重建和检测等任务需要在计算能力强的边缘服务器端进行，以协助驾驶决策。对于给定的图像，目标检测任务是准确定位目标物体的位置，并且对这些目标进行分类，这需要更多的视觉信息。不同天气下的图像有着明显的差异，如浓雾下的目标被严重遮盖。与此同时，实际场景下的目标检测由于面临不同场景，依旧受遮挡、摄像机视角、天气等因素的影响。在新场景下收集和注释更多的数据可以在一定程度上缓解域偏移，但不同于其他任务，目标检测不仅需要标注物体类别，还需要注明物体位置信息。而对于出现新的目标检测场景，获取图像并进行标注是非常耗时的。跨域目标检测可以将不同的数据分布视为不同的域，域自适应目标检测通过减少域之间的差异，从而缓解数据分布不同造成的影响，并无需额外的标注。

传统通信面临信道容量逼近香农极限的问题，加之频谱资源的固有有限性，导致难以满足自动驾驶场景中对大规模视觉数据传输的迫切需求。基于深度学习[181]的任务导向通信系统在图像和视频的高效传输和理解方面具有巨大潜力，作为一种新的通信范式被应用在自动驾驶领域。任务导向通信系统更注重信息的意义和内容，可以根据自动驾驶目标检测任务传输相关的语义信息，是一种先分析后传输的通信模式，使传输的信息更加精准，能够更快速地被理解和处理，从而减少了通信的时延和能量消耗。相比之下，传统通信则是先对图像编码传输，然后在接收端将其恢复，最后再去处理任务。由此可见，在类似自动驾驶这类需要实时处理和传输任务相关语义信息的动态场景下，任务导向通信更有优势，能够实现比传统通信更高的传输效率。但是，任务导向通信在执行目标检测任务时，场景的变化会导致域偏移，影响检测性能。如何将目标检测模型迁移到一个新的域上是一个重要挑战，而跨域目标检测通过域自适应解决域偏移问题，对提高目标检测在任务导向通信场景中的适应性产生深远影响，具有极大的研究意义。本节重点介绍多模态语义通信在自动驾驶场景下的跨域目标检测任务中的应用。

6.2.2 相关基础理论

目标检测是计算机视觉领域中的一项任务，旨在从图像中准确地检测和定位特定目标物体的位置。目标检测的研究大致可以分为基于传统算法的目标检测和基于深度学习目标检测。基于深度学习的目标检测是目前主流的方法，深度学习中卷积神经网络的发展使得处理图像特征不再依赖于手工设计，基于深度学习的目标检测可识别定位目标并输出目标的目标框及其对应的类别标签和置信度。基于深度学习的目标检测方法具体分为两类：两阶段目标检测算法和单阶段目标检测算法。

最早的两阶段目标检测算法是基于区域的卷积神经网络（region based convolutional neural network，R-CNN），在 2014 年由 Girshick[182] 等人提出。该算法是第一个成功地将 CNN 应用于目标检测的方法。它首先基于图像分割来提取候选区域，然后对这些区域使用 CNN 进行特征提取和分类，使性能得到显著提升。Fast R-CNN[183] 是在 R-CNN 的基础上引入感兴趣区域池化（region of interest pooling），加速目标检测的过程。Faster R-CNN 采用端到端的训练方式，并通过引入区域建议网络（region proposal network，RPN）可以在图像中生成具有较高准确度的候选区域，从而提高目标检测的准确性。

不同于两阶段目标检测，单阶段目标检测算法不需要明确的区域建议步骤，直接通过一个前向传播过程完成目标检测，极大地提升了检测效率。Redmon[184] 等人提出了 YOLO 目标检测，直接使用卷积神经网络对图像预测坐标信息和类别概率，在保持高速度的同时，能够达到较高的检测准确性。但这种单一目标检测的方式对于密集目标或者目标之间重叠的情况，目标的定位不够精确。而 YOLOv3[185] 进一步改进了模型结构，在输出层采用了三个不同尺度的检测层，分别用于检测不同尺度的目标，增强了模型对于不同大小目标的检测能力，使得 YOLOv3 在实时性和检测精度上取得了平衡。FCOS[186] 则采用了无锚框的方式进行目标检测，它可以同时预测目标的中心点和边界框的大小，不需要预先设定锚框，降低了模型的复杂性。本节后续目标检测框架便是基于 FCOS 进行设计。

FCOS 网络结构示意图如图 6-3。FCOS 使用 ResNet50[98] 作为骨干网络。通过骨干网络提取出图片的全局特征，该网络通常在大型数据集上进行训练，例如 ImageNet[187]。并且，FPN（feature pyramid network）中的 P3 ～ P5 是通过在

ResNet50 的 C3 ~ C5 层上应用额外的卷积层来获取的。然后，通过在 P5 的基础上应用步幅为 2 的卷积核来生成 P6，再在 P6 的基础上应用相同的操作得到 P7。最终得到 P3 ~ P7 五个不同尺度的特征。

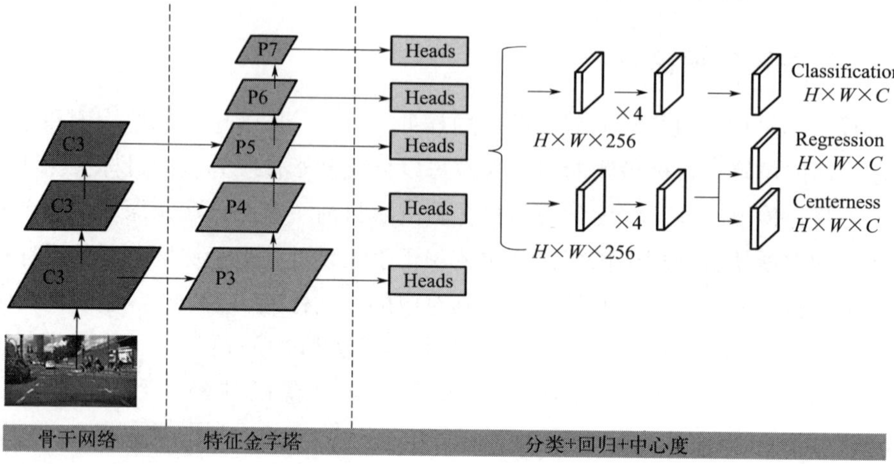

图 6-3　FCOS 网络结构示意图

然后将多尺度特征送给检测头部分获得目标的类别信息和坐标信息。五个不同尺度的特征分别对应五个共享参数的检测头，每个检测头又会分出分类（Classification）、回归（Regression）和中心度（Centerness）三个分支。回归和中心度被整合在同一分支。每个分支经过 4 个卷积模块后，再输送给一个最终的卷积层得到目标检测结果。

回归分支采用无锚框的设计，先设定某个像素的坐标为 (x, y)。如图 6-4 所示，特征图的每个点生成四个距离值，分别为距离目标左侧的 l、顶部的 t、底部的 b 以及右侧的 r。如果一个点被多个边界框所覆盖，则被视为模糊样本。选择面积最小的边界框作为模型的输出，若 (x, y) 与某个边界框很接近，该位置的距离参数为

$$l^* = x - x_0^{(i)}, t^* = y - y_0^{(i)} \tag{6-5}$$

$$r^* = x_1^{(i)} - x, b^* = y_1^{(i)} - y \tag{6-6}$$

其中，(x_0, y_0)、(x_1, y_1) 分别表示边界框的左上角和右下角的坐标。

中心度分支在每个特征点预测目标的类别，并得到与数据集类别数目相同的参数，例如，Cityscapes 数据集的类别数为 8，最终会预测出 8 个参数。

在使用多尺度预测后，FCOS 可以获得比基于锚的对应网络更好的性能，但是在远离物体中心的位置上产生了许多低质量的检测。对于中心度分支，就是为了判断

目标对象是否位于边界框的中心位置。给定一个位置的回归目标 l^*、t^*、r^* 和 b^*，将中心性目标定义为

图 6-4 预测距离参数示意图

$$\text{Centerness}=\sqrt{\frac{\min(l^*,r^*)}{\max(l^*,r^*)}\times\frac{\min(t^*,b^*)}{\max(t^*,b^*)}} \tag{6-7}$$

在预测特征图的每个位置上都会预测中心度，这代表了某一点在特征图上距离目标中心的远近程度。从式（6-7）可以看出，中心度与某一点到目标中心的距离成反比，其取值范围通常在 0 ～ 1 之间。如果某一个点恰好与目标中心重合，那么其中心度值就为 1；而如果点在目标中心的边界上，那么其中心度值就为 0。

检测头的输出有三个分支，故损失由分类损失 L_{cls}、定位损失 L_{reg} 和中心损失 L_{ctr} 共同组成：

$$\begin{aligned}L\left(\left\{p_{x,y},t_{x,y},s_{x,y}\right\}\right)=&\frac{1}{N_{\text{pos}}}\sum_{x,y}L_{\text{cls}}\left(p_{x,y},c_{x,y}^*\right)+\frac{1}{N_{\text{pos}}}1_{\left\{c_{x,y}^*>0\right\}}\sum_{x,y}L_{\text{reg}}\left(t_{x,y},t_{x,y}^*\right)\\&+\frac{1}{N_{\text{pos}}}1_{\left\{c_{x,y}^*>0\right\}}\sum_{x,y}L_{\text{ctr}}\left(s_{x,y},s_{x,y}^*\right)\end{aligned} \tag{6-8}$$

式中，$p_{x,y}$ 表示在特征图 (x,y) 点处预测的每个类别的 score；$c_{x,y}^*$ 表示在特征图 (x,y) 点对应的真实类别标签；$1_{\left\{c_{x,y}^*>0\right\}}$ 表示当特征图 (x,y) 点被匹配为正样本时为 1，否则为 0；$t_{x,y}$ 表示在特征图 (x,y) 点处预测的目标边界框信息；$t_{x,y}^*$ 表示在特征图 (x,y) 点对应的真实目标边界框信息；$s_{x,y}$ 表示在特征图 (x,y) 点处预测的中心度；$s_{x,y}^*$ 表示在特征图 (x,y) 点对应的真实中心度。

由于目标检测有着各种各样的场景，在不同场景下数据具有差异，域的迁移导致目标检测在实际场景下检测性能下降，跨域目标检测应运而生。跨域目标检测的核心问题是如何在不同场景中保持目标检测模型的性能。近年来，无监督域自适应在目标检测方面取得了显著的成果，可以有效解决目标检测模型在训练数据和测试数据之间存在域差异时性能下降的问题。域自适应理论核心的思想是如何将目标域上的泛化误差和源域上的泛化误差联系在一起。通过降低源域上的误差，间接地降低目标域上的误差，从而使模型在目标域上学习到更加泛化的特征或表示。为了衡量两个分布之间的信息丢失或信息增益，Ben-David[188]等提出 H-divergence 度量方法。假设一个预测函数 h，将源域数据预测为 0，目标域数据预测为 1，其预测输出结果的范围是 0 ～ 1，则它在源域上的预测错误率为 $\varepsilon_{\mathrm{s}}(h)$。由 H-divergence 度量方法得到预测函数 h 在目标域上的错误率 $\varepsilon_{\mathrm{T}}(h)$ 可以写为

$$\varepsilon_{\mathrm{T}}(h) \leqslant \varepsilon_{\mathrm{s}}(h)+\frac{1}{2} d_{H \Delta H}\left(\tilde{D}_{\mathrm{S}}, \tilde{D}_{\mathrm{T}}\right)+\lambda \tag{6-9}$$

其中，$\varepsilon_{\mathrm{s}}(h)$ 是预测函数在源域上的错误率；$d_{H \Delta H}\left(\tilde{D}_{\mathrm{S}}, \tilde{D}_{\mathrm{T}}\right)$ 是源域和目标域的差异；λ 是常数。由此可以看出，目标域数据上训练得到的预测函数的错误率主要受两个因素的影响，一是源域上的错误率，二是将源域和目标域数据映射到特征空间后，它们之间特征分布的距离，即 $H\Delta H$ 距离。因此降低 h 在源域上的错误率并减小源域和目标域特征分布的距离即可降低 h 在目标域上的错误率，从而实现域的迁移。

基于上述理论，Ganin[189]等提出基于对抗的域自适应网络 DANN。如图 6-5 所示，DANN 网络的结构包括特征提取器、域鉴别器和图像分类器三个部分。首先，特征提取器从输入图像中提取特征，并将这些特征分别输入分类器和域鉴别器。特征提取器的目标是生成具有对抗性的特征，使得域鉴别器无法准确区分源域和目标域。图像分类器仅接收源域数据作为输入，其目标是尽可能准确地对输入图像进行分类，并给出正确的类别标签。域鉴别器的目的是鉴别出输入特征是来自源域还是目标域，这需要最大化域鉴别器的损失。因此，在特征提取器与域鉴别器之间引入了梯度反转层（gradient reversal layer，GRL），域鉴别器损失的梯度反向传播到特征提取器的参数之前会自动取反，这样就可以满足鉴别器损失最大化。在这个过程中，特征提取器和域鉴别器都去优化自己的网络，形成竞争对抗网络。通过这种交替的方式，提取器和鉴别器逐渐提高其性能，最终达到一个动态平衡。

以图像分类任务为例，假设一张图片 x，其类别标签为 y，那么图像分类器的损失为

$$L_{\mathrm{Y}}\left(G_{\mathrm{Y}}\left(G_{\mathrm{F}}\left(x_i\right)\right), y_i\right)=\log \frac{1}{G_{\mathrm{Y}}\left(G_{\mathrm{F}}\left(x_i\right)\right) y_i} \tag{6-10}$$

假设域标签为 d，那么域鉴别器的损失为

$$L_{\mathrm{D}}\left(G_{\mathrm{D}}\left(G_{\mathrm{F}}\left(x_i\right)\right), d_i\right)=d_i \log \frac{1}{G_{\mathrm{D}}\left(G_{\mathrm{F}}\left(x_i\right)\right)}+\left(1-d_i\right) \log \frac{1}{1-G_{\mathrm{D}}\left(G_{\mathrm{F}}\left(x_i\right)\right)} \tag{6-11}$$

该网络的总损失为

$$E=\frac{1}{n} \sum_{i=1}^n L_{\mathrm{Y}}^i-\lambda\left(\frac{1}{n} \sum_{i=1}^n L_{\mathrm{D}}^i+\frac{1}{m} \sum_{j=1}^m L_{\mathrm{D}}^j\right) \tag{6-12}$$

其中，n 为源域样本数，m 为目标域样本数。

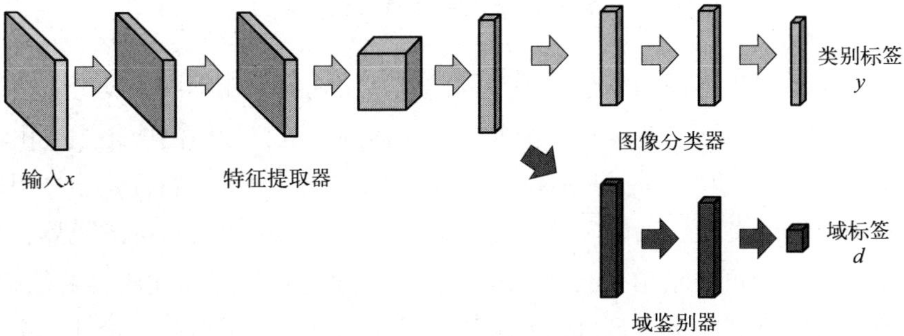

图 6-5　DANN 流程图

6.2.3　面向自动驾驶跨域目标检测的多模态语义通信架构

在自动驾驶场景下，信息的传递往往受到各种因素的影响。任务导向通信可以采用语义重构技术来弥补信息的损失，从而保障通信质量。在任务导向通信场景中，视觉信息的处理任务至关重要。其中，目标检测作为常用任务，在自动驾驶场景中发挥着重要作用。

在现有的任务导向通信的通用框架下，针对目标检测任务需要考虑两个方面的问题：一是目标检测任务是否能有效对抗信道噪声从而有利于视觉信息的传输，这关系到任务导向通信下的检测性能；二是不同场景下数据分布的差异性，在源场景训练的检测器的性能在目标场景时往往会显著下降，如何将目标检测模型迁移到一个新的域上的研究也十分重要。针对上述问题，需要更加深入研究面向任务导向通信的跨域目标检测算法。

基于深度学习的任务导向通信系统模型如图 6-6 所示。在发送端，语义编码器接收来自语义信源的信号，依据自动驾驶场景中的跨域目标检测这一具体任务对信

号进行理解并提取出所需特征，减少数据的传输量。其中，语义信源为含有行人、车辆、交通标志等检测目标的图片。然后将提取出的语义特征发送给信道编码器编码成可传输的向量并传输给信道，在接收端的信道解码器对其进行接收并解码传送给语义解码器，语义解码器同样依据具体任务对信号进行理解，降低了接收特征在信道中掺杂噪声的影响，恢复了语义特征，并在后续模块进行任务的执行。

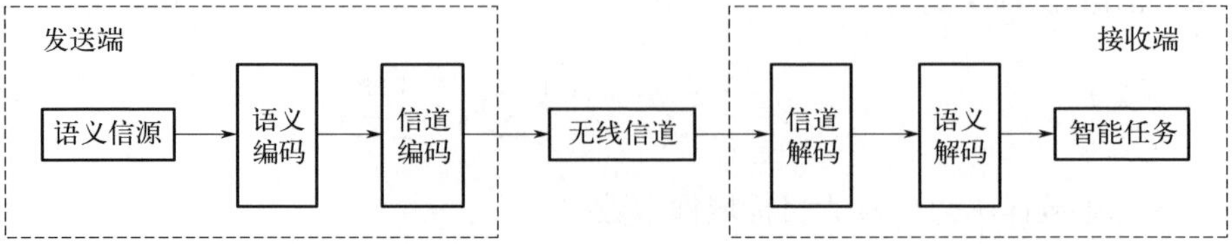

图 6-6 任务导向通信框架

跨域目标检测将不同的场景视为不同的域，实现模型在不同数据分布之间的迁移，从而提高模型的泛化性。基于任务导向通信的跨域目标检测网络主要由四部分组成：①语义特征提取。利用 ResNet50 提取图像特征，再通过特征金字塔提取多尺度语义特征。②语义特征编解码器构建。通过卷积层构建语义特征编码器，将多尺度语义特征编码为可在信道中传输的语义向量。通过卷积层构建语义特征解码器，将经过信道后的语义向量进行接收并解码。③对抗跨域目标检测。设计一个对抗域自适应方法，通过语义特征提取器和域鉴别器形成对抗域自适应网络，从而拉近源域和目标域特征分布的距离。④损失函数。通过目标检测损失和对抗损失对源域和目标域特征进行优化。

一个基于语义特征编解码器的目标检测框架如图 6-7 所示，简单来说就是在发送端，构建语义特征提取器提取特征，并发送给语义特征编码器。语义特征编码器将其编码为可传输的语义向量，经过无线信道发送到接收端的语义解码器，解码后进行目标检测。

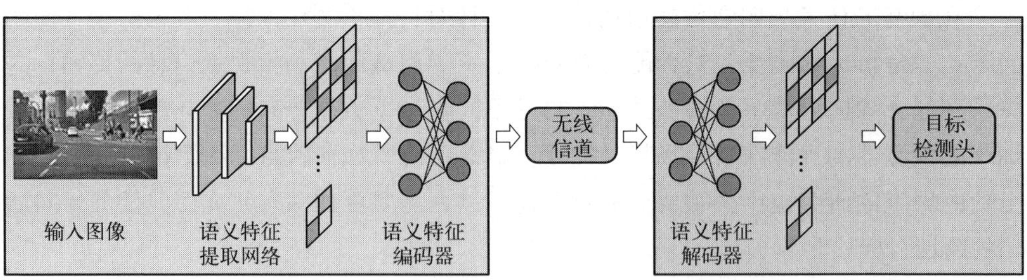

图 6-7 基于语义特征编解码器的目标检测框架

语义特征提取器是任务导向通信在自动驾驶场景下的跨域目标检测任务中应用的关键。它通过理解任务挖掘出与任务相关的语义特征来对抗噪声，减少无关信息的传输，因此它发送给信道的数据量相对于传统通信更少，这可以提升传输的效率。针对语义特征提取而言，需要根据任务的需求，对编码器进行合理的设计，以便提取出任务相关的语义特征。由于跨域目标检测所需语义特征更为丰富，在本框架中选择采用 ResNet50 和特征金字塔来进行图像语义的提取。同时，为了获得多尺度语义特征，使用 FPN 网络进行多尺度特征融合。

目标检测不仅需要分类，还需要对目标的位置进行定位，这就需要大量的视觉信息。因此，通过构建语义特征编解码器进一步感知目标检测所需语义特征，并将其编码为可传输的语义向量，从而增强模型对目标语义信息的理解和表达能力，并且可以有效对抗噪声。图 6-8 所示为一个简单的语义特征编解码器网络图。语义特征编码器由一个卷积层和一个 ReLU 层组成，用于减少噪声的影响。

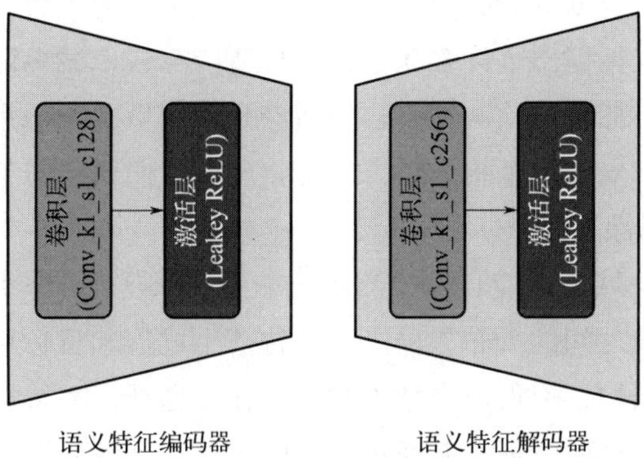

图 6-8　语义特征编解码器网络图

在现实中信道通常会引入一些噪声，设计通信系统时需要充分考虑信道的类型、特性等方面，以确保系统能够在各种条件下稳定、高效地传输信息。在通过无线信道传输时，编码的语义特征会受到信道衰落和噪声的影响。本节所提系统考虑了单个通信链路的条件，其中在语义特征解码器上接收到的语义特征 y 可以被描述为

$$y = hx + n \tag{6-13}$$

其中，h 为信道系数，n 是一个独立同分布的向量，信道噪声遵循高斯分布 $n \sim N(0, \sigma^2 I)$，σ^2 为信道的平均噪声功率，I 为单位矩阵。

本节采用的两种常用的信道模型，分别为高斯信道（additive white gaussian noise channel，AWGN）和瑞利（Rayleigh）衰落信道。AWGN 信道是通信系统中常见的

一种理想化模型，被广泛应用于理论分析和性能评估，是通信系统设计中的重要参考模型之一。瑞利衰落信道是一种常见的无线通信信道模型，用于描述无线信号在传播过程中受到的多径衰落影响。在瑞利衰落信道中，传播的信号会受到多条传播路径的影响，每条路径的幅度和相位都不同，因此会导致信号的多径衰落效应。瑞利衰落信道通常用于描述城市、室内等环境下的无线传播情况，其中存在多条反射、散射路径，导致接收端收到的信号具有随机性和不确定性。这种特性可以帮助人们更好地理解无线信号在实际传输过程中所受到的影响。

在接收端，需要构建语义特征解码器对接收到的语义特征 y 进行解码，降低接收特征在信道中掺杂的噪声，并恢复语义特征。上述框架特征解码器由一个卷积层和一个 ReLU 层组成。

在自动驾驶的不同场景下，如晴天和雾天，数据分布差异显著，导致在源域下训练的检测器在应用于目标域时，其性能通常会显著下降。同时，由于标注成本较高，对不同领域下的数据进行充分的标注是不现实的。为了解决这个问题，针对跨域目标检测，研究人员提出了许多无监督域自适应算法来减小源域和目标域的数据分布差异，以提高目标域的检测精度。域适应是利用域鉴别器来测量域差异，并以对抗方式训练域鉴别器和特征提取器。当前，研究者们已经对基于对抗训练的域自适应目标检测进行了深入研究。

一个基于对抗的域自适应目标检测系统如图 6-9 所示。该系统采用对抗性学习来减少源域和目标域之间的分布差异。源域特征生成器和目标域特征生成器都使用语义特征提取器的结构，但彼此参数不共享。在发送端，系统通过源域特征生成器和目标域特征生成器提取特征，并通过各自的语义特征编码器将它们编码后发送到无线信道。具体而言，该方法使用预训练的源域特征提取器初始化目标域特征提取器，然后训练目标域特征提取器以生成接近源域特征分布的特征。在接收端，它们各自的语义解码器重建接收到的特征并将它们输入到域鉴别器中进行域分类。域鉴别器在区分给定特征属于源域还是目标域方面至关重要，通过与特征提取器一起形成对抗网络，从而使域鉴别器可以有效地学习到不同域的分布。如果模型对不同领域的表示做出相同的分类决策，则意味着源数据集和目标数据集中的对象特征在某种程度上是一致的。域鉴别器尽可能识别出特征来自哪个域，而目标域特征生成器的目标是生成和源域相近的特征，尽可能欺骗到域鉴别器。在这个过程中，目标域特征生成器和域鉴别器分别优化自己的网络，从而形成竞争对抗。该系统的域鉴别器可以区分不同数据域之间的差异，帮助模型学习适应不同的域，从而提高跨域目标检测精度。

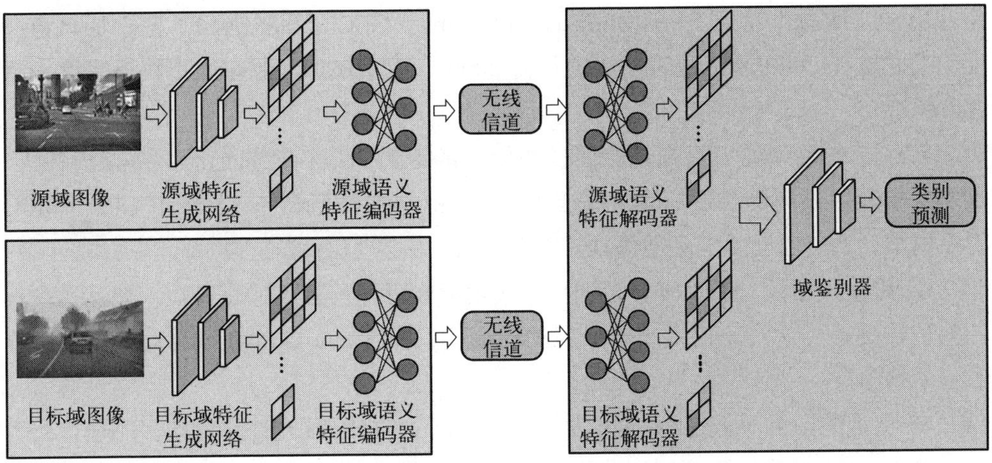

图 6-9　基于对抗的域自适应目标检测系统图

6.3　低地球轨道卫星通信系统中的图像传输

低地球轨道卫星（low earth orbit satellite，LEO-Sat）通信系统是现代卫星通信领域的重要组成部分，具有低延迟、高覆盖率和灵活部署等优势，在图像传输领域展现出巨大的潜力。LEO-Sat 系统通过一组位于地球低轨道的卫星，为地面站、移动用户以及偏远地区提供高速、可靠的通信服务。LEO-Sat 系统能够支持高清图像的实时传输，能在紧急救援、环境监测、航空航天等多个领域发挥关键作用。本节将详细介绍多模态语义通信在低地球轨道卫星通信系统的图像传输中的应用。

6.3.1　概述

卫星通信是指地球上（包括地面和低层大气中）的无线电通信站间利用人造卫星作为中继所进行的通信。卫星通信是一种微波通信，利用卫星作为中继站来转发微波无线电波从而实现两个或多个地球站之间的通信。卫星可工作于几千甚至几万公里的轨道上，能够实现山野、荒漠以及海上等基站部署较为困难的特殊地理区域的覆盖，其覆盖范围远大于一般的移动通信系统。如果微波通信系统中的中继站由卫星携带，并且卫星之间以及卫星与地面站之间能进行通信，则由卫星在地域上空按一定轨道运行而构成的大范围通信网络就称为卫星网络。卫星网络是以人造地球通信卫星为中继站的微波通信系统，是地面微波中继通信的发展和向太空的延伸[190]。根据卫星运行的轨道高度分类，大致可将卫星通信分为低地球轨道（low earth orbit，LEO）卫星通信、中地球轨道（middle earth orbit，MEO）卫星通信、地球静止轨道（geostationary earth orbit，GEO）卫星通信。其中低轨道高度约为 500 ～ 2000km，中轨道高度约为 2000 ～ 20000km，地球静止轨道高度约为 36000km。

在这三种类型的卫星通信中，较高轨道的卫星通信存在轨道高、链路损耗大、终端功率和接收机要求高、传播时延大、覆盖范围有限等缺点。相较于 GEO、MEO 卫星网络，低地球轨道卫星通信具有以下优点[191]。

① 传输时延低。低地球轨道卫星距离地面较近，信号传输路径短，能够实现较低的传输延迟。这对于需要实时交互的应用场景非常重要，如在线游戏、远程医疗和自动驾驶等。

② 覆盖范围大。低地球轨道卫星通信较小的传播时延允许端对端多跳通信，可以实现真正的全球覆盖。通过部署大量的 LEO 卫星，可以形成密集的卫星网络，实现全球范围内的无缝覆盖。这使得 LEO-Sat 通信能够在偏远地区、海洋和极地等地面通信难以到达的地方提供服务。

③ 便于终端小型化。低地球轨道卫星通信传播距离短，链路损耗小，降低了对用户终端的性能要求，支持手持设备通信，有助于终端的小型化。

④ 网络架构灵活。LEO-Sat 通信系统可以根据业务需求进行动态调整和优化。例如，可以根据区域流量变化调整卫星的覆盖范围和容量分配，以适应不同地区的通信需求。

近年来，低地球轨道卫星通信因其成本效益高、能效高、部署适应性强等特点而受到广泛关注，被认为是最有应用前景的卫星移动通信技术之一。LEO-Sat 通信系统通过卫星与用户终端之间的通信链路，实现数据的传输和通信的交互，包括语音、图像等多种形式的信息。蜂窝通信、多址、点波束、频率复用等技术为低轨道移动通信提供了更大的发展空间。当前，LEO-Sat 通信系统已经能够有效扩大移动网络的覆盖范围，并在广大和人口稀少的地区支撑服务。然而，随着 LEO-Sat 数量的增加和业务需求的大幅增长，频谱资源的有限性对 LEO-Sat 系统的容量和性能构成了制约。此外，LEO-Sat 系统由于卫星的高速运动，会产生明显的多普勒效应。这种效应会导致信号频率的偏移，大大降低链路的稳定性和可靠性。为了克服多普勒效应，需要采用先进的信号处理技术和频率管理策略，这会不可避免地增加系统的复杂性和成本。

针对上述问题，当面对高清图像传输等特定任务时，为应对多普勒效应，需要采用不易受多普勒效应影响的调制方式，例如正交时频空间（orthogonal time-frequency space，OTFS）调制[192-193]等调制方式。其具有独特的设计和变换方案，有更强的抗多普勒干扰能力，提高了频谱利用率，但这往往受到传统图像压缩算法可靠性的制约。若采用的方案忽略传输数据的语义内容，则对传输效率的提升有限。随着人工智能的发展，语义通信技术被提出，为上述问题的解决提供了方案。将 OTFS 与语义通信结合可以有效解决 OTFS 在传输效率、链路稳定性和特定任务约束方面的局限性。在本节的后续内容中，将具体探讨多模态语义通信在基于 OTFS 的 LEO-Sat 系统中的应用。

6.3.2 相关基础理论

LEO-Sat 通信网络由空间段、用户段、核心网三部分组成，其架构一般如图 6-10 所示[194]。空间段主要由低轨卫星和星间链路组成，形成空间传输主干网络。卫星在空间中均匀排布，普遍采用均匀对称的星座构型，可以提供全球范围内的覆盖。卫星间可建立微波或激光星间链路，实现数据包的中继转发，从而增强网络的连通性和可靠性。用户段包括各类用户终端、综合信息服务平台以及业务支撑系统等。用户终端是用户和卫星网络之间的直接联系手段，可以是固定终端（如家庭宽带接入设备）或移动终端（如手持卫星电话、车载终端等)。核心网主要包括信关站、综合运控管理系统以及连接地面核心网络的基础设施。核心网是卫星网络与地面网络之间的桥梁，负责卫星网络的运行控制、数据传输和业务管理。

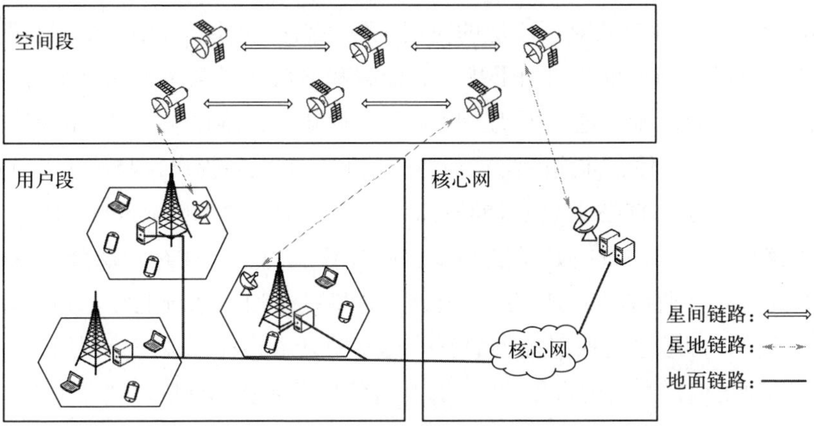

图 6-10　LEO 卫星网络架构

低地球轨道卫星通信系统中的图像传输是一个复杂的过程，它结合卫星通信技术和图像传输技术，实现了全球范围内的图像信息快速传输。整个过程包括用户终端发送信号、卫星接收与转发信号、目标终端接收信号等。用户终端发送信号是用户端通过天线将待发送的信号发送到卫星。图像传输之前，首先要做的是图像采集与数字化。图像采集通常通过地面站或移动终端设备上的摄像头完成。采集到的模拟图像信号需经过模数转换器转换为数字信号，以便进行后续处理。数字图像以像素矩阵的形式表示，每个像素包含颜色、亮度等信息。然后需要对要传输的图像信息进行处理，该过程包括压缩图像与编码，以适应卫星通信信道的带宽和速率。这是因为原始图像数据量大，直接传输会占用大量带宽并增加传输延迟。图像压缩技术通过去除图像中的冗余信息、降低分辨率或采用更高效的编码方式来减少数据量。编码后的图像数据更加紧凑，便于存储和传输。接着根据需要选择不同的调制方式，将信号转换为卫星可识别的信号，确保图像信息在卫星通信链路中正确传输。这一过程包括信道均衡、失真或差错控制以及调制等步骤。信号的调制与传输过程常用的技术有正交幅度调制（quadrature amplitude modulation，QAM）、正交频分复用[195]（orthogonal frequency-division multiplexing，OFDM）、正交时频空间调制[196]（orthogonal time-frequency space，OTFS）等。用户终端通过天线将压缩并调制后的图像信号发送到 LEO 卫星。卫星接收到信号后，进行解调处理，并将图像数据存储在卫星的存储器中。随后，卫星根据目标地址将图像数据转发给目标终端。目标终端接收到卫星转发的图像数据后进行解调处理，将数字信号还原为可识别的图像信息。经过处理后，图像信息以用户可理解的形式显示出来，如通过显示屏或打印机等设备。

在现有的调制技术中，传统的正交频分复用（OFDM）调制第五代（5G）蜂窝系统以及 WiFi 网络中都得到了广泛的应用，但在高移动性场景中易受多普勒效应影响。OFDM 波形受到严重载波间干扰，而最高和最低的子载波表现出相当不同的归一化多普勒，从而加剧了这种干扰。因此，一种新的二维调制方案，即正交时频空间（OTFS），作为一种有前途的高移动性通信候选方案被提出。与传统 OFDM 在时频域进行调制不同，OTFS 将信息调制在时延 - 多普勒（Delay-Doppler, DD）域。这种方式使其具备强大的抗时延扩展和多普勒频移能力，并拥有实现全分集的潜力，这是支撑高可靠性通信的关键。其中全分集是指一个通信系统能够达到其理论上的最大分集阶数，即该系统所能提供的所有独立的衰落路径都被充分利用，从而实现最高可能的对抗信道衰落的可靠性。OTFS 将信息调制在 DD 域，增加了系统在时延和多普勒维度的分集能力，从而可以更大限度地对抗信道衰落，获得更高的可靠性增益。同时，OTFS 调制还可以将时变信道转换为 DD 域中的二维准时不变信道，可进一步利用其特性。OTFS 调制采用二维局部脉冲在 DD 域中传递信息，有利于利用底层的物理传播特性。传播延迟和多普勒频移的信道损伤被建模为无线信道对发射波形施加的一对操作。OTFS 会生成一个完整的正交波形族，该波形族在时间延迟和频移的任意组合下是闭合的。换言之，在发射该系列中的信号时，接收到的信号将在任意信道损伤下保持在该系列内。由于时移和频移在 DD 域中是分开的，因此衰落的破坏性影响会得到实质性的缓解[197]。在文献［197］中，介绍了OTFS的基本概念、突出挑战和潜在解决方案，以及探索其未来研究的新领域，具体而形象地描绘了为高移动性环境中的通信而构想的OTFS调制，读者可根据学习需要对该部分进行更加深入的学习。

对于高清图像传输任务，基于OTFS的方案会受到传统图像压缩算法可靠性的制约，无法充分发挥其潜力。因此，基于OTFS的LEO-Sat系统需要进一步增强，以满足6G网络的需求。在无线通信中，已经开发了多种语义通信系统，包括基于深度学习、基于端到端通信的语义通信等[198]。这些语义通信系统可用来传输多模态数据，包括文本、语音、图像和视频数据，能够表现出更好的性能。为了确保与数字系统的兼容性，采用向量量化（vector quantization，VQ）方法[199]的语义模型被提出，用于特征映射和比特转换。在文献［200］中给出了一种基于深度学习的用于图像传输的向量量化（VQ）语义通信系统可供读者参考。简单来说，为了使语义通信与数字通信系统兼容，必须将语义特征转换为比特进行传输。向量量化可以将特征映射到索引中，然后可以将索引转换为比特并通过数字通信方法进行传输。VQ技术将语义特征映射到嵌入空间中进行图像的无线传输，并根据语义相似度生成索引。其具有效率更高、鲁棒性更强、兼容性好等优点，且与数字通信系统兼容。通过在发射器和接收器之间共享语义嵌入空间，可以以较低的传输开销进行图像传输。VQ语义通信系统擅长特征提取和压缩，以减少传输的比特。具体来说，VQ语义通信系统可提取具有U-Net结构的图像的多尺度语义特征，并将这些特征压缩成发射机处传输的比特流。然后在接收端使用多尺度特征重建图像。在模型训练过程中，可引入用于对抗训练的PatchGAN判别器和基于生成对抗网络（generative adversarial network，GAN）的损失，以提高图像生成的质量。这些使得VQ语义通信系统非常适用于大规模高清图像传输。

6.3.3 面向LEO-Sat系统图像传输的多模态语义通信架构

随着人工智能和机器学习技术的快速发展，语义通信逐渐成为LEO-Sat系统中的一个重要研究方向。面对高清图像传输等特定任务时，使用传统图像压缩算法会制约基于OTFS的系统可靠性。且基于OTFS的方法是基于传统的技术层面范式设计的，忽略了传输数据的语义内容，对传输效率的提升有限。此外，尽管基于OTFS的方案对多普勒频移具有鲁棒性，但在低信噪比场景中，确保链路稳定性仍然是一个艰巨的挑战。多模态语义通信技术的提出为上述问题提供了解决方案，它注重内容的理解和处理，旨在提取传输数据的核心语义特征，并在接收端进行重构。与不加区分地传输所有比特的传统通信系统不同，它提取并传递了源数据中最有价值的面向任务的语义特征，从而更好地利用了通信资源。基于这种设计，语义通信可以显著提高系统效率，从而在相同的物理带宽下实现更高的有效吞吐量。

本节将以基于 OTFS 的 LEO-Sat 系统为基础，以一种基于 OTFS 调制的语义增强的下行链路 LEO-Sat（SE-LEO-Sat）系统为例，深入探讨多模态语义通信在基于 OTFS 的 LEO-Sat 系统中的具体应用。该方法来自文献［201］，其整体框架如图 6-11 所示。该系统的整体框架由发射机、信道模型和接收机组成。

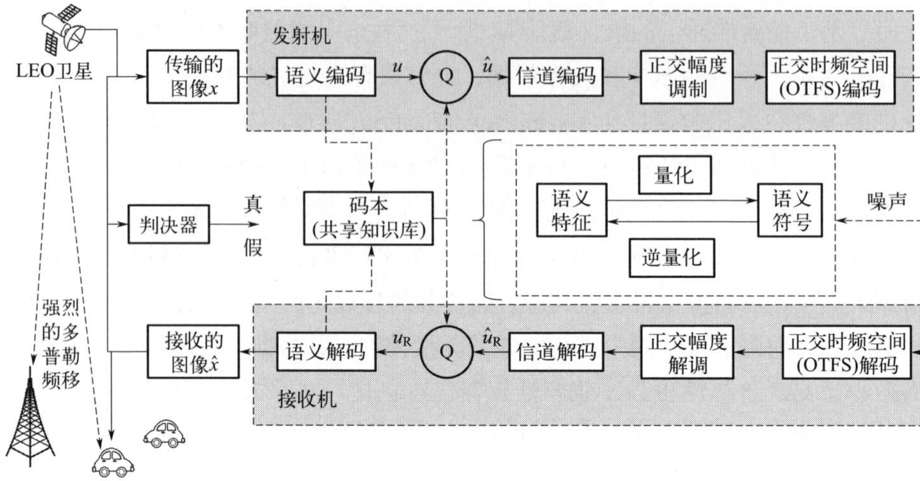

图 6-11　基于 OTFS 调制的语义增强的 LEO-Sat 系统

发射机由语义编码器、量化模型、信道编码器、正交幅度调制模块和 OTFS 调制模块五个部分组成。语义编码器由 Resnet 块、注意力块、卷积层和输出块构成，提取语义特征主要利用的是卷积层和注意力模块。传输的图像表示为 $x \in \mathbb{R}^{h \times w \times n}$，则语义编码器提取的语义特征向量表示为

$$u = E(x) \in \mathbb{R}^{h \times w \times n} = \{f_1, f_2, \cdots, f_n\} \subset \mathbb{R}^n \tag{6-14}$$

其中，E 是具有共享背景知识库（knowledge base，KB）的语义编码器，n 是所提模型中值为 256 的代码的维数。具体而言，收发器共享的背景 KB 表示为 $\mathrm{KB} = \{e_1, e_2, \cdots, e_k\} \subset \mathbb{R}^n$，其中 k 和 n 分别表示语义嵌入向量的数量和维度。

然后，为了使数据与数字通信系统兼容，需要采用向量量化（VQ）方法的语义模型。基于向量量化的语义通信系统使用语义嵌入空间进行图像的无线传输，与数字通信系统兼容，可以有效忽略难以察觉的噪声相关细节，从而减轻物理噪声的影响。通过 VQ 方法将语义特征映射到背景 KB 中的一组索引上，从而生成相应的语义索引 $\hat{u}$：

$$u_q = Q(u) := \left(\operatorname{argmin} \| f_i - e_k \|\right), e_k \in \mathrm{KB}, i \in \mathbb{R}^n \tag{6-15}$$

$$\hat{u} = \left\{k_1, k_2, \cdots, k_n\right\} \subset \mathbb{R}^n \tag{6-16}$$

接下来，语义索引进一步转换为 0，1 位数据，并通过信道编码器（LTE Turbo 码）增强纠错能力。之后，将信息位映射到正交相移键控数据符号，每个符号将占据一个时延 - 多普勒（DD）网格。若延迟指数为 m，多普勒指数为 n，则可表示为 $D[m,n]$，其中 $m = 0,1,\cdots,M-1$，$n = 0,1,\cdots,N-1$，M 和 N 分别表示延迟点数和多普勒频率点数。

$D[m,n]$ 在 DD 域网格进行 ISFFT 和 Heisenberg 变换，变换后将转换到延迟时域并生成 OTFS 基带信号 $s(t)$。沿行方向（多普勒维数）[202] 对 DD 网格数据进行逆离散傅里叶变换（inverse discrete fourier transform，IDFT）可以达到预期的结果。DD 网格的具体设计由 $M = 128$ 个延迟箱和 $N = 32$ 个多普勒箱组成。

在执行 IDFT 并将延迟时域信号网格按列连接后，时域信号为

$$s[t] = S[m,n] = \frac{1}{\sqrt{N}} \sum_{k=0}^{N-1} D[m,k] \mathrm{e}^{\mathrm{j}\frac{2\pi nk}{N}}, t = Mn + m \tag{6-17}$$

式中，m 和 n 分别是延迟指数和时间指数。

在该系统采用 3GPP TR 38.811 协议 [203] 中的频率选择性衰落抽头延迟线（tapped delay line，TDL）信道模型来模拟非地面网络（non-terrestrial network，NTN）部署场景。该模型同时考虑了用户设备（user equipment，UE）运动和卫星运动引起的多普勒频移。同时选取视距条件下的 NTN-TDL-D 模型对 LEO-Sat 信道进行建模，在训练过程中引入 NTN-TDL-D 信道噪声，以增强抗干扰能力。其信道响应可以表示为

$$h(\tau, t) = \sum_{N=1}^{P} a_n \mathrm{e}^{\mathrm{j}\frac{2\pi\varepsilon_{\max}(t-\tau)}{MN}\cos\alpha_n} \delta(\tau - \tau_n) \tag{6-18}$$

式中，P 是通道路径的数量，a_n、α_n、τ_n 和 $\varepsilon_{\max}$ 分别是复增益、延迟、到达角和最大多普勒频移按第 n 个路径的多普勒间距归一化。NTN-TDL-D 模型使用默认参数 [203]，将 LEO 卫星高度设定为 600km，载波频率为 20GHz，最大多普勒频移可达 290kHz。

在经历了多普勒和衰落等效应后，接收到的信号可以表示为

$$s_{\mathrm{R}}[t] = \mathrm{e}^{\mathrm{j}\frac{2\pi\varepsilon t}{MN}} \sum_{l=1}^{L} h[l,t] s[t-l-\theta] + n[t] \tag{6-19}$$

其中，L 是信道长度，$n[t] \sim \mathcal{N}(0, \sigma_n^2)$ 是复加性高斯白噪声（additive white Gaussian noise，AWGN）。采样周期 T_{s} 和多普勒间隔的归一化时间偏移和载波频率偏

移分别由变量 θ 和 ε 表示。经过一系列的 OTFS 解调处理和信道解码后，得到恢复的语义索引，并通过量化将它们恢复为语义特征 u_{R}。由语义解码器 G 恢复接收到的图像 $\hat{x}$ 为

$$\hat{x} = G(u_{\mathrm{R}}) = G\left(Q^{-1}(\hat{u}_{\mathrm{R}})\right) \tag{6-20}$$

SE-LEO-Sat 系统设计的语义模型利用 VQ 技术构建语义特征向量码本，并采用多重注意力机制，通过剔除冗余或不显著的语义特征，对最初提取的语义特征进行细化，从而提取了本质特征。语义模型和语义知识库的训练遵循两阶段方法。在第一阶段，图像经过语义编码和量化，然后直接发送到语义解码器进行去量化和语义解码。在第二阶段，将整个基于 OTFS 的语义 LEO-Sat 系统整合到联合的端到端训练中，收集受信道损伤影响的语义指标，并将其用作训练数据，从而将信道损伤引入语义模型中，增强其抗干扰能力。若读者对该系统的具体训练过程感兴趣，可参考文献［201］。

基于 OTFS 的语义方法可以有效地增强 LEO-Sat 系统，但会造成复杂度增加，这对该系统在现实条件下如何实现提出了挑战。然而，随着人工智能技术和卫星终端处理技术的进步，相信这一挑战终将也会被克服。

6.4 其他应用场景

6.4.1 全息智能通信

全息通信是一种利用全息显示技术进行通信的前沿通信方式，它能够捕获处于远程位置的人和周围物体的图像，通过网络传输全息数据，在终端处使用激光束以全息图的方式投影出实时的动态立体影像，并能够与之交互。全息通信业务是基于裸眼全息技术，面向高沉浸、多维度交互应用场景的数据采集、编码、传输、渲染及显示的整体应用方案，包含了从数据采集到多维度感官数据还原的整个端到端过程，是一种高沉浸式、高自然度交互的业务形态。

如图 6-12 所示，根据依赖的技术及用户体验的不同，未来 6G 时代全息通信的业务场景可以归纳为以下七大类。

① 带宽远程管理。带宽远程管理场景主要关注远程数据传输的效率和稳定性。通过全息通信技术，可以实现对远程网络带宽的高效管理和分配，确保关键数据的快速传输和实时响应。例如在远程监控、远程会议等场景中，全息通信可以确保视频、音频等多媒体数据的流畅传输，提高远程协作的效率。

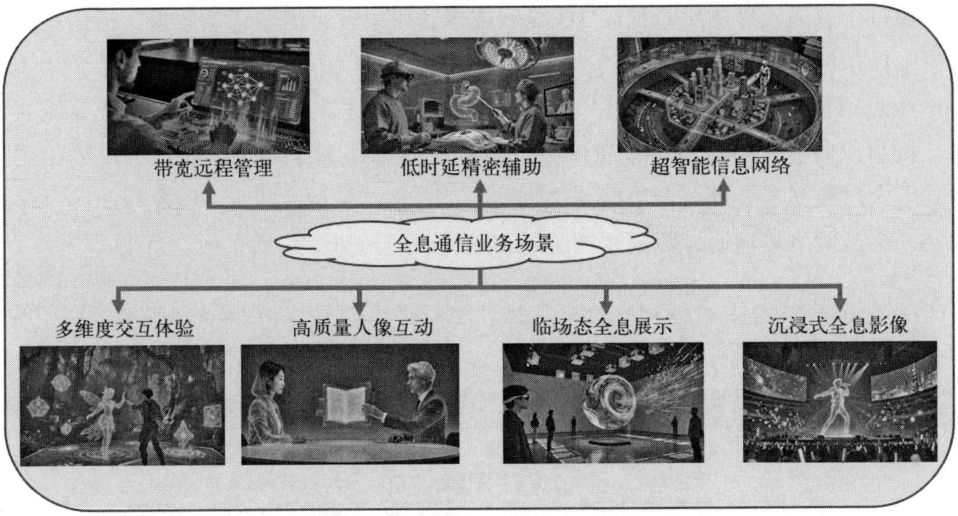

图 6-12 6G 全息通信业务场景

② 低时延精密辅助。低时延精密辅助场景利用 6G 网络的低时延特性，实现高精度、高可靠性的远程辅助操作。例如在医疗领域，医生可以通过全息通信技术远程指导手术操作，或实现远程问诊和精准治疗。

③ 超智能信息网络。超智能信息网络场景强调信息网络的智能化和自动化水平。全息通信作为其中的关键技术之一，将推动信息网络向更加智能、高效的方向发展。例如在智慧城市、智能交通等领域，全息通信可以实现对城市基础设施、交通流量等目标的实时监测和分析，为城市管理和决策提供有力支持。

④ 多维度交互体验。多维度交互体验场景致力于为用户提供更加丰富、真实的交互体验。通过全息通信技术，可以构建出多模态、多维度的交互场景，增强用户的参与感和沉浸感。例如在娱乐领域，全息通信技术可以用于打造沉浸式游戏、演唱会等体验。

⑤ 高质量人像互动。高质量人像互动场景关注人与人之间的远程沟通和交流。通过全息通信技术，可以实现高质量的人像互动，让交流更加真实、自然。在远程会议、在线教育等场景中，全息通信技术可以提供逼真的虚拟会议环境和教学体验。

⑥ 临场态全息展示。临场态全息展示场景强调全息图像的逼真度和立体感。通过全息投影技术，可以将三维图像以逼真的方式呈现在观众面前，营造出强烈的临场感。例如在展览展示、产品发布等场景中，全息投影技术可以用于展示产品、艺术品等物品。

⑦ 沉浸式全息影像。沉浸式全息影像场景致力于为用户提供全方位的沉浸式体

验。通过全息通信技术结合裸眼3D显示技术，可以营造出全场景效果，让用户仿佛置身于虚拟世界中。

全息通信网络模型如图6-13所示。其中，数据采集和全息再现由各类穿戴式设备、投影设备、终端设备等设备实现。数据处理和压缩编码采用高效的压缩编码技术处理全息数据、处理多个数据流（如视觉、听觉、触觉、味觉、嗅觉等）的排序和封装，通过网络传输后，数据流被解封和解码，经过重渲染后生成全息图[204]。

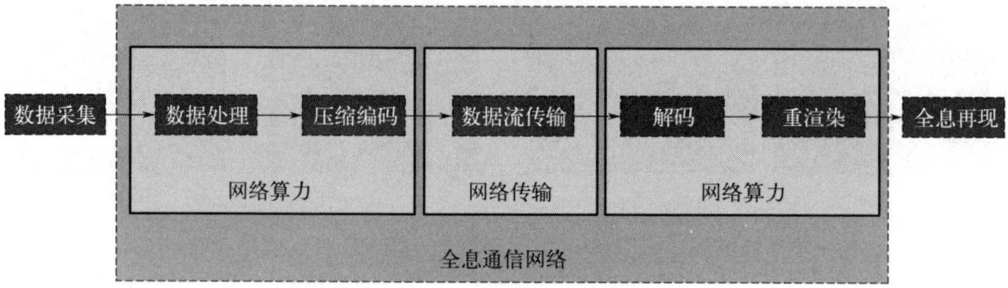

图6-13　全息通信网络模型

在全息智能通信中，作为全息通信信息载体的全息图，尤其是动态全息图，需要传输的数据往往量大而复杂。这些数据有来自视频、音频、触觉的，有来自人物、实物、背景环境的。特别是在多用户、多数据流的场景中，若使用传统通信方式进行全息通信，所需的原始网络带宽将是巨大的。面对有限的通信资源和严格的实时性要求，仅依靠传统数据通信方式难以满足高质量全息体验。而多模态语义通信则能够通过从不同模态（图像、视频、语音、文本、深度信息等）中提取语义特征，并只传输关键语义信息而非完整的原始数据，实现低带宽、高效率的通信。由于多模态语义通信不仅传输信息，还能理解信息的含义和目的，这使得在全息智能通信中，系统能够自动识别和响应不同的任务需求，如根据全息图像中的物体进行精准操作或决策。具体地，多模态语义通信能够理解用户意图，对全息场景信息进行目标驱动压缩，将全息场景中的视觉、声音和动作信息进行语义编码，提取用户感知最敏感的关键特征（如人物姿态、面部表情、手势动作、语音情感等），而无需传输冗余像素或原始多视角数据。这不仅减小了带宽占用，而且提高了信息传输的效率和准确性。同时，通过多模态融合能够将不同模态的语义信息进行融合，如将视觉信息（3D点云、纹理）、语音信息（语调、语义）和文本指令融合为统一语义向量，使接收端根据语义重建全息场景，实现沉浸式交互。在接收端利用语义信息和生成模型则可重建高质量三维全息图。由于传输的是语义而非原始数据，即使在带宽受限或信号衰落情况下，也能保持视觉和交互的连续性。此外，语义通信打破了传统通信系统中模块分离优化的约束，采用端到端贯通式优化，实现信源信道联合设计。这种优化方式使得全息智能通信系统的整体性能得到显著提升。

除此以外，全息通信对稳定性和连接数也有服务质量（QoS）要求，能够识别关键的网络参数，并根据数据优先级和QoS选择不同的传输协议，甚至可以向网络表达QoS要求。为了让用户获得身临其境的感觉，全息通信要求网络必须提供小于1ms的端到端时延[205]。在理论上5G传输时延可达1ms，但在长距离通信中由于光速的物理限制，实现这一时延几乎是不可能的。传统网络所使用的传输协议（例如TCP/IP、UDP等）在时延和准确性之间的折中不能满足需要全息通信这类沉浸式交互的应用。多模态语义通信在发送端可以对原始信号进行有选择的特征提取和压缩，剔除与任务相关性较低的数据，只传输对任务至关重要的信息。从而在保证服务质量（QoS）的基础上，大幅减少了需要传输的数据量，显著降低所需的通信资源。这意味着在全息视频通话等应用中可以显著降低视频流数据的大小，进而减少传输所需的时间。通过智能协同和耦合信息交互，多模态语义通信能够实现多级语义知识库的构建和弱耦合信源信道联合编/译码，这进一步提高了传输效率，减少了时延。此外，多模态语义通信能够根据信息的语义重要性和实时性需求，智能地分配通信资源，确保关键信息的及时传输。这种资源调度方式有助于减少不必要的等待时间，从而降低时延。在远程控制等实时性要求极高的全息智能通信场景中，多模态语义通信通过减少不必要的信息传输，降低网络延迟，确保信息的实时性。

多模态语义通信技术在全息智能通信中的应用，不仅极大地提升了数据传输的效率和质量，还为实现更加智能、人性化的沉浸式交互体验提供了可能。随着技术的不断成熟和普及，相信未来的全息智能通信将开启一个全新的时代，能够在更多领域得到应用。

6.4.2 工业互联网

工业互联网（industrial internet）是新一代信息通信技术与工业经济深度融合的新型基础设施、应用模式和工业生态。其本质是通过对工业数据的全面深度感知、实时传输和交换、快速计算和处理，以及对人、机、物、系统等的全面连接，构建起覆盖全产业链、全价值链的全新制造和服务体系，为工业乃至产业数字化、网络化、智能化发展提供实现途径，是第四次工业革命的重要基石。

世界主要国家在工业互联网的探索和实践中形成的认识不同[206]。中国对工业互联网的定义来自工业互联网产业联盟[207-208]，分为宏观层面和技术层面。

① 从宏观层面看，工业互联网通过工业经济总要素、全产业链、全价值链的全

面连接，支撑制造业数字化、网络化、智能化转型，不断加快新模式、新业态、新产业，重塑工业生产和服务体系，实现工业经济高质量发展。

② 从技术层面看，工业互联网是集新型网络、先进计算、大数据、人工智能和制造技术等新一代信息通信技术于一体的新型工业数字系统。它广泛连接人、机、料等各种生产要素，构建支持海量工业数据管理、建模和分析的数字化系统。智能平台提供端到端的安全保障，驱动制造业的智能化发展，引领制造模式、服务模式和商业模式的创新。

工业互联网自被提出以来一直备受工业界的关注。在工业互联网的帮助下，企业可以建立更智慧高效的生产管理模式，降低生产成本，提高资源利用与生产效率[209]。工业互联网系统的特点是自动化和智能化，其中许多智能任务由海量机器生成，并通过机器之间的通信完成。其主要任务是传输传感器产生的各种数据，为各类机器、算法完成其下游任务提供数据支持。一个典型的工业互联网场景如图 6-14 所示，可以简单概括为：在生产端通过安装在各生产环节的传感器实时采集各种数据，并将其上传到云端服务器。在云端部署一系列人工智能模型。这些模型从接收到的数据中提取出有用信息并分析计算，来完成各项任务，如机器故障预警、自动化流水线智能管理与产品质量检测等[210]。然而，由于工业场景中的传感器、摄像头、机器人等产生的数据不仅类型多样（包括视频、图像、振动信号、温度数据、控制指令等），而且数据量往往非常庞大，机器执行下游任务对数据的可靠性与实时性也有着较高的要求。现今的通信技术已经难以支持工业网络完成其任务，需要引进新的通信技术提升性能。

多模态语义通信因其在提升传输效率、精简网络数据与减轻系统压力方面的显著优势，可以解决上述问题，是改善工业网络性能的理想技术。机器对于数据的感知与理解是基于特征的，机器完成下游任务的过程本质上也是对特征的分析处理过程。因此，向机器直接发送数据相关特征比无损传输原数据更为高效，这既不会影响下游任务的完成，又方便了机器对信息的利用。提取和传输特征是语义通信的工作方式，使用语义信源信道联合编码，可传输压缩后的语义信息并优先保障重要语义对象的质量，达到降低网络带宽需求，有效提升能量利用效率的目的。

在工业网络中，下游任务处理的数据类型主要可以分为两类：时间序列数据和图像数据[211]。

时间序列数据指的是生产端的各类传感器按时间顺序记录下的数据序列，如温度传感器记录的机器温度变化日志文件。这类数据可以反映当前工厂的各种状态信息，帮助管理者高效地监管工厂。时间序列相关的典型下游任务有机器故障预警、生产线管理、能耗管理等。以机器故障预警为例，安装在机器上的各种传感器实时地记录机器的各种参数变化并发送到云端，云端的预测模型就可以从这些数据中预测出机器是否会出现故障，并发出预警信息。这种对故障的提前预警可以避免机器在故障之后仍进行生产，造成生产资源的浪费。然而，在生产过程中，时间序列数据是持续不断产生的，数据的总量十分庞大，且语义信息密度极低，直接传输和存储这些数据会造成很大的资源浪费。语义通信技术可以对这些时间序列数据进行精炼简化，将其转化为语义信息密度较高的表示方式，大幅减少需要传输和存储的数据总量，减轻系统负担，同时提高云端各模型的分析效率。

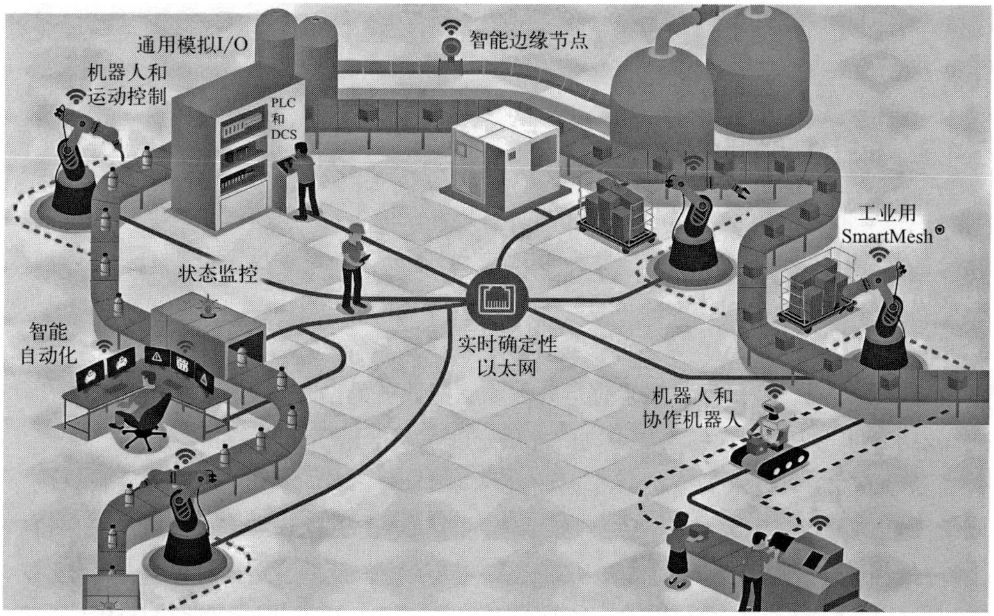

图 6-14　工业互联网场景

图像类型的数据主要指的是生产线上各种产品的图像，生产端的高清摄像头拍摄生产线上的产品，并将产品图像传送到云端完成各种下游任务，如产品缺陷检测、智能分拣等。然而，在通信资源有限的工业场景中，传输图像时往往需要对图像进行较大程度的压缩，这会造成在云端重建的图像出现失真。图像的失真意味着下游任务的完成质量变差。但语义方法可以帮助我们避免这种情况。机器完成各种下游任务是基于数据的各种语义特征的，且完成一个下游任务往往只需要获得数据的部分语义特征。通过语义方法，可以在压缩图像时根据下游任务的需求有选择地保留信息。这样即使在云端重建的图像存在较大失真，将其用于完成下游任务也不会带来过大的性能损失。

此外，工业互联网依赖于机器之间的通信以及人与机器之间的交互，先进的通信技术如基于深度学习的语义通信技术，使工厂更加智能、高效、节能和环保[198]。在未来的智能工厂中，无人管理、实时控制和监控是运行机器和设备的重要功能。工业互联网需要提取监控信息（如机器状态、温度、湿度等）的语义特征并上传到中央控制器或云 / 边缘服务器，以分析材料的状态和产品质量。这产生的一个重要问题是控制机器的运行以执行特定操作。语义控制是实现以目标为中心的通信的有效方式，其中控制信号的语义信息被传达给机器。这使得工厂的运营效率得到提高，通信成本降低，因为只传输控制信号的意图（即语义信息），并且发生的错误更少。未来，随着语义通信的进一步发展，多模态语义通信在工业互联网场景中将会释放更大潜力。

6.4.3 6G NTN 物联网

移动通信发展至今，以高速率、低时延和大连接为特点的第五代移动通信（5G）已经普及。5G 推动了物联网、非地面网络（non-terrestrial network，NTN）、大规模多输入多输出（multiple-input multiple-output，MIMO）、非正交多址（nonorthogonal multiple access，NOMA）等多种新兴技术的发展。尽管 5G 在提升频谱效率和支持海量设备接入方面表现优异，但垂直行业和物联网业务的增长对 6G 技术的发展提出了更高要求。具体来说，6G 需要更高的连接密度、数据速率和频率带宽。

随着 6G 通信技术的发展，非地面网络（NTN）将成为覆盖地面网络盲区的重要手段之一，可利用各种类型的平台实现随时随地的无缝连接。6G NTN 采用机载飞行器或卫星提供 3D 空间通信，从而带来更广的覆盖范围、更灵活的连接、更强的视线（line of sight，LoS）信道、更高的频谱效率等。机载平台主要包括无人机等，通常分为飞行高度低于 1km 的低空平台站（low-altitude platform stations，LAPS）和在 20km 左右高度运行的高空平台站（high-altitude platform stations，HAPS）。卫星是 6G NTN 最重要的组成部分。不同运行高度的地球静止轨道（GEO）卫星、中地球轨道（MEO）卫星和低地球轨道（LEO）卫星形成多层卫星网络，为地球上的用户提供无线连接。6G NTN 物联网网络由地面物联网节点、包括机载飞行器和卫星在内的 NTN 基站、NTN 车辆节点与物联网节点之间的链路以及连接 NTN 物联网网络和核心网的网关四个部分组成。如图 6-15 所示[212]，网络特性因 NTN 节点类型而异。

然而，相较于地面蜂窝网络，6G NTN 物联网网络在节点类型和数量、网络部署和架构、覆盖范围等方面有很大的不同。这将会引发跨层干扰管理、大规模节点连通性、严重的传播衰减等问题。与此同时，物联网（IoT）设备数量呈指数增长，产生的数据类型也日益多样化，包括图像、视频、语音、传感器信号等多模态数据。而业务需求的爆炸式增长迫使 6G NTN 物联网网络需要利用有限的无线资源处理海量数据，同时抑制复杂干扰，否则将会严重降低传输的性能。这些问题需要新的通信方法论来突破瓶颈，新兴的多模态语义通信成为解决上述问题的重要途径之一。其原因在于以下几方面。

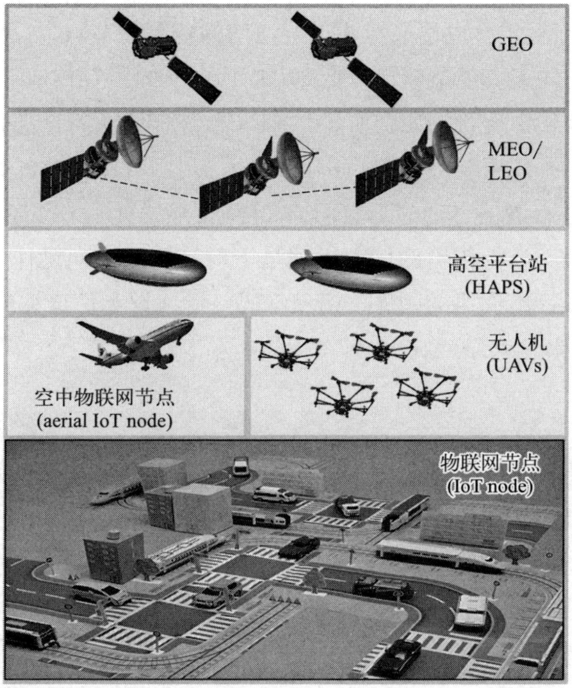

图 6-15　6G NTN 物联网网络

① 多模态语义通信提升效率，缓解资源压力。多模态语义通信只传递关键信息，能显著减少信息冗余和传输数据量。在相同频谱效率下，相较于传统通信，它能极大节省传输资源。这对频谱资源极其有限的 NTN 至关重要。

② 多模态语义通信增强鲁棒性，保障恶劣环境连接。因为多模态语义通信解码目标是恢复语义而非精确比特，所以它对信道质量要求更低、更稳定，这使其在信道条件恶劣的多层 NTN 架构中优势明显，能缓解因不同层级节点（如物联网、无人机、各轨道卫星）间巨大距离差异导致的信号质量不均和连接中断问题。

③ 多模态语义通信促进技术融合，提升接入覆盖。多模态语义通信能与新兴技术（如非正交多址接入 NOMA）有效结合，增强 NTN 连通性。例如，在共享资源的物联网节点群中，近端节点用传统通信，而低信噪比远端节点可采用语义通信复用

相同资源，规避传统低速率限制导致的中断，最终提升整个 NTN 的接入率。

语义增强的 6G NTN 物联网结构保留了核心网络 -NTN 节点 - 物联网节点架构，其中 NTN 节点和物联网节点之间的通信传统范式和语义范式并存。语义增强的 6G NTN 物联网结构的下行和上行传输如图 6-16 所示[212]。在数据传输之前，NTN 系统首先决定是单层还是多层，然后确定物联网节点的通信范式，匹配物联网节点和 NTN 节点，并优化无线资源分配。NTN 节点复用相同的时频资源，即以传统范式进行通信的 NTN 节点会干扰以语义范式进行通信的物联网节点，反之亦然。当物联网节点具备面向人的任务、复杂图像或低 SINR 状态下的语音传递等关键先决条件时，它们可以在语义范式中运行。如图所示，NTN 节点作为下行链路传输的初始点，嵌入语义编码组件、源编码组件和信道编码组件，利用自身拥有的背景知识将源消息转换为可传输信号。该信号通过 NTN-IoT 链路传输，然后在 IoT 侧进行信道解码、源解码或语义解码。上行传输的传输原理是下行链路的反向操作。具体而言，上行传输遵循 IoT-NTN-core 网络的顺序，语义编码、源编码和信道编码在 IoT 节点执行，信道解码、源解码和语义解码在 NTN 节点执行。

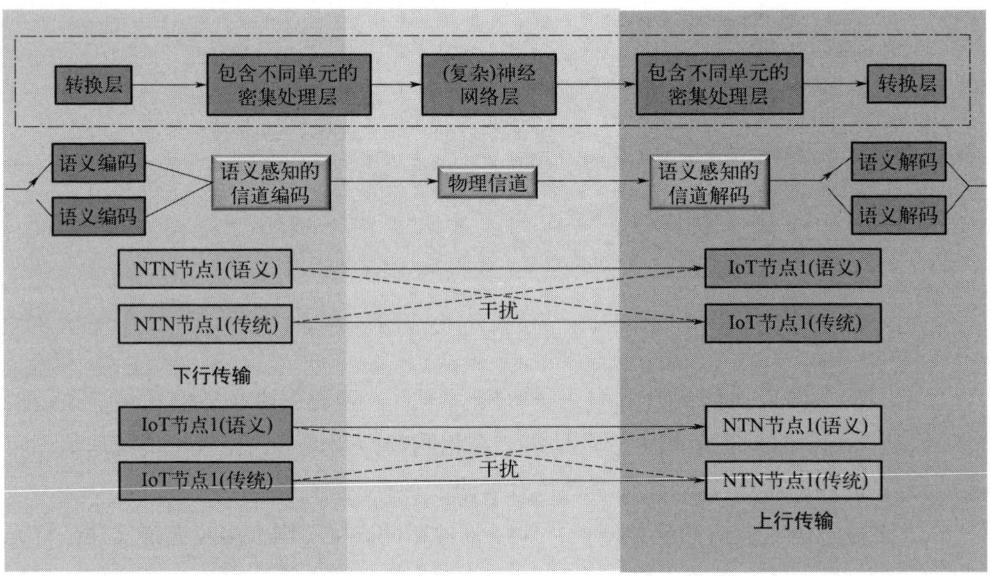

图 6-16 语义增强的 6G NTN 物联网结构的下行和上行传输

与此同时，在语义赋能的 6G NTN 物联网架构中可集成基于深度学习的技术点。语义通信的关键前提是准确识别和提取消息中的意图。因此，设计支持文本、图像、语音识别、对象识别以及数据分类和聚类的联合语义通道编码和解码非常重要。由于这些任务紧密依赖于计算密集型算法，因此往往将自然语言处理中的机器翻译技术应用于语义通信中的物理层。基于深度学习的高级语义通信系统中，发送器和接收器采用深度神经网络（DNN）来实现语义理解和系统容量的最大化。DNN 负责语义编码解码及通道功能，其中语义功能通过多个 Transformer 层实现，通道功能则采用不同单元的密集层。各种信道类型（如 AWGN、乘法高斯噪声和擦除通道）被视为简单神经网络层，而复杂衰落信道（如 Rician、Rayleigh、Nakagami）需使用更加复杂的层。此外，深度模型将发射机、信道和接收机的 DNN 整合，并定义损失函数，经过预训练和针对特定任务的微调后，能够有效抑制信道噪声和语义失真，增强低信噪比环境下的鲁棒性，适应多用户和多模态情况。

当前，6G NTN 物联网网络正处于研究的初级阶段，受到学术界和工业界的高度重视，语义通信为其提供了新的研究途径，但仍有以下问题有待进一步研究。

① 多模态语义通信基础理论研究：在 6G NTN 物联网网络中，信息源包括多种模态的数据，然而，语义率与香农代码率之间的数学关系仅在文本传输中得到了研究。因此，需要深入探索语义率与香农比特率之间的理论联系，以及在 6G NTN 物联网中多模态语义通信相对于传统通信的优势和其他性能指标。

② 节点动态接入和切换：NTN 节点（尤其是 LEO 卫星）具有高度灵活性，导致物联网节点面临动态接入和切换的问题。这使得物联网节点需要根据实时环境不断调整通信方式。此外，基于深度学习的语义通信系统的泛化能力也值得进一步研究，包括模型再训练的时间、时变环境下的可行性及背景知识的扩展。

③ 不一致的知识信息与共享开销：NTN 的高空平台站和卫星提供广域覆盖，但服务的物联网节点观察到的环境和理解能力不同，导致物联网节点之间的背景知识的不一致。在通信过程中，由物联网节点和 NTN 节点分别执行的语义编码和解码需要收发器知识共享以实现语义一致，然而该共享过程耗时且资源密集。同时，背景知识随着人类学习不断扩展和更新，因此知识分享不是一次性的。

④ 物联网节点能力：NTN 中的物联网节点具有变化的信道状态信息和数据格式。物联网节点可能会在语义通信和传统通信之间切换，因此每个节点需具备语义编解码组件以及精准的切换机制，这对能力有限的物联网节点提出了极大挑战。

尽管当前对新兴的多模态语义通信在 6G NTN 物联网网络架构中的研究还不够成熟，存在一些问题，但是它已经展现了巨大的发展潜力，值得更加深入的研究。

章末小结

本章主要探讨了多模态语义通信在不同应用场景下的应用，包括航空无人机场景下的图像分类、自动驾驶场景下的跨域目标检测、低地球轨道卫星通信系统中的图像传输以及其他应用场景，如全息智能通信、工业互联网和 6G NTN 物联网。

在航空无人机场景下的图像分类中，基于多模态语义通信的深度学习模型在处理图像分类任务时，能够学习到数据的高层次、抽象的表示，这些表示具有丰富的语义信息。语义通信在这一场景中的应用是通过任务导向的传输方案，灵活地选择图像块进行传输，保证了图像内容的高效采样和语义解码，从而在保证图像重构质量和分类准确率的同时，解决了任务完成效率和传输时延的权衡问题。

在自动驾驶场景下的跨域目标检测部分，能够了解目标检测的基础理论和基于深度学习的目标检测方法。同时，关于多模态语义通信在跨域目标检测中的应用是通过构建语义特征编解码器，提取与任务相关的语义特征，并编码为可传输的语义向量，以有效对抗噪声，减少无关信息传输的同时提高传输效率。

对于低地球轨道卫星通信系统中的图像传输，需要了解 LEO-Sat 通信系统的架构和图像传输的基础理论。为了实现高效、可靠的图像传输，可采用语义通信系统，如基于深度学习的语义通信系统和向量量化（VQ）语义通信系统。这些系统能够提取图像的多尺度语义特征，并将其压缩成比特流进行传输，在接收端使用多尺度特征重建图像，从而提高图像传输的效率和质量。

在其他应用场景中，全息智能通信作为一种前沿的通信技术，具有高沉浸式、高自然度交互的特点，为各行各业带来了创新机遇。工业互联网通过传输传感器产生的数据，为各机器、算法完成其下游任务提供数据支持，提高了资源利用与生产效率。6G NTN 物联网网络正处于研究的初级阶段，语义通信由于其对信道的鲁棒性，在这一领域具有广阔的应用前景。

总之，多模态语义通信在不同应用场景下均展现出了其独特的优势和潜力。随着技术的不断发展，语义通信将在更多领域得到应用和推广，为人们的生活和工作带来更多便利和效益。

AI

6G
Ai
Ai

第 7 章

未来机遇与方向

学习目标

- 了解多模态语义通信的未来发展机遇和方向。

随着6G通信技术的发展，多模态语义通信正逐步成为推动智能化社会和各行各业创新的重要技术驱动力。本章将深入探讨多模态语义通信在不同领域的潜力与应用，分析如何在6G时代实现更高效的通信与协同，推动智能医疗、自动驾驶、智慧城市等领域的快速发展。同时，本章还将探讨多模态语义通信的跨行业协同和标准化建设等方面的挑战，展望未来发展方向。

7.1 智能应用与行业协作

随着6G网络的演进，其大带宽、低时延、高可靠特性为多模态语义通信的高效实现奠定了基础。同时，多模态语义通信的跨行业创新潜力愈发显著，从工业互联网到智慧城市，不同行业的技术整合和设备协同将进一步释放产业价值。此外，随着其在各行业的深入应用，多模态语义通信还将催生新的商业模式，为未来经济增长提供强劲动能。

7.1.1 多模态语义通信与6G

面向未来，人类社会将进入智能化时代，社会服务均衡化、高端化，社会治理科学化、精准化，社会发展绿色化、节能化将成为未来社会的发展趋势。从移动互联、万物互联，到万物智联，6G将实现从服务于人与物、人与人的连接，到支撑智能体高效连接的跃迁[5]。

6G网络的到来也为多模态语义通信的实现提供了强大的基础设施支持[213-214]，使得不同模态（如图像、音频和视频等）的数据能够以更高的速度和更低的延迟进行实时传输与处理。6G不仅在物理层提供高性能传输能力，更通过语义层的智能感知与推理支持，实现通信从“传数据”到“传意义”的跃迁。在这一背景下，多模态语义通信通过融合多样化的数据源，不仅能提升信息传递的效率，更能实现更深层次的语义理解，从而为工业物联网、无人机通信、智能医疗等应用场景解锁巨大潜力。这些优势的实现，主要得益于6G以下几项核心特性的支持。

6G带宽的大幅提升将显著加速多模态数据的实时传输[213-214]。多模态语义通信依赖于图像、视频、音频和文本等多种数据流的综合处理。相比5G时代的数据传输，6G的峰值传输速率将达到Tbps（万亿位每秒）级别，这意味着6G能够轻松支持高质量、实时性强的数据传输。例如，在自动驾驶场景中，摄像头、雷达、激光雷达等传感器生成的数据量庞大，通过6G网络可以快速传输至云端或边缘服务器进行处理，这样可以实时分析并返回决策指令，从而提升自动驾驶的安全性和响应速度。此外，大带宽在多模态医疗系统中也是必不可少的支持。高分辨率的医疗影像可以在几秒内传输到专家端，供医生实时诊断，这将显著缩短就诊时间，提升诊断效率。

6G 的低时延特性为多模态语义通信中的数据融合与实时决策提供了保障[213-214]。在一些时延敏感的应用中，例如无人机（UAV）协作、远程手术和工业自动化，系统对时延的要求极为严格。6G 的端到端时延可低至毫秒甚至亚毫秒级，使得多模态语义通信系统能够在极短时间内进行决策。例如，未来远程手术系统将依赖 6G 网络将超清视频、触觉反馈和医生的操作指令在毫秒级时延内同步，保障手术过程的精准度和安全性。同样，工业机器人在动态工作环境中也需要依靠 6G 提供的低时延来快速应对环境变化，以避免生产事故，提升生产效率。

6G 的高可靠特性对于多模态语义通信的稳定性具有至关重要的意义。尤其是在关键任务应用（如无人驾驶、工业互联网、智慧电网等）中[215]，网络的稳定性直接关系到系统的安全性和可靠性。6G 网络通过先进的网络架构和容错机制提供超高的可靠性，从而确保多模态数据的传输不会因为网络波动或延迟导致数据丢失或传输中断。例如，在自动驾驶系统中，传感器和控制中心之间的数据必须保持持续、稳定的连接，否则车辆在应急情况下无法及时做出正确决策。在工业互联网中，工业设备的传感数据如果出现中断可能会导致生产事故，而 6G 的高可靠性则能在此类应用中保证数据传输的连续性，极大降低安全隐患。

6G 网络大带宽、低时延与高可靠性[216]为实现深度的多模态语义融合与协同奠定了技术基础。其本质在于将原本孤立的图像、语音、文本等信息转化为统一、可互操作的语义单元，从而直接驱动上层应用的智能化变革。而多模态语义通信的发展同样对智能化应用带来了突破性进展。它能够将图像、语音、文本等多模态信息整合，形成更加智能和准确的决策，推动医疗、自动驾驶、家居等领域的智能化水平[217]。通过多模态数据的融合，多模态语义通信系统能够从多种信号源中提取出更多维度的信息，从而提高决策的准确性和效率。

在工业物联网中，多模态语义通信实现了工厂中不同类型传感器数据的智能融合，极大提高了生产的自动化和智能化水平。IIoT 依赖于大量的数据源，如温度、湿度、压力传感器和视频监控系统，通过多模态语义通信，这些数据可以协同运作，进行复杂的实时分析。例如，当机器运行中出现异常振动时，系统不仅会发出警报，还会结合影像分析检测机械磨损、温度变化等潜在原因，从而实现全面诊断。借助此种数据融合，工业设备的故障检测、维护管理更加精准高效，大幅提升生产效率和安全性。

在无人机领域，其多任务应用场景，例如物流、灾难救援和环境监测，需要实时融合视觉、地理信息和飞行数据。多模态语义通信通过将这些信息综合处理，使得无人机能够在复杂环境中进行快速响应[215-216]。例如，在应急救援中，无人机可以同时结合航拍视频、热成像和地理定位数据，识别灾区幸存者的位置，快速反馈给救援团队。此外，多模态语义通信还可使无人机彼此协作，通过相互分享飞行路径和环境感知信息，提高集群作业效率。这种多模态数据融合的高效性确保了无人机在动态环境中的精确性。尤其在当今快速发展的科技时代，低空经济（low altitude economy，LAE）正逐渐成为推动发展的新引擎。低空经济可以通过无人机和空中平台提供灵活和适应性强的通信解决方案。而引入多模态语义通信和边缘计算技术能对数据传输效率进行优化以降低延迟。多模态语义通信能够根据特定任务需求提取语义特征，减少传输数据量，还能利用语义相关性进一步提升通信效率。

在车联网中，多模态语义通信技术的应用极大提升了自动驾驶和车路协同的智能化水平。自动驾驶汽车不仅需要从摄像头和雷达中获取信息，还需要整合多种环境数据，理解交通标志、识别行人和预测周围车辆的行为[218]。例如，通过融合摄像头、雷达和激光雷达等多种传感器的数据，车载系统能够更准确地识别障碍物和判断行车环境，从而做出最佳决策。在车路协同方面，多模态通信可以支持路侧感知系统和车辆之间的信息共享，如路况、信号灯状态和行人位置，进一步提高行驶的安全性和效率。

在智能医疗系统领域，多模态语义通信技术通过将医学影像、患者的语音描述、文本病历等信息进行整合分析，助力更全面的诊断和个性化治疗[215, 219]。例如，对于急诊患者，多模态系统可以将 CT 扫描、病史记录和医生描述的信息快速整合，从而判断患者的病情并给出适合的救治方案。此外，在远程手术中，多模态语义通信支持超清视频、触觉反馈和语音指令的实时传输，确保手术过程的精准性和安全性。此类多模态数据融合有效提高了医疗系统的决策能力，为医生和患者提供更精准的诊断和治疗方案。

在元宇宙场景中，多模态语义通信技术通过实时整合用户的语音、面部表情、肢体动作等数据，提供高度沉浸的虚拟体验[215]。元宇宙应用中的虚拟角色可以根据用户的情绪、语音指令和动作反馈进行互动，实现自然、动态的社交体验。例如，用户的面部表情与肢体动作通过多模态语义通信实时传输到虚拟世界中的化身，从而提升互动的真实性。在虚拟会议或社交场景中，系统可以根据与会者的表情和语音进行情感分析，提供个性化的互动体验。通过此种多模态的深度融合，元宇宙中的虚拟交互更加真实，增强了用户的沉浸感和参与感。

总之，6G 时代的多模态语义通信实现了更高效的通信与协同，提升了各个领域的通信效率和应用决策能力。

7.1.2 跨行业协同与经济效益

在多模态语义通信的发展过程中，跨行业创新与协同和经济效益的探索是推动其应用和商业落地的核心因素。随着 6G 和超高速网络的不断推进，不同产业通过技术整合与跨界合作，共同推动了多模态语义通信技术在复杂场景中的应用，如工业互联网和智慧城市建设[117, 220]。而在经济效益方面，多模态语义通信技术不仅为各行业带来了新的生产力和效率提升机会，还创造了多样化的商业模式，进一步激活了市场潜力。以下将从跨行业创新与协同及经济效益两方面深入探讨多模态语义通信的未来机遇。

跨行业创新和协同在推动多模态语义通信的发展中发挥着重要作用。多模态语义通信的本质在于整合不同模态的数据源，并从中提取深层次的语义信息，以实现设备、平台和服务的无缝连接。多模态语义通信通过在传输层减少冗余数据量、在决策层提升信息利用率，从而直接带来成本下降与生产效率提升。这使其应用不再局限于单一领域，而是广泛渗透到工业互联网、智慧城市、医疗健康、交通运输、金融服务等多个行业。通过跨行业的合作与创新，各行业间可以共享资源和技术，从而突破传统单一系统的应用限制，提升整体协同效率与效能。

在工业互联网领域，跨行业协同体现为设备制造商、通信服务商与 AI 算法公司的深度融合[117, 220]。多模态语义通信能够实现设备、传感器与监测系统之间的语义互通，突破传统信息孤岛的限制。通过语义层的融合分析，系统可以自动理解生产设备的运行状态、环境条件及工艺需求，从而在无需人工干预的情况下实现智能决策与自适应控制。通过多模态语义通信平台，工厂的高清摄像头（视觉模态）捕捉的设备运行画面、振动传感器（物理模态）的数据，以及维护日志（文本模态）进行跨模态联合语义分析，系统能自动理解“设备 A 在高温条件下伴有异常抖动”这一复合语义，并直接将“预警”语义信息推送至运维人员的 AR 眼镜。这背后，是通信行业提供低时延连接、AI 行业提供多模态算法模型、制造业提供场景与数据的跨行业协作成果。

智慧城市是另一个受益于跨行业创新的典型应用场景。在智慧城市的建设过程中，跨行业协同至关重要，因为智慧城市涉及交通、安防、能源、环境、通信等多个领域[217, 220]。通过多模态语义通信的技术支持，城市管理系统可以实时整合监控摄像头、交通灯信号、气象数据等多种数据源，为市民提供更高效的交通管理、智能安防和节能管理方案。例如，智慧交通系统可以通过整合交通监控、车辆位置信息和天气数据，动态调整红绿灯时长，优化交通流量，从而减少拥堵，提高出行效率。此外，通过共享不同模态的数据资源，跨行业协作还可以为城市中的紧急事件提供更快速、准确的响应。例如，当发生火灾时，消防部门可以迅速获取到建筑物内部的实时影像、环境传感数据等信息，以制定出更精准的救援方案。

跨行业创新与协同不仅促进了现有系统的智能化转型，还推动了多模态语义通信在复杂场景中的深度应用。通过不同行业间的技术共享和协同应用，各行业的服务质量和用户体验都得到了显著提升。跨行业协同为多模态语义通信的发展提供了重要的基础设施和技术支撑，使其在智慧制造、城市管理和应急响应等复杂应用场景中得以广泛应用。

多模态语义通信不仅是智能化产业升级的重要驱动力，也成为促进经济效益提升的关键技术支撑。其核心价值在于通过对多模态数据的语义级理解与融合，实现信息的高效传输与智能决策，从而直接带动生产效率提升和成本结构优化，间接推动新型商业模式的形成。

在商业模式创新方面，多模态语义通信通过增强系统的“理解”与“交互”能力，拓展了智能服务的边界。例如，在智慧交通领域，车辆通过多模态语义通信可实时整合来自雷达、摄像头及路侧基础设施的多源信息，实现更精准的环境感知与智能决策。基于此，汽车制造商可推出语义驱动的增值服务，如实时路径优化、主动安全预警和预测性维护等，从而形成新的服务收入模式。在智能家居领域，多模态语义通信使系统能够同时理解用户的语音、表情及姿态信息，进而进行情境感知与行为预测，实现真正的“语义级智能交互”。这种深度理解不仅显著提升用户体验，还为家居厂商带来了差异化竞争优势与个性化订阅服务的盈利空间。

此外，多模态语义通信还推动了新的商业模式的发展[221-224]。例如，数据即服务（data as a service，DaaS）和平台即服务（platform as a service，PaaS）的业务模式在多模态语义通信系统的支持下更加丰富。企业可以利用自身积累的多模态数据，为其他公司提供数据分析服务，助其进行精准营销、风险控制等业务。通过多模态语义通信的跨模态数据集成和分析能力，企业还可以实现针对客户的精细化需求管理，从而提高产品和服务的竞争力。

在金融服务领域，多模态语义通信通过实时分析文本、图像和视频等多种模态的数据，帮助金融机构更加准确地评估风险。金融机构不仅可以提高风控水平，还能有效降低信用风险。通过多模态语义通信技术，金融行业还能够开发新的增值服务，如基于多模态数据分析的投资咨询、风险预警等，为客户提供更加精准的金融建议。

跨行业创新协同和经济效益是推动多模态语义通信广泛应用的两大核心驱动力。通过不同产业间的技术整合与协作，多模态语义通信在工业互联网、智慧城市等复杂系统中实现了更强的系统联动能力和响应效率。而在经济层面，多模态语义通信不仅显著提升了生产效率，降低了成本，还催生了丰富的商业模式，为各行业带来了新的市场机遇和商业增长空间。在应用潜力不断扩展的同时，多模态语义通信面临着标准化建设的挑战，这直接影响其在不同领域的落地与协同发展。以下具体介绍跨领域的标准与协议建设。

7.2 跨领域的标准与协议建设

尽管多模态语义通信应用前景广阔，但其发展正面临互联互通与跨行业协同的瓶颈。实现协同的核心障碍是系统不仅需要传输数据，更需实现视觉、语音、文本等不同模态间的语义理解与共享。为破解这一难题，推动数据格式、通信协议及接口标准的统一至关重要。标准化是确保系统兼容性、提升协同效率并最终释放其多样化应用潜力的关键基石。

7.2.1 跨行业的标准化需求

多模态语义通信的核心在于跨模态数据的传输与协同，这不仅包括数据的准确传递，还涉及对数据深层语义的理解与利用。然而，在现有的各行业应用中，数据格式、通信协议、接口标准多种多样，各自为政的通信系统造成了信息孤岛的问题，难以在数据流通和协同工作上达成一致。标准化的推进可以使不同系统在语义信息的传输、解析、共享上具有一致的基础，降低系统间协作的难度和成本，从而实现行业间的无缝协同，提升整体效率。例如，在自动驾驶和智能制造场景下，跨行业标准化的多模态语义通信能够实现车与车、车与基础设施、机器与人等设备间的无缝协同，使各类设备不仅能够互联，还能够在理解语义信息的基础上形成有效互动。随着智慧城市和元宇宙等大规模应用的推进，标准化需求也将越来越紧迫。

在多模态语义通信中，数据格式的标准化同样至关重要[223，225-226]。各行业涉及不同类型的数据源，如图像、语音、文本、传感器数据等，这些数据不仅存在格式上的差异，还在语义层面上具有不同的表示方式。数据格式标准化的核心目标在于提供一致的数据描述，使不同设备和平台能够有效识别、解析和理解数据。在自动驾驶领域，车辆传感器的数据包括图像、激光雷达、GPS 定位等多模态信息。实现统一的传感器数据格式能够使来自不同制造商的车辆设备间更好地协同工作，不仅提升了数据的利用效率，也增强了安全性和准确性。同样，在智能制造领域，各种传感器、摄像头、机器人设备生成的数据需要通过统一的格式进行整合，以便实现自动化生产线的高效协同和实时监控。

在实现数据格式标准化的过程中，跨行业组织的合作是打破技术壁垒、凝聚产业共识的关键机制。这种合作并非形式上的联合，而是旨在共同定义一套面向多模态语义通信的通用数据架构。该架构需要规定统一的数据结构、语义标注方法和接口规范，以确保来自不同领域（如汽车、制造、通信）的设备与系统能够“说同一种语言”。例如，在自动驾驶领域，由汽车制造商、传感器供应商、通信服务商与地图开发商等组成的联盟，会通过 IEEE 或 ISO 等平台，共同制定“车辆环境感知数据”的统一描述标准。这意味着，不同品牌的激光雷达点云数据、摄像头图像流、GPS 定位信息等，都将遵循相同的格式与语义标记规则。通过建立此类跨行业认可的数据模型，才能为多模态语义通信的大规模互联奠定坚实基础。

通信协议在多模态语义通信中相当于系统间的语义映射机制，决定了不同模态与设备间的信息交换规则。在多模态语义通信中，通信协议相当于系统间的信息交流语言，用于规范不同模态与设备之间的语义表示、传输与解析方式，确保语义信息能够被正确理解和执行。不同的协议决定了数据的传输、加密和解码方式。不同行业通常使用特定的通信协议来适应各自的需求，如自动驾驶的车联网协议、工业互联网的物联网协议等[224, 227]。这些协议的多样性导致了跨系统协同的难度。为此，多模态语义通信的标准化需要制定一套统一的通信协议，以便实现数据的无缝传输和兼容。在自动驾驶领域，车辆间的通信需要稳定、低延迟、高可靠的传输协议。现有的 5G 网络协议可以为车联网提供支持，但在 6G 时代，跨行业语义通信将涉及更高的数据传输要求，不同车辆、交通信号灯、监控系统等设备间需要通过标准化的通信协议协作。这一过程需要通过制定数据传输标准和加密协议，保证在实时通信中的数据一致性和安全性。而在智能制造领域，则需兼顾工业设备间通信的实时性和安全性。在多模态语义通信的背景下，通过标准化的协议，使不同制造设备能够在共享同一语义信息的情况下高效协同。例如，通过统一的通信协议，车间的自动化设备可以在实时监测系统的指导下，进行智能化的生产调度，减少延迟和误差。标准化通信协议的建立需要各行业共同协作，在数据传输、加密、带宽控制等方面达成一致。跨行业的通信协议将成为多模态语义通信的技术基石，保证不同设备间的数据传输稳定、安全、准确。

接口标准化也是多模态语义通信中不可忽视的一环，它涉及设备、平台、应用之间的兼容性问题[223]。在多模态语义通信的场景中，不同的模态信息和平台需要通过接口互联，但由于设备、操作系统、应用平台的多样性，接口的不兼容性往往成为系统集成和协作的障碍。规范化接口标准不仅能简化系统的集成过程，还能促进不同系统间的有效协同。例如，在工业互联网与能源调度系统间，标准化接口可实现生产控制系统与电网管理的动态协同，从而提升跨领域资源利用效率。

在智慧城市的场景中，来自交通、环境监测、应急响应等不同系统的数据流需要通过统一的接口标准进行整合。例如，交通管理系统可以通过接口与各类传感器连接，实时获取路况信息、车辆位置数据等，从而优化交通信号调控。在应急响应系统中，各类传感器和监控设备通过标准化接口连接，可以实现跨部门、跨系统的信息共享，提高对突发事件的响应速度。自动驾驶也是接口标准化的重要应用场景，车辆内外部的多模态数据需要实时协同。自动驾驶系统内的传感器、控制系统、导航系统等模块需要通过统一的接口标准实现信息的无缝连接；而车辆之间、车辆与道路基础设施的互动也需要通过标准化接口进行数据交换，以提高行驶安全和智能化水平。

接口标准的建立不仅涉及通信协议和数据格式，还需要在硬件和软件层面上进行整合，使得不同系统之间能够快速、准确地连接。跨行业的接口标准化将为多模态语义通信的广泛应用提供必要的技术支撑，减少各行业因接口不兼容而产生的系统集成成本。

7.2.2 标准化的建立

在多模态语义通信系统中，数据格式、通信协议和接口标准的统一是跨设备、跨平台、跨领域协同的基础。这些标准的确立不仅使得不同模态信息能够无缝传输和解析，还为系统的扩展和应用创新提供了稳固的基础。同时，标准化进程中数据共享带来的隐私保护问题也成为不容忽视的挑战。为此，下面分别探讨如何通过标准化的解决方法实现数据格式、通信协议和接口标准的统一，并在数据共享中确保隐私安全。

数据格式标准化是多模态语义通信的首要环节，不同的模态信息（如图像、语音、文本和传感器数据等）需要通过一致的数据格式进行描述。数据格式的多样性往往会导致在不同系统间传递数据时出现兼容性问题，影响信息的传递和理解效率。数据格式标准化的目标在于确保系统对多模态数据有一致的解析方式，能够无缝处理各种数据类型，避免重复转换和冗余处理，其具体标准如下。

① 数据类型规范与封装：在标准化数据格式时，可以对不同模态信息的基本格式和数据封装方式进行规范化。例如，图像数据可采用标准的 JPEG、PNG 格式，传感器数据可按规范的数据模型进行统一封装。通过对每类数据进行标签化处理，使得不同模态的数据具有一致的语义标签，便于解析和处理。

② 跨行业数据格式标准：针对自动驾驶、工业互联网、智能医疗等领域，可以引入 ISO、IEEE 等国际标准化组织的行业标准。标准化过程中可以优先选择兼容性较好的现有数据格式，避免对数据格式进行不必要的更改。此外，针对不同模态之间的兼容性问题，也可以开发一种跨行业的多模态数据格式，如 JSON-LD、Avro 等，

以实现不同领域间的统一数据描述。

③ 数据描述语言：利用通用的元数据描述语言（如 XML、JSON）对多模态数据进行结构化描述，使得多模态数据可以跨平台被解析。特别是在智慧城市和工业物联网中，通过采用数据描述语言能够使得数据在采集、传输和存储过程中有一致的格式，有效提高系统间的数据兼容性。

通信协议在多模态语义通信中起着“语言”的作用，它决定了不同系统间数据传输的规则，包括加密、解密、信号传输等步骤。通信协议标准化的目的在于确保跨系统的数据传输能够高效、安全地进行，其具体标准如下。

① 多层协议栈：标准化通信协议时，可以采用分层的协议栈设计，定义物理层、数据链路层、传输层、应用层的具体协议规范。比如在自动驾驶系统中，可以使用 5G 的低延迟协议作为物理层传输标准，在传输层选用 TCP/IP 协议，在应用层进行定制化数据解析。多层协议栈可以使系统在不同网络环境下保持传输的灵活性。

② 统一的语义传输协议：为了使得多模态信息在不同系统间能够被一致理解，可以制定统一的语义传输协议。例如，可以采用语义标记传输协议，为不同模态数据添加统一的标记，使得接收端设备能够根据标记信息快速识别数据内容。在工业互联网和智慧城市中，这种语义协议可以极大提升数据在不同设备间的流通效率。

③ 动态带宽管理协议：在物联网和边缘计算场景中，由于设备的异构性和网络条件的不稳定，动态带宽管理协议显得尤为重要。通过动态管理带宽，确保在高峰流量下对关键数据进行优先传输，提升网络的利用效率。

接口标准化旨在实现不同设备、平台和应用之间的兼容性，通过接口统一使得各系统之间的数据交互和控制更加顺畅。在多模态语义通信中，接口的多样性常常会增加系统集成的难度，而接口标准化可以解决这一问题，其具体标准如下。

① API 接口规范化：通过设计通用的 API 接口，定义统一的调用方式、参数、数据格式等，确保各个系统在进行数据交换时具有一致的接口。API 的规范化能够使得开发者在不同平台上调用语义通信服务时更加便捷，不必为了不同系统而设计专用接口。

② 中间件层设计：为了实现不同设备的跨系统数据传输，可以设计统一的中间件层，通过中间件对不同系统的接口进行整合和适配。在智慧城市的应用中，中间件层可以帮助交管系统、应急系统、能源管理系统实现信息的无缝互联。中间件的引入可以有效缓解不同系统间接口不兼容的问题。

③ 协议适配层：针对不同的接口协议需求，可以设计协议适配层，通过适配层对不同系统的接口协议进行适配，确保不同协议标准的设备在接入网络时可以自动转换成通用协议。这一机制在自动驾驶、工业互联网等场景中非常适用，有助于提

升系统的兼容性。

章末小结

本章在前六章对多模态语义通信系统原理、设计和应用场景介绍的基础上，探讨了多模态语义通信的未来机遇与发展方向。

本章在6G发展的背景下，首先分析了其大带宽、低时延、高可靠等核心特性对多模态语义通信的系统性支撑。在此基础上，重点探讨了多模态语义通信在工业物联网、无人机、车联网、智能医疗及元宇宙等关键领域的突破性应用。并基于现实的市场层面，结合多方面、多领域的应用，提出了多模态语义通信在跨行业创新与协同和经济效益的探索需求，为商业模式的多样化拓展了道路。

随着多模态语义通信的逐渐落地，跨领域的标准和协议的建设也逐渐成为重中之重。数据格式、通信协议、接口标准的规范化等方面都需要进行统一和规划。本章主要针对上述三个方面的必要性进行了阐述并且分别提出了各自的标准化需求。

综上所述，全面了解多模态语义通信的未来机遇与发展方向，在解决标准化问题的同时，推进应用和商业化的落地，是6G“智简”通信发展的重要部分。

参考文献

[1] SHANNON C E. A mathematical theory of communication[J]. Bell System technical journal，1948，27（3）：379-423.

[2] SHANNON C E，WEAVER W. The mathematical theory of communication[M]. Urbana：University of Illinois Press，1949.

[3] 孙雨馨，陆茗轶，刘彦迪，等 . 基于语义通信的协同感知系统 [J]. 移动通信，2024，48（7）：95-100. DOI：10.3969/j.issn.1006-1010.20240625-0002.

[4] NEWELL A，SIMON H A. Human problem solving[M]. Englewood Cliffs，NJ：Prentice-Hall，1972.

[5] 管晶晶 . 中国工程院院士张平：以"智简"新范式，抢占 6G 制高点 [N]. 科技日报，2025-04-25（005）.DOI：10.28502/n.cnki.nkjrb.2025.002692.

[6] GOODFELLOW I，POUGET-ABADIE J，MIRZA M，et al. Generative adversarial networks[J]. Commun. ACM，2020，63（11）：139-144.

[7] KINGMA D P，WELLING M. Auto-encoding variational bayes[EB]. arXiv preprint arXiv：1312.6114，2013.

[8] 许佳琪 . 面向无人集群网络智能协同的资源管控技术研究 [D]. 北京邮电大学，2025.DOI：10.26969/d.cnki.gbydu.2025.000206.

[9] 牛冠冲，刘飞翔，杨雯，等 . 面向多任务的语义通信架构设计与实现 [J]. 移动通信，2024，48（2）：47-55. DOI：10.3969/j.issn.1006-1010.20240109-0001.

[10] 刘定武 . 面向车路协同环境感知的图像语义传输方法研究 [D]. 北京：北京交通大学，2024.DOI：10.26944/d.cnki.gbfju.2024.000460.

[11] 林航，吴泳澎，施雨轩，等 . 基于多址接入的多任务语义通信编码框架 [J]. 移动通信，2024，48（2）：70-76.

[12] 张超 . 语义级时敏天基物联网关键技术研究 [D]. 长沙：国防科技大学，2022.DOI：10.27052/d.cnki.gzjgu.2022.000164.

[13] TISHBY N，PEREIRA F C，BIALEK W. The information bottleneck method[J]. arXiv preprint physics/0004057，2000.

[14] HECHT R M，NOOR E，TISHBY N. Speaker recognition by gaussian information bottleneck[C]//Tenth Annual Conference of the International Speech Communication Association. 2009.

[15] SLONIM N，ATWAL G S，TKACIK G，et al. Information-based clustering[J]. Proceedings of the National Academy of Sciences，2005，102（51）：18297-18302.

[16] HASSANPOUR S，WUBBEN D，DEKORSY A. On the equivalence of two information bottleneck-based routines devised for joint source-channel coding[C]//2018 25th International Conference on

Telecommunications (ICT). IEEE, 2018: 253-258.

[17] STROUSE D J, SCHWAB D J. The deterministic information bottleneck[J].Neural computation, 2017, 29 (6): 1611-1630.

[18] TISHBY N, ZASLAVSKY N. Deep learning and the information bottleneck principle[C]//2015 IEEE Information Theory Workshop (ITW). IEEE, 2015: 1-5.

[19] RODRÍGUEZ-GÁLVEZ B, THOBABEN R, SKOGLUND M. A variational approach to privacy and fairness[C]//2021 IEEE Information Theory Workshop (ITW). IEEE, 2021: 1-6.

[20] PENSIA ANKIT, JOG VARUN, LOH PO-LING. Extracting robust and accurate features via a robust information bottleneck[J], IEEE Journal on selected areas in information theory, 2020, 1 (1): 131-144.

[21] EL GAMAL A, KIM Y H. Network information theory[M]. Cambridge University Press, 2011.

[22] GARCIA-FRIAS J, VILLASENOR J D. Combining hidden markov source models and parallel concatenated codes[J]. IEEE Communications letters, 2002, 1 (4): 111-113.

[23] GUYADER A, FABRE E, GUILLEMOT C, et al. Joint source-channel turbo decoding of entropy-coded sources[J]. IEEE Journal on selected areas in communications, 2001, 19 (9): 1680-1696.

[24] ZHU G C, ALAJAJI F. Joint source-channel turbo coding for binary markov sources[J]. IEEE Transactions on Wireless communications, 2006, 5 (5): 1065-1075.

[25] PAN X, CUHADAR A, BANIHASHEMI A H. Combined source and channel coding with JPEG2000 and rate-compatible low-density parity-check codes[J]. IEEE Transactions on signal processing, 2006, 54 (3): 1160-1164.

[26] PU L, WU Z, BILGIN A, et al. LDPC-based iterative joint source-channel decoding for JPEG2000[J]. IEEE Transactions on image processing, 2007, 16 (2): 577-581.

[27] WANG Y, QIN M, Narayanan K R, et al. Joint source-channel decoding of polar codes for language-based sources[C]//2016 IEEE Global Communications Conference (GLOBECOM). IEEE, 2016: 1-6.

[28] FRESIA M, PERÉZ-CRUZ F, POOR H V, et al. Joint source and channel coding[J]. IEEE Signal processing magazine, 2010, 27 (6): 104-113.

[29] JIN L, YANG H. Joint source-channel polarization with side information[J]. IEEE Access, 2018, 6: 7340-7349.

[30] DAI J, WANG S, TAN K, et al. Nonlinear transform source-channel coding for semantic communications[J]. IEEE Journal on selected areas in communications, 2022, 40 (8): 2300-2316.

[31] ZHANG R, ISOLA P, EFROS A A, et al. The unreasonable effectiveness of deep features as a perceptual metric[C]//Proceedings of the IEEE Conference on Computer Vision and Pattern

Recognition. 2018：586-595.

[32] 孙亚萍，崔曙光，张平 . 面向语义通信的语义知识库综述 [J]. 中兴通讯技术，2023，29 (2)：1923.

[33] ZHOU F，LI Y，ZHANG X，et al. Cognitive semantic communication systems driven by knowledge graph[C]//IEEE International Conference on Communications. IEEE，2022：4860-4865.

[34] SHI G，GAO D，SONG X，et al. A new communication paradigm：from bit accuracy to semantic fidelity[J]. arXiv preprint arXiv：2101.12649，2021.

[35] XIAO Y，SUN Z，SHI G，et al. Imitation learning-based implicit semantic-aware communication networks：multi-layer representation and collaborative reasoning[J]. IEEE Journal on selected areas in communications，2022，41 (3)：639-658.

[36] YANG Y，GUO C，LIU F，et al. Semantic communications with AI tasks[J]. arXiv preprint arXiv：2109.14170，2021.

[37] HU Q，ZHANG G，QIN Z，et al. Robust semantic communications against semantic noise[C]//IEEE Vehicular Technology Conference. IEEE，2022：1-6.

[38] HU Q，ZHANG G，QIN Z，et al. Robust semantic communications with masked VQ-VAE enabled codebook[J]. IEEE Transactions on wireless communications，2023，22 (12)：8707-8722.

[39] GUO S，WANG Y，LI S，et al. Semantic importance-aware communications using pretrained language models [J]. IEEE Communications Letters，2023，27 (9)：2328-2332.

[40] JIANG F，DONG L，PENG Y，et al. Large AI model empowered multimodal semantic communications[J]. IEEE Communications magazine，2025，63 (1)：76-82.

[41] XIE H，QIN Z，LI G Y. Task-oriented multi-user semantic communications for VQA[J]. IEEE Wireless communications letters，2022，11 (3)：553-557.

[42] WEI X，SHI Y，ZHOU L. Haptic signal reconstruction for cross-modal communications[J]. IEEE Transactions on multimedia，2021，24：4514-4525.

[43] ALVAR S R，BAJIC I V. Bit allocation for multi-task collaborative intelligence[C]// International Conference on Acoustics，Speech and Signal Processing. IEEE，2020：4342-4346.

[44] WANG M，ZHANG Z，LI J，et al. Deep joint source-channel coding for multi-task network[J]. IEEE Signal processing letters，2021，28：1973-1977.

[45] ZHANG G，HU Q，QIN Z，et al. A unified multi-task semantic communication system with domain adaptation[C]//IEEE Global Communications Conference. IEEE，2022：3971-3976.

[46] Shenshouer. Neo4j[EB/OL].[2016-05-09] . http：//neo4j. com/.

[47] FlockDB Official. FlockDB[EB/OL] .[2016-05-09]. http：// webscripts.softpedia.com/script/Database-Tools/FlockDB66248.html.

[48] Graphdb Official. Graphdb[EB/OL]. [2016-05-09]. http：// www.graphdb.net/.

[49] 刘峤，李杨，杨段宏，等 . 知识图谱构建技术综述 [J]. 计算机研究与发展，2016，53（3）：582-600.

[50] DONG X，GABRILOVICH E，HEITZ G，et al. Knowledge vault：a web-scale approach to probabilistic knowledge fusion[C]//Proceedings of the 20th ACM SIGKDD International Conference on Knowledge Discovery and Data Mining. 2014：601-610.

[51] 孙镇，王惠临 . 命名实体识别研究进展综述 [J]. 现代图书情报技术，2010（6）：42-47.

[52] 赵军，刘康，周光有，等 . 开放式文本信息抽取 [J]. 中文信息学报，2011，25（6）：98-110.

[53] ETZIONI O，BANKO M，SODERLAND S，et al. Open information extraction from the web[J]. Communications of the ACM，2008，51（12）：68-74.

[54] 杨博，蔡东风，杨华 . 开放式信息抽取研究进展 [J]. 中文信息学报，2014，4：1-11.

[55] SUCHANEK F M，KASNECI G，WEIKUM G. Yago：A core of semantic knowledge[C]//Proceedings of the 16th International Conference on World Wide Web. 2007：697-706.

[56] BENGIO Y. Learning deep architectures for AI[J]. Foundations and trends in machine learning，2009，2（1）：1-127.

[57] BENGIO Y，COURVILLE A，VINCENT P. Representation learning：a review and new perspectives[J]. IEEE Transactions on pattern analysis and machine intelligence，2013，35（8）：1798-1828.

[58] 刘知远，孙茂松，林衍凯，等 . 知识表示学习研究进展 [J]. 计算机研究与发展，2016，53（2）：1-16.

[59] 徐绪堪，房道伟，蒋勋，等 . 知识组织中知识粒度化表示和规范化研究 [J]. 图书情报知识，2014（6）：101-106，90.

[60] 张坤 . 面向知识图谱的搜索技术（搜狗）[EB/OL].（2015-02-18）. http：//www.cipsc.org.cn/kg1/.

[61] TAN C H，AGICHTEIN E，IPEIROTIS P，et al. Trust，but verify：predicting contribution quality for knowledge base construction and curation[C]//Proceedings of the 7th ACM International Conference on Web Search and Data Mining. 2014：553-562.

[62] 耿霞，张继军，李蔚妍 . 知识图谱构建技术综述 [J]. 计算机科学，2014，41（7）：148-152.

[63] WEN J，KANG J，XU M，et al. Freshness-aware incentive mechanism for mobile AI-generated content（AIGC）networks[C]//2023 IEEE/CIC International Conference on Communications in China（ICCC）. IEEE，2023：1-6.

[64] SHI J，GARE G，TIAN J，et al. Lca-on-the-line：benchmarking out-of-distribution generalization with class taxonomies[J]. arXiv preprint arXiv：2407.16067，2024.

[65] BELKIN M，HSU D，MA S，et al. Reconciling modern machine-learning practice and the classical bias-variance trade-off[J]. Proceedings of the National Academy of Sciences，2019，116（32）：15849-15854.

[66] AKROUT M，MEZGHANI A，HOSSAIN E，et al. From multilayer perceptron to GPT：a reflection on deep learning research for wireless physical layer[J]. IEEE Communications magazine，2024，62（7）：

34-41.

[67] XIE H，QIN Z，LI G Y，et al. Deep learning enabled semantic communication systems [J]. IEEE Trans. Sig. Proc.，2021，69：26632675.

[68] BOURTSOULATZE E，KURKA D B，GÜNDÜZ D. Deep joint source-channel coding for wireless image transmission[J]. IEEE Transactions on cognitive communications and networking，2019，5（3）：567-579.

[69] HE Y，YU G，CAI Y. Rate-adaptive coding mechanism for semantic communications with multi-modal data[J]. IEEE Transactions on communications，2023，72（3）：1385-1400.

[70] SAGDUYU Y E，ERPEK T，YENER A，et al. Multi-receiver task-oriented communications via multi-task deep learning[C]//2023 IEEE Future Networks World Forum （FNWF）. IEEE，2023：1-6.

[71] WANG L，WU W，ZHOU F，et al. A unified hierarchical semantic knowledge base for multi-task semantic communication[C]//ICC 2024-IEEE International Conference on Communications. IEEE，2024：2937-2943.

[72] SHENG Y，LI F，LIANG L，et al. A multi-task semantic communication system for natural language processing[C]//2022 IEEE 96th Vehicular Technology Conference （VTC2022-Fall）. IEEE，2022：1-5.

[73] GUO J，CHEN H，SONG B，et al. Distributed task-oriented communication networks with multimodal semantic relay and edge intelligence[J]. IEEE Communications magazine，2024，62（6）：82-89.

[74] MA S，LIANG W，ZHANG B，et al. An investigation on intelligent relay assisted semantic communication networks[C]//2023 IEEE Wireless Communications and Networking Conference （WCNC）. IEEE，2023：1-6.

[75] BAO J，BASU P，DEAN M，et al. Towards a theory of semantic communication[C]//2011 IEEE Network Science Workshop. IEEE，2011：110-117.

[76] PENG X，QIN Z，HUANG D，et al. A robust deep learning enabled semantic communication system for text[C]//GLOBECOM 2022-2022 IEEE Global Communications Conference. IEEE，2022：2704-2709.

[77] WENG Z，QIN Z，LI G Y. Robust semantic communications for speech transmission[C]//ICASSP 2025-2025 IEEE International Conference on Acoustics，Speech and Signal Processing （ICASSP）. IEEE，2025：1-5.

[78] XIA L，SUN Y，LI X，et al. Wireless resource management in intelligent semantic communication networks[C]//*IEEE INFOCOM 2022-IEEE Conference on Computer Communications Workshops*. New York：IEEE，2022：1-6.

[79] YAN L，QIN Z，ZHANG R，et al. Resource allocation for text semantic communications[J]. IEEE Wireless communications letters，2022，11（7）：1394-1398.

[80] YAN L，QIN Z，ZHANG R，et al. QoE-aware resource allocation for semantic communication

networks[C]// *GLOBECOM 2022-IEEE Global Communications Conference*. Rio de Janeiro：IEEE，2022：3272-3277.

[81] ZHANG H，WANG H，LI Y，et al. DRL-driven dynamic resource allocation for task-oriented semantic communication[J]. IEEE Transactions on communications，2023，71（7）：3992-4004.

[82] LIU C，GUO C，YANG Y，et al. Bandwidth and power allocation for task-oriented semantic communication[J]. arXiv preprint arXiv：2201.10795，2022.

[83] ZENG C，GUO C，YANG Y，et al. Task-oriented semantic communication over rate splitting enabled wireless control systems for URLLC services[J]. IEEE Transactions on communications，2024，72（2）：722-739.

[84] ZHANG H，WANG H，LI Y，et al. Toward intelligent resource allocation on task-oriented semantic communication[J]. IEEE Wireless communications，2023，30（3）：7077. DOI：10.1109/MWC.008.2200504.

[85] YANG Y，LI X，QIN Z，et al. Semantic communications with artificial intelligence tasks：reducing bandwidth requirements and improving artificial intelligence task performance[J]. IEEE Industrial electronics magazine，2022：2-11.

[86] KANG X，SONG B，GUO J，et al. Task-oriented image transmission for scene classification in unmanned aerial systems[J]. IEEE Transactions on communications，2022，70（8）：5181-5192.

[87] CHEN J，WEI Z，LI S，et al. Artificial intelligence aided joint bit rate selection and radio resource allocation for adaptive video streaming over F-RANs[J]. IEEE Wireless communications，2020，27（2）：36-43.

[88] LI X，SHI J，CHEN Z. Task-driven semantic coding via reinforcement learning[J]. IEEE Transactions on image processing，2021，30：6307-6320. DOI：10.1109/TIP.2021.3092826.

[89] DEZFOULI B，RADI M，RAZAK S A，et al. Modeling low-power wireless communications[J]. Journal of network and computer applications，2015，51：102-126.

[90] LIU C，GUO C，YANG Y，et al. Adaptable semantic compression and resource allocation for task-oriented communications[J]. IEEE Transactions on cognitive communications and networking，2024，10（3）：769-782.

[91] BOYD S，VANDENBERGHE L. Convex optimization[M]. Cambridge：Cambridge University Press，2004.

[92] ZHANG H，YANG N，HUANGFU W，et al. Power control based on deep reinforcement learning for spectrum sharing[J]. IEEE Transactions on wireless communications，2020，19（6）：4209-4219. DOI：10.1109/TWC.2020.2981320.

[93] DING Z，SCHOBER R，POOR H V. No-pain no-gain：DRL assisted optimization in energy-constrained

CR-NOMA networks[J]. IEEE Transactions on communications, 2021, 69 (9): 5917-5932.

[94] WANG S, LV T, NI W, et al. Joint resource management for MC-NOMA: A deep reinforcement learning approach[J]. IEEE Transactions on wireless communications, 2021, 20 (9): 5672-5688.

[95] LILLICRAP T P, HUNT J J, PRITZEL A, et al. Continuous control with deep reinforcement learning[R]. arXiv preprint arXiv: 1509.02971, 2015.

[96] MNIH V, KAVUKCUOGLU K, SILVER D, et al. Playing Atari with deep reinforcement learning[J]. arXiv preprint ar Xiv: 1312, 5602, 2013.

[97] WANG Y, FANG W, DING Y, et al. Computation offloading optimization for UAV-assisted mobile edge computing: a deep deterministic policy gradient approach[J]. Wireless networks, 2021, 27 (4): 2991-3006.

[98] HE K, ZHANG X, REN S, et al. Deep residual learning for image recognition[C]// Proceedings of the IEEE Conference on Computer Vision and Pattern Recognition. Las Vegas: IEEE, 2016: 770-778.

[99] FAN R, WANG H, WANG Y, et al. Graph attention layer evolves semantic segmentation for road pothole detection: a benchmark and algorithms[J]. IEEE Transactions on image processing, 2021, 30: 8144-8154.

[100] SHI Z, GAO H, YANG L, et al. Deep reinforcement learning-based multidimensional resource management for energy harvesting cognitive NOMA communications[J]. IEEE Transactions on communications, 2022, 70 (5): 3110-3125.

[101] CHEN J, YANG Z, LIANG H, et al. Resource allocation for IRS assisted SGF NOMA transmission: a MADRL approach[J]. IEEE Journal on selected areas in communications, 2022, 40 (4): 1302-1316.

[102] LUVIOTTO M, PANG Z, DZUNG D. Ultra high performance wireless control for critical applications: challenges and directions[J]. IEEE Transactions on industrial informatics, 2017, 13 (3): 1448-1459.

[103] GOLDREICH O, JUBA B, SUDAN M. A theory of goal-oriented communication[J]. Journal of the ACM, 2012, 59 (2): 1-65.

[104] MAO Y, PIOVANO E, CLERCKX B. Rate-splitting multiple access for overloaded cellular Internet of things[J]. IEEE Transactions on communications, 2021, 69 (7): 4504-4519.

[105] MAO Y, CLERCKX B, LI V O K. Rate-splitting for multi-antenna non-orthogonal unicast and multicast transmission: spectral and energy efficiency analysis[J]. IEEE Transactions on communications, 2019, 67 (12): 8754-8770.

[106] CLERCKX B, MAO Y, SCHOBER R, et al. Rate-splitting unifying SDMA OMA NOMA and multicasting in MISO broadcast channel: a simple two-user rate analysis[J]. IEEE Wireless communications letters, 2020, 9 (3): 349-353.

[107] YANG Z, CHEN M, SAAD W, et al. Optimization of rate allocation and power control for rate splitting

multiple access (RSMA) [J]. IEEE Transactions on communications, 2021, 69 (9): 5988-6002.

[108] MAO Y, CLERCKX B, LI V O K. Rate-splitting multiple access for downlink communication systems: bridging generalizing and outperforming SDMA and NOMA[J]. EURASIP Journal on wireless communications and networking, 2018, 2018 (1): 1-54.

[109] CHANG B, ZHANG L, LI L, et al. Optimizing resource allocation in URLLC for real-time wireless control systems[J]. IEEE Transactions on vehicular technology, 2019, 68 (9): 8916-8927.

[110] LUAN Y, HE L, OSTENDORF M, et al. Multi-task identification of entities relations and coreference for scientific knowledge graph construction[C]// Proceedings of the Conference on Empirical Methods in Natural Language Processing. Brussels: ACL, 2018: 3219-3232.

[111] OU X, XIE X, LU H, et al. Resource allocation in MU-MISO rate-splitting multiple access with SIC errors for URLLC services[J]. IEEE Transactions on communications, 2023, 71 (1): 229-243.

[112] SHI G, XIAO Y, LI Y, et al. From semantic communication to semantic-aware networking: model, architecture, and open problems[J]. IEEE Communications magazine, 2021, 59 (8): 44-50.

[113] CUI J, LIU Y, DING Z, et al. QoE-based resource allocation for multi-cell NOMA networks[J]. IEEE Transactions on wireless communications, 2018, 17 (9): 6160-6176.

[114] LU X, NI Q, LI W, et al. Dynamic user grouping and joint resource allocation with multi-cell cooperation for uplink virtual MIMO systems[J]. IEEE Transactions on wireless communications, 2017, 16 (6): 3854-3869.

[115] XIE H, QIN Z, TAO X, et al. Task-oriented multi-user semantic communications[J]. IEEE Journal on selected areas in communications, 2022, 40 (9): 2584-2597.

[116] 秦志金，冀泽霖，严蕾，等. 面向语义感知通信网络的多维资源优化 [J]. 移动通信，2023，47 (4): 25-30.

[117] WANG Y C, XUE J, WEI C, et al. An overview on generative AI at scale with edge-cloud computing[J]. IEEE Open journal of the communications society, 2023, 4: 2952-2971.

[118] CHEN Y, LI R, ZHAO Z, et al. NetGPT: a native-AI network architecture beyond provisioning personalized generative services[J]. arXiv preprint arXiv: 2307.06148, 2023.

[119] XU M, NIYATO D, ZHANG H, et al. Sparks of GPTs in edge intelligence for metaverse: caching and inference for mobile AIGC services[J]. arXiv preprint arXiv: 2304.08782, 2023.

[120] FANG J, HE Y, YU F R, et al. Large language models (LLMs) inference offloading and resource allocation in cloud-edge networks: an active inference approach[C]//2023 IEEE 98th Vehicular Technology Conference (VTC2023-Fall). IEEE, 2023: 1-5.

[121] YANG W, XIONG Z, MAO S, et al. Rethinking generative semantic communication for multi-user systems with large language models[J]. IEEE Wireless communications, 2025.

[122] WANG Y, ZHU K, DAI Y, et al. A distributed training quantization strategy for low-speed and unstable network[C]//2024 5th International Seminar on Artificial Intelligence, Networking and Information Technology (AINIT). IEEE, 2024: 1094-1098.

[123] SHAO J, TONG J, WU Q, et al. Wirelessllm: empowering large language models towards wireless intelligence[J]. arXiv preprint arXiv: 2405.17053, 2024.

[124] KUANG W, QIAN B, LI Z, et al. Federatedscope-llm: a comprehensive package for fine-tuning large language models in federated learning[C]//Proceedings of the 30th ACM SIGKDD Conference on Knowledge Discovery and Data Mining. 2024: 5260-5271.

[125] KAI C, ZHOU H, YI Y, et al. Collaborative cloud-edge-end task offloading in mobile-edge computing networks with limited communication capability[J]. IEEE Transactions on cognitive communications and networking, 2020, 7(2): 624-634.

[126] DU H, LI Z, NIYATO D, et al. Enabling AI-generated content services in wireless edge networks[J]. IEEE Wireless communications, 2024, 31(3): 226-234.

[127] DU H, ZHANG R, NIYATO D, et al. Exploring collaborative distributed diffusion-based AI-generated content (AIGC) in wireless networks[J]. IEEE network, 2023, 38(3): 178-186.

[128] NAN G, LIU X, LYU X, et al. UDSem: a unified distributed learning framework for semantic communications over wireless networks[J]. IEEE Network, 2023, 38(1): 296-303.

[129] MA X, FANG G, WANG X. LLM-Pruner: on the structural pruning of large language models[J]. Advances in neural information processing systems, 2023, 36: 21802-21815.

[130] XIA H J, ZHENG Z, LI Y C, et al. Flash-LLM: enabling cost-effective and highly-efficient large generative model inference with unstructured sparsity[EB]. arXiv, 2023.

[131] HINTON G, VINYALS O, DEAN J. Distilling the knowledge in a neural network[EB]. 2015-03-09.

[132] QIN Z, ZHANG H H, ZHANG Y, et al. A survey on knowledge distillation of large language models[J]. IEEE Transactions on pattern analysis and machine intelligence, 2024, 46(12): 15995-16010.

[133] HU E J, SHEN Y, WALLIS P, et al. LoRA: low-rank adaptation of large language models[EB]. 2022-10-10.

[134] LESTER B, AL-RFOU R, CONSTANT N. The power of scale for parameter-efficient prompt tuning[EB]. 2021-04-05.

[135] LI X L, LIANG P. Prefix-tuning: optimizing continuous prompts for generation[EB]. 2021-01-27.

[136] LIU X Y, ZHENG P P, XU F, et al. P-tuning: prompt tuning can be comparable to fine-tuning across scales and tasks[EB]. 2021-03-02.

[137] LI X S. Research on resource allocation and task offloading in mobile edge computing systems based on

deep reinforcement learning [D]. Beijing：Tsinghua University，2023.

[138] ZENG J，HE S P，MA M W，et al. Self-supervised learning based resource allocation for dynamic multi-access edge computing systems[J]. IEEE Transactions on industrial informatics，2023，19(11)：11043-11053.

[139] ZENG Z W，WANG Y，CHEN T，et al. Energy-efficient resource allocation in mobile edge computing：a deep reinforcement learning approach[J]. IEEE Transactions on green communications and networking，2023，7(3)：1238-1249.

[140] WANG Y，SUN Z，FAN J，et al. On the uses of large language models to design end-to-end learning semantic communication[C]//2024 IEEE Wireless Communications and Networking Conference (WCNC). IEEE，2024：1-6.

[141] GUO L，CHEN W，SUN Y，et al. Diffusion-driven semantic communication for generative models with bandwidth constraints[J]. IEEE Transactions on wireless communications，2025.

[142] YE H，LIANG L，LI G Y，et al. Deep learning-based end-to-end wireless communication systems with conditional GANs as unknown channels[J]. IEEE Transactions on wireless communications，2020，19(5)：3133-3143.

[143] JIANG H，CUI M，NG D W K，et al. Accurate channel prediction based on transformer：Making mobility negligible[J]. IEEE Journal on selected areas in communications，2022，40(9)：2717-2732.

[144] CHENG L，ZHANG Z，DONg C，et al. MSTGAN：a multi-slot conditional generative adversarial network based on Swin transformer for channel estimation[J]. IEEE Communications letters，2023，27(7)：1799-1803.

[145] DING W，LIN H，LI B，et al. CausalAF：causal autoregressive flow for safety-critical driving scenario generation[C]//Conference on robot learning. PMLR，2023：812-823.

[146] LI A，CHEN S，SUN L，et al. Scegene：bio-inspired traffic scenario generation for autonomous driving testing[J]. IEEE Transactions on intelligent transportation systems，2021，23(9)：14859-14874.

[147] LIU Y，TAO S，ZHAO X，et al. Coachlm：automatic instruction revisions improve the data quality in llm instruction tuning[C]//2024 IEEE 40th International Conference on Data Engineering (ICDE). IEEE，2024：5184-5197.

[148] ZHANG M，TU M，ZHANG F，et al. A cross search method for data augmentation in neural machine translation[C]//ICASSP 2024-2024 IEEE International Conference on Acoustics，Speech and Signal Processing (ICASSP). IEEE，2024：11071-11075.

[149] CUBUK E D，ZOPH B，MANE D，et al. Autoaugment：learning augmentation policies from data[J]. arXiv preprint arXiv：1805.09501，2018.

[150] ZHUANG B，ZHANG C，HU Z. Pose：suppressing perceptual noise in embodied agents for enhanced

semantic navigation[J]. IEEE Robotics and automation letters，2023，9(2)：963-970.

[151] WANG H，LIN G，HOI S，et al. Paired cross-modal data augmentation for fine-grained image-to-text retrieval[C]//Proceedings of the 30th ACM international conference on multimedia. 2022：5517-5526.

[152] SUBRAMANYAM R，NARAYANASWAMY V，NAUFEL M，et al. Improved stylegan-v2 based inversion for out-of-distribution images[R]. Lawrence Livermore National Lab.(LLNL)，Livermore，CA (United States)，2021.

[153] HAO X，ZHU Y，APPALARAJU S，et al. Mixgen：a new multi-modal data augmentation[C]//Proceedings of the IEEE/CVF winter conference on applications of computer vision. 2023：379-389.

[154] FALCON A，SERRA G，LANZ O. A feature-space multimodal data augmentation technique for text-video retrieval[C]//Proceedings of the 30th ACM international conference on multimedia. 2022：4385-4394.

[155] CHEN T，BAO H，HUANG S，et al. The-x：privacy-preserving transformer inference with homomorphic encryption[J]. arXiv preprint arXiv：2206.00216，2022.

[156] ZHOU X，LU J，GUI T，et al. TextFusion：privacy-preserving pre-trained model inference via token fusion[C]//Proceedings of the 2022 conference on empirical methods in natural language processing. 2022：8360-8371.

[157] LIN Y，DU H，NIYATO D，et al. Blockchain-aided secure semantic communication for AI-generated content in metaverse[J]. IEEE Open journal of the computer society，2023，4：72-83.

[158] ERDOĞAN E，KÜPÇÜ A，ÇIÇEK A E. Unsplit：data-oblivious model inversion，model stealing，and label inference attacks against split learning[C]//Proceedings of the 21st Workshop on Privacy in the Electronic Society. 2022：115-124.

[159] LUO X，CHEN Z，TAO M，et al. Encrypted semantic communication using adversarial training for privacy preserving[J]. IEEE Communications letters，2023，27(6)：1486-1490.

[160] QU L，ZHOU Y，LIANG P P，et al. Rethinking architecture design for tackling data heterogeneity in federated learning[C]//Proceedings of the IEEE/CVF conference on computer vision and pattern recognition. 2022：10061-10071.

[161] LI H，CAI Z，WANG J，et al. Fedtp：federated learning by transformer personalization[J]. IEEE Transactions on neural networks and learning systems，2023，35(10)：13426-13440.

[162] CHEN C，FENG X，ZHOU J，et al. Federated large language model：A position paper[J]. arXiv e-prints，2023：arXiv：2307.08925.

[163] TIAN Y，WAN Y，LYU L，et al. FedBERT：When federated learning meets pre-training[J]. ACM Transactions on Intelligent Systems and Technology (TIST)，2022，13(4)：1-26.

[164] ZHAO H，DU W，LI F，et al. Fedprompt：communication-efficient and privacy-preserving prompt

tuning in federated learning[C]//ICASSP 2023-2023 IEEE International Conference on Acoustics，Speech and Signal Processing（ICASSP). IEEE，2023：1-5.

[165] WANG B，ZHANG Y，CAO Y，et al. Can public large language models help private cross-device federated learning?[C]//Findings of the Association for Computational Linguistics：NAACL 2024. 2024：934-949.

[166] YANG J，WEN J，WANG Y，et al. Fog-based marine environmental information monitoring toward ocean of things[J]. IEEE Internet of things journal，2020，7（5）：4238-4247.

[167] HUANG G，LIU Z，VAN DER MAATEN L，et al. Densely connected convolutional networks[C]// 2017 IEEE Conference on Computer Vision and Pattern Recognition （CVPR）. Honolulu：IEEE，2017：2261-2269.

[168] HAN K，WANG Y，CHEN H，et al. A survey on vision transformer[J]. IEEE Transactions on pattern analysis and machine intelligence，2023，45（1）：87-110.

[169] LI A，WEI X，WU D，et al. Cross-modal semantic communications[J]. IEEE Wireless communications，2022，29（6）：144-151.

[170] DONOHO D L. Compressed sensing[J]. IEEE Transactions on information theory，2006，52（4）：1289-1306.

[171] ZHANG J，GHANEM B. ISTA-Net：interpretable optimization-inspired deep network for image compressive sensing[C]// Proceedings of the IEEE Conference on Computer Vision and Pattern Recognition. Salt Lake City：IEEE，2018：1828-1837.

[172] ZHANG Z，LIU Y，LIU J，et al. AMP-Net：denoising-based deep unfolding for compressive image sensing[J]. IEEE Transactions on image processing，2020，30：1487-1500.

[173] WU Q，WAN Z，FAN Q，et al. Velocity-adaptive access scheme for MEC-assisted platooning networks：access fairness via data freshness[J]. IEEE Internet of things journal，2022，9（6）：4229-4244.

[174] KANG J，DU H，LI Z，et al. Personalized saliency in task-oriented semantic communications：image transmission and performance analysis[J]. IEEE Journal on selected areas in communications，2023，41（1）：186-201.

[175] KURKA D B，GUNDUZ D. DeepJSCC-F：deep joint source-channel coding of images with feedback[J]. IEEE Journal on selected areas in information theory，2020，1（1）：178-193.

[176] CHANG J，ZHAO Z，YANG L，et al. Thousand to one：semantic prior modeling for conceptual coding[C]// 2021 IEEE International Conference on Multimedia and Expo （ICME）. Shenzhen：IEEE，2021：1-6.

[177] YANG J，LI A，XIAO S，et al. MTD-Net：learning to detect deepfakes images by multi-scale texture difference[J]. IEEE Transactions on information forensics and security，2021，16：4234-4245.

[178] LI M, ZHANG K, LI J, et al. Learning context-based nonlocal entropy modeling for image compression[J]. IEEE Transactions on neural networks and learning systems, 2023, 34 (3): 1132-1145. DOI: 10.1109/TNNLS.2021.3104974.

[179] ZHOU S, HE Y, LIU Y, et al. Multi-channel deep networks for block-based image compressive sensing[J]. IEEE Transactions on multimedia, 2021, 23: 2627-2640.

[180] SILVER D, LEVER G, HEESS N, et al. Deterministic policy gradient algorithms[C]// Proceedings of the 31st International Conference on Machine Learning. Beijing: JMLR, 2014: 387-395.

[181] LECUN Y, BENGIO Y, HINTON G. Deep learning[J]. Nature, 2015, 521 (7553): 436-444.

[182] GIRSHICK R, DONAHUE J, DARRELL T, et al. Rich feature hierarchies for accurate object detection and semantic segmentation[C]// Proceedings of the IEEE Conference on Computer Vision and Pattern Recognition. Columbus: IEEE, 2014: 580-587.

[183] GIRSHICK R. Fast R-CNN[C]// Proceedings of the IEEE International Conference on Computer Vision. Santiago: IEEE, 2015: 1440-1448.

[184] REDMON J, DIVVALA S, GIRSHICK R, et al. You only look once: unified, real-time object detection[C]// Proceedings of the IEEE Conference on Computer Vision and Pattern Recognition. Las Vegas: IEEE, 2016: 779-788.

[185] REDMON J, FARHADI A. YOLOv3: an incremental improvement[J]. arXiv preprint arXiv: 1804.02767, 2018.

[186] TIAN Z, SHEN C, CHEN H, et al. FCOS: a simple and strong anchor-free object detector[J]. IEEE Transactions on pattern analysis and machine intelligence, 2020, 44 (4): 1922-1933.

[187] DENG J, DONG W, SOCHER R, et al. ImageNet: a large-scale hierarchical image database[C]// 2009 IEEE Conference on Computer Vision and Pattern Recognition. Miami: IEEE, 2009: 248-255.

[188] BEN-DAVID S, BLITZER J, CRAMMER K, et al. A theory of learning from different domains[J]. Machine learning, 2010, 79 (1-2): 151-175.

[189] GANIN Y, USTINOVA E, AJAKAN H, et al. Domain-adversarial training of neural networks[J]. Journal of machine learning research, 2016, 17 (59): 1-35.

[190] 金光，江先亮. 无线网络技术教程——原理、应用与实验. 第 3 版 [M]. 北京：清华大学出版社，2021.

[191] 姜玉文，张更新，赵来定，等. 卫星通信与 5G 融合系统发展综述 [C]// 第十五届卫星通信学术年会论文集. 北京：中国通信学会，2019：50-59.

[192] HADANI R, RAKIB S, TSATSANIS M, et al. Orthogonal time frequency space modulation[C]// 2017 IEEE Wireless Communications and Networking Conference (WCNC). San Francisco: IEEE, 2017: 1-6. DOI: 10.1109/WCNC.2017.7925924.

[193] LI Z, YUAN W, YOU C, et al. Efficient channel estimation for OTFS systems in the presence of fractional Doppler[C]// 2023 IEEE Wireless Communications and Networking Conference （WCNC）. Glasgow：IEEE，2023：1-5.

[194] 郑爽，张兴，王文博．低轨卫星通信网络路由技术综述 [J]. 天地一体化信息网络，2022，3（3）：97-105. DOI：10.11959/j.issn.2096-8930.2022037.

[195] ERTURK M C，HAQUE J，MORENO W A，et al. Doppler mitigation in OFDM-based aeronautical communications[J]. IEEE Transactions on aerospace and electronic systems，2014，50（1）：120-129.

[196] HADANI R，MONK A. OTFS：a new generation of modulation addressing the challenges of 5G[J]. arXiv preprint arXiv：1802.02623，2018.

[197] WEI Z，YUAN W，LI S，et al. Orthogonal time-frequency space modulation：a promising next-generation waveform[J]. IEEE Wireless communications，2021，28（4）：136-144.

[198] LUO X，CHEN H，GUO Q. Semantic communications：overview，open issues，and future research directions[J]. IEEE Wireless communications，2022， 29（1）：210-219.

[199] VAN DEN OORD A，VINYALS O，KAVUKCUOGLU K. Neural discrete representation learning[C]// Advances in Neural Information Processing Systems. Long Beach：NIPS，2017：6306-6315.

[200] FU Q，XIE H，QIN Z，et al. Vector quantized semantic communication system[J]. IEEE wireless communications letters，2023，12（6）：982-986.

[201] CHEN W，LI S，JU C，et al. Semantic-enhanced downlink LEO satellite communication system with OTFS modulation[J]. IEEE Communications letters，2024，28（6）：1377-1381.

[202] BAYAT M，FARHANG A. Time and frequency synchronization for OTFS[J]. IEEE wireless communications letters，2022，11（12）：2670-2674.

[203] 3GPP. Study on new radio （NR） to support non-terrestrial networks （Release 15）[R]. TR 38.811 V15.4.0，2019.

[204] 袁晓志，彭莉，张琳峰．全息通信对未来网络的需求与挑战 [J]. 电信科学，2020，36（12）：59-64. DOI：10.11959/j.issn.1000-0801.2020307.

[205] WANG L H，WANG M，ZHANG Y W，et al. Future network application scenarios and network capability requirements[J]. Telecommunications science，2019，35（10）：2-12.

[206] LI W，ZHU H. Overview of industrial internet technology development and evolution[C]// 2021 IEEE 11th International Conference on Electronics Information and Emergency Communication （ICEIEC）. Beijing：IEEE，2021：1-4.

[207] 中国工业互联网研究院．中国工业互联网产业经济发展白皮书（2020 年）[R]. 北京，2020.

[208] 中德智能制造合作企业对话工作组（AGU）工业互联网专家组．工业 4.0× 工业互联网：实践与启示 [R]. 2020.

[209] LI J Q，YU F R，DENG G，et al. Industrial internet：a survey on technologies，applications，and challenges[J]. IEEE Communications surveys & tutorials，2017，19（3）：1504-1526.

[210] BOYES H，HALLAQ B，CUNNINGHAM J，et al. The industrial internet of things （IIoT）：an analysis framework[J]. Computers in industry，2018，101：1-12.

[211] 鲁延鹏，戴金晟，牛凯 . 面向工业网络的语义通信关键技术 [J]. 移动通信，2023，47（4）：18-24. DOI：10.3969/j.issn.1006-1010.20230302-0002.

[212] DENG D，YANG H，HUANG Y，et al. Semantic communication empowered NTN for IoT：benefits and challenges[J]. IEEE Network，2024，38（4）：32-39.

[213] 佚名 . 智简内生 6G 原型系统 [J]. 中国宽带，2025，21（3）：I0001.

[214] 张建华，王珩，张宇翔，等 . 6G 信道新特性与建模研究：挑战、进展与展望 [J]. 中国科学（信息科学），2024，54（5）：1114-1143. DOI：10.1360/SSI-2023-0355.

[215] 尤子硕，李强，唐冰，等 . 面向 6G 的触觉互联网关键技术与挑战 [J]. 中兴通讯技术，2021，27（06）：15-20.

[216] 刘旺，曾庆涛，陆利坤，等 . 语义通信在边缘算力网络中应用研究综述 [J]. 计算机应用研究，2025，42（7）：1930-1938.

[217] 刘方彧，丁家润，冯禹硕，等 . 大模型使能的语义通信研究现状与发展趋势 [J]. 信号处理，2025，41（06）：993-1014.

[218] 陈鸣锴，柳明浩，王文俊，等 . 面向 6G 的跨模态语义编解码技术 [J]. 信号处理，2023，39（7）：1141-1154. DOI：10.16798/j.issn.1003-0530.2023.07.001.

[219] IBM 沃森健康 . 多模态医疗诊断系统白皮书 [R] . 纽约：IBM 研究院，2024.

[220] 佚名 . 多模态 AI Agent 与跨时空感知的革命性突破 [EB/OL].（2025-04-28）[2025-07-01]. https：//blog.51cto.com/u_16877423/13939872.

[221] 于小飞 . 云边端协同的异构边缘计算任务调度与资源管理研究 [D]. 北京邮电大学，2024.DOI：10.26969/d.cnki.gbydu.2024.000142.

[222] 全球 6G 技术大会：2024 年 10.0B 语义通信白皮书 [EB].（2024）：未来移动通信论坛官网 .

[223] 秦志金，赵荚荚，李凡，等 . 多模态语义通信研究综述 [J]. 通信学报，2023，44（5）：28-41.

[224] 江沸菠，董莉，彭于波，等 . AI 大模型赋能的多模态语义通信 [J]. IEEE 通信杂志，2024，62（3）：102-109.

[225] 禅与计算机程序设计艺术 . 数据文档化的数据标准化与规范化：实现数据的一致性和可比性 [EB/OL].（2023). CSDN 博客 . https：//blog.csdn.net/some_article_id.

[226] 佚名 . 数据标准包括哪些内容？一文讲清数据标准全要素！ [EB/OL].（2025）. CSDN 博客 . https：//blog.csdn.net/oOBubbleX/article/details/148568275.

[227] 中国移动研究院 . 6G 多模态语义通信原型系统 1.0 技术白皮书 [R]. 北京：中国移动研究院，2024.